中国环境统计年鉴

CHINA STATISTICAL YEARBOOK ON ENVIRONMENT

2013

国家统计局
环境保护部 编

Compiled by
National Bureau of Statistics
Ministry of Environmental Protection

中国统计出版社
China Statistics Press

中国环境统计年鉴．2013：汉英对照 / 国家统计局能源司，环境保护部编．-- 北京：中国统计出版社，2013.12
ISBN 978-7-5037-7023-4

Ⅰ．①中… Ⅱ．①国… ②环… Ⅲ．①环境统计－统计资料－中国－2013－年鉴－汉、英 Ⅳ．① X508.2-54

中国版本图书馆 CIP 数据核字（2013）第 278483 号

中国环境统计年鉴—2013

作　　者 / 国家统计局　环境保护部　编
责任编辑 / 胡文华　任宝莹
封面设计 / 张　冰
出版发行 / 中国统计出版社
通信地址 / 北京市丰台区西三环南路甲 6 号　邮政编码 /100073
电　　话 / 邮购（010）63376909　书店（010）68783171
网　　址 / http://csp.stats.gov.cn
印　　刷 / 河北天普润印刷厂
经　　销 / 新华书店
开　　本 / 880×1230 毫米　1/16
字　　数 / 480 千字
印　　张 / 19.25
版　　别 / 2013 年 12 月第 1 版
版　　次 / 2013 年 12 月第 1 次印刷
定　　价 / 260.00 元

《中国环境统计年鉴—2013》

编委会和编辑工作人员

CHINA STATISTICAL YEARBOOK ON ENVIRONMENT -2013

EDITORIAL BOARD AND STAFF

编 者 说 明

一、《中国环境统计年鉴—2013》是国家统计局和环境保护部及其他有关部委共同编辑完成的一本反映我国环境各领域基本情况的年度综合统计资料。本书收录了2012年全国各省、自治区、直辖市环境各领域的基本数据和主要年份的全国主要环境统计数据。

二、本书内容共分为十二个部分，即：1. 自然状况；2. 水环境；3. 海洋环境；4. 大气环境；5. 固体废物；6. 自然生态；7. 土地利用；8. 林业；9. 自然灾害及突发事件；10. 环境投资；11. 城市环境；12. 农村环境。同时附录六个部分：人口资源环境主要统计指标、“十二五”主要环境保护指标、东中西部地区主要环境指标、世界主要国家和地区环境统计指标、2013年上半年各省、自治区、直辖市主要污染物排放量指标公报、主要统计指标解释。

三、本书中所涉及的全国性统计指标，除国土面积和森林资源数据外，均未包括香港特别行政区、澳门特别行政区和台湾省数据；取自国家林业局的数据中，大兴安岭由国家林业局直属管理，与各省、自治区、直辖市并列，数据与其他省没有重复。

四、有关符号说明：

“...”表示数据不足本表最小单位数；

“空格”表示该项统计指标数据不详或无该项数据；

“#”表示是其中的主要项。

五、参与本书编辑的单位还有水利部、住房和城乡建设部、国土资源部、农业部、国家卫生计生委、民政部、交通运输部、国家林业局、国家海洋局、中国气象局、中国地震局。对上述单位有关人员在本书编辑过程中给予的大力支持与合作，表示衷心的感谢。

EDITOR'S NOTES

I. *China Statistical Yearbook on Environment -2013* is prepared jointly by the National Bureau of Statistics, Ministry of Environmental Protection and other ministries. It is an annual statistics publication, with comprehensive data in 2012 and selected data series in major years at national level and at provincial level (province, autonomous region, and municipality directly under the central government) and therefore reflecting various aspects of China's environmental development.

II. *China Statistical Yearbook on Environment -2013* contains 12 chapters: 1. Natural Conditions; 2. Freshwater Environment; 3. Marine Environment; 4. Atmospheric Environment; 5. Solid Wastes; 6. Natural Ecology; 7. Land Use; 8. Forestry; 9. Natural Disasters & Environmental Accidents; 10. Environmental Investment; 11. Urban Environment; 12. Rural Environment. Six appendixes listed as Main Indicators of Population, Resource and Environment; Main Environmental Indicators in the 12th Five-year Plan; Main Environmental Indicators by Eastern, Central and Western; Main Environmental Indicators of the World's Major Countries and Regions; The Main Pollutants Emission Indicators Communiqué of the Provinces, Autonomous Regions, Municipality Directly under the Central Government in the First Half of 2013; Explanatory Notes on Main Statistical Indicators.

III. The national data in this book do not include that of Hong Kong Special Administrative Region, Macao Special Administrative Region and Taiwan Province except for territory and forest resources. The information gathered from the State Forestry Administration. Daxinganling is affiliated to the State Forestry Administration, tied with the provinces, autonomous regions, municipalities under the central government, without duplication of data.

IV. Notations used in this book:

" ..." indicates that the figure is not large enough to be measured with the smallest unit in the table;

"(blank) " indicates that the data are not available;

" # " indicates the major items of the total.

V. The institutions participating in the compilation of this publication include: Ministry of Water Resource, Ministry of Housing and Urban-Rural Development, Ministry of Land and Resource, Ministry of Agriculture, National Health and Family Planning Commission, Ministry of Civil Affairs, Ministry of Transport, State Forestry Administration, State Oceanic Administration, China Meteorological Administration, China Earthquake Administration. We would like to express our gratitude to these institutions for their cooperation and support in preparing this publication.

目　　录
CONTENTS

一、自然状况
Natural Conditions

1-1　自然状况……3
Natural Conditions
1-2　土地状况……4
Land Characteristics
1-3　主要山脉基本情况……4
Main Mountain Ranges
1-4　主要河流基本情况……5
Major Rivers
1-5　主要矿产基础储量(2012 年)……5
Ensured Reserves of Major Mineral (2012)
1-6　各地区主要能源、黑色金属矿产基础储量(2012 年)……6
Ensured Reserves of Major Energy and Ferrous Metals by Region (2012)
1-7　各地区主要有色金属、非金属矿产基础储量(2012 年)……7
Ensured Reserves of Major Non-ferrous Metal and Non-metal Mineral by Region (2012)
1-8　主要城市气候情况(2012 年)……8
Climate of Major Cities (2012)

二、水环境
Freshwater Environment

2-1　全国水环境情况(2000-2012 年)……11
Freshwater Environment(2000-2012)
2-2　各流域水资源情况(2012 年)……13
Water Resources by River Valley (2012)
2-3　各流域节水灌溉面积(2012 年)……13
Water Conservation Irrigated Area by River Valley (2012)
2-4　各流域供水和用水情况(2012 年)……14
Water Supply and Use by River Valley (2012)
2-5　各地区水资源情况(2012 年)……15
Water Resources by Region(2012)
2-6　各地区节水灌溉面积(2012 年)……16
Water Conservation Irrigated Area by Region (2012)
2-7　各地区供水和用水情况(2012 年)……17
Water Supply and Use by Region (2012)
2-8　流域分区河流水质状况评价结果(按评价河长统计)(2012 年)……19
Evaluation of River Water Quality by River Valley (by River Length) (2012)

2-9 主要水系干流水质状况评价结果(按监测断面统计)(2012 年)……19
Evaluation of River Water Quality by Water System (by Monitoring Sections) (2012)
2-10 重点评价湖泊水质状况(2012 年)……20
Water Quality Status of Lakes in Key Evaluation (2012)
2-11 各地区废水排放及处理情况(2012 年)……21
Discharge and Treatment of Waste Water by Region (2012)
2-12 各行业工业废水排放及处理情况(2012 年)……27
Discharge and Treatment of Industrial Waste Water by Sector (2012)
2-13 主要城市废水排放情况(2012 年)……33
Discharge of Waste Water in Major Cities (2012)
2-14 沿海城市废水排放情况(2012 年)……34
Discharge of Waste Water in Coastal Cities (2012)

三、海洋环境
Marine Environment

3-1 全国海洋环境情况(2000-2012 年)……37
Marine Environment (2000-2012)
3-2 全海域未达到第一类海水水质标准的海域面积(2012 年)……38
Sea Area with Water Quality Not Reaching Standard of Grade Ⅰ (2012)
3-3 海区废弃物倾倒及石油勘探开发污染物排放入海情况(2012 年)……38
Sea Area Waste Dumping and Pollutants from Petroleum Exploration Discharged into the Sea (2012)
3-4 全国主要海洋产业增加值(2012 年)……39
Added Value of Major Marine Industries (2012)
3-5 海洋资源利用情况(2011 年)……39
Utilization of Marine Resources (2011)

四、大气环境
Atmospheric Environment

4-1 全国废气排放及处理情况(2000-2012 年)……43
Emission and Treatment of Waste Gas (2000-2012)
4-2 各地区废气排放及处理情况(2012 年)……45
Emission and Treatment of Waste Gas by Region (2012)
4-3 各行业工业废气排放及处理情况(2012 年)……49
Emission and Treatment of Industrial Waste Gas by Sector (2012)
4-4 主要城市工业废气排放及处理情况(2012 年)……55
Emission and Treatment of Industrial Waste Gas in Major Cities (2012)
4-5 沿海城市工业废气排放及处理情况(2012 年)……56
Emission and Treatment of Industrial Waste Gas in Coastal Cities (2012)

五、固体废物
Solid Wastes

5-1 全国工业固体废物产生、排放和综合利用情况(2000-2012 年)……59
Generation, Discharge and Utilization of Industrial Solid Wastes(2000-2012)

5-2 各地区固体废物产生和排放情况(2012 年) ……60
Generation and Discharge of Solid Wastes by Region (2012)
5-3 各行业固体废物产生和排放情况(2012 年) ……62
Generation and Discharge of Solid Wastes by Sector (2012)
5-4 主要城市固体废物产生和排放情况(2012 年) ……68
Generation and Discharge of Solid Wastes in Major Cities (2012)
5-5 沿海城市固体废物产生和排放情况(2012 年) ……69
Generation, Discharge of Solid Wastes in Coastal Cities (2012)

六、自然生态
Natural Ecology

6-1 全国自然生态情况(2000-2012 年)……73
Natural Ecology(2000-2012)
6-2 各地区自然保护基本情况(2012 年)……74
Basic Situation of Natural Protection by Region (2012)
6-3 海洋类型自然保护区建设情况(2011 年) ……75
Construction of Nature Reserves by Sea Type (2011)
6-4 各地区草原建设利用情况(2012 年)……76
Construction & Utilization of Grassland by Region (2012)
6-5 各地区地质公园建设情况(2012 年)……77
Construction of Geoparks by Region (2012)
6-6 各地区矿山环境保护情况(2012 年)……78
Protection of Mine Environment by Region (2012)
6-7 各流域除涝情况(2012 年) ……79
Flood Prevention Measures by River Valley (2012)
6-8 各流域水土流失治理情况(2012 年)……79
Area of Soil Erosion under Control by River Valley (2012)
6-9 各地区除涝情况(2012 年) ……80
Flood Prevention Measures by Region (2012)
6-10 各地区水土流失治理情况(2012 年)……81
Area of Soil Erosion under Control by Region (2012)
6-11 各地区湿地情况……82
Area of Wetland by Region
6-12 各地区沙化土地情况……83
Sandy Land by Region

七、土地利用
Land Use

7-1 全国土地利用情况(2000-2008 年)……87
Land Use (2000-2008)
7-2 各地区土地利用情况(2008 年)……88
Land Use by Region (2008)
7-3 各地区耕地变动情况(2008 年)……90
Change of Cultivated Land by Region (2008)

八、林业
Forestry

8-1 全国造林情况(2000-2012 年)……95
Area of Afforestation (2000-2012)
8-2 各地区森林资源情况……96
Forest Resources by Region
8-3 各地区造林情况(2012 年)……97
Area of Afforestation by Region (2012)
8-4 各地区天然林资源保护情况(2012 年)……99
Natural Forest Protection by Region (2012)
8-5 各地区退耕还林情况(2012 年)……101
The Conversion of Cropland to Forest Program by Region (2012)
8-6 三北、长江流域等重点防护林体系工程建设情况(2012 年)……102
Key Shelterbelt Programs in North China and Changjiang River Basin (2012)
8-7 京津风沙源治理工程建设情况(2012 年)……103
Desertification Control Program in the Vicinity of Beijing and Tianjin (2012)
8-8 各地区林业系统野生动植物保护及自然保护区工程建设情况(2012 年)……104
Wildlife Conservation and Nature Reserve Program of Forestry Establishments by Region(2012)

九、自然灾害及突发事件
Natural Disasters & Environmental Accidents

9-1 全国自然灾害情况(2000-2012 年)……109
Natural Disasters (2000-2012)
9-2 各地区自然灾害损失情况(2012 年)……110
Loss Caused by Natural Disasters by Region (2012)
9-3 地质灾害及防治情况(2012 年)……113
Occurrence and Prevention of Geological Disasters(2012)
9-4 地震灾害情况(2012 年)……115
Earthquake Disasters (2012)
9-5 海洋灾害情况(2012 年)……115
Marine Disasters (2012)
9-6 各地区森林火灾情况(2012 年)……116
Forest Fires by Region(2012)
9-7 各地区森林病虫鼠害防治情况(2012 年)……118
Prevention of Forest Diseases, Pests and Rats by Region (2012)
9-8 各地区草原灾害情况(2012 年)……120
Grassland Disasters by Region (2012)
9-9 各地区突发环境事件情况(2012 年)……121
Environmental Emergencies by Region (2012)

十、环境投资
Environmental Investment

10-1 全国环境污染治理投资情况(2001-2012 年)……125
Investment in the Treatment of Environmental Pollution (2001-2012)

10-2 各地区环境污染治理投资情况(2012 年)……126
Investment in the Treatment of Environmental Pollution by Region (2012)
10-3 各地区城镇环境基础设施建设投资情况(2012 年)……127
Investment in Urban Environment Infrastructure by Region (2012)
10-4 各地区工业污染治理投资完成情况(2012 年)……128
Completed Investment in Treatment of Industrial Pollution by Region (2012)
10-5 各地区环保验收项目情况(2012 年)……129
Environmental Protection Acceptance Projects by Region (2012)
10-6 各地区林业投资资金来源情况(2012 年)……130
Source of Funds of Investment for Forestry by Region(2012)
10-7 各地区林业投资完成情况(2012 年)……132
Completed Investment for Forestry by Region(2012)

十一、城市环境
Urban Environment

11-1 全国城市环境情况(2000-2012 年)……135
Urban Environment (2000-2012)
11-2 主要城市空气质量指标(2012 年)……136
Ambient Air Quality in Major Cities (2012)
11-3 各地区城市面积和建设用地情况(2012 年)……137
Basic Statistics on Urban Area and Land Used for Construction by Region(2012)
11-4 各地区城市市政设施情况(2012 年)……139
Urban Municipal Facilities by Region (2012)
11-5 各地区城市供水和用水情况(2012 年)……141
Urban Water Supply and Use by Region (2012)
11-6 各地区城市节约用水情况(2012 年)……143
Urban Water Saving by Region (2012)
11-7 各地区城市污水排放和处理情况(2012 年)……145
Urban Waste Water Discharged and Treated by Region (2012)
11-8 各地区城市市容环境卫生情况 (2012 年)……147
Urban Environmental Sanitation by Region (2012)
11-9 各地区城市燃气情况(2012 年)……151
Basic Statistics on Supply of Gas in Cities by Region (2012)
11-10 各地区城市集中供热情况(2012 年)……154
Basic Statistics on Central Heating in Cities by Region (2012)
11-11 各地区城市园林绿化情况(2012 年)……156
Area of Parks & Green Land in Cities by Region (2012)
11-12 各地区城市公共交通情况(2012 年)……158
Urban Public Transportation by Region (2012)
11-13 环保重点城市道路交通噪声监测情况(2012 年)……160
Monitoring of Urban Road Traffic Noise in Main Environmental Protection Cities (2012)
11-14 环保重点城市区域环境噪声监测情况(2012 年)……163
Monitoring of Urban Area Environmental Noise in Main Environmental Protection Cities (2012)
11-15 主要城市区域环境噪声声源构成情况(2012 年)……164
Composition of Environmental Noises by Sources in Major Cities (2012)

十二、农村环境
Rural Environment

12-1 全国农村环境情况(2000-2012 年)……169
Rural Environment (2000-2012)
12-2 各地区农村改水、改厕情况(2012 年)……170
Drinking Water and Sanitation Lavatory Improvement in Rural Area by Region(2012)
12-3 各地区农村改水、改厕投资情况(2012 年)……173
Investment of Drinking Water and Sanitation Lavatory Improvement in Rural Area by Region(2012)
12-4 各地区农村可再生能源利用情况(2012 年)……174
Use of Renewable Energy in Rural Area by Region (2012)
12-5 各地区农业有效灌溉和农用化肥施用情况(2012 年)……175
Agriculture Irrigated Area and Use of Chemical Fertilizers by Region (2012)
12-6 各地区农用塑料薄膜和农药使用量情况(2012 年)……176
Use of Agricultural Plastic Film and Pesticide by Region (2012)

附录一、人口资源环境主要统计指标……179
APPENDIX Ⅰ. Main Indicators of Population, Resources & Environment Statistics

附录二、"十二五"时期主要环境保护指标
APPENDIX Ⅱ. Main Environmental Indicators in the 12th Five-year Plan

附录 2-1 "十二五"时期资源环境主要指标……183
Indicators on Resources & Environment in the 12th Five-year Plan
附录 2-2 "十二五"时期环境保护主要指标……184
Indicators on Environmental Protection in the 12th Five-year Plan

附录三、东中西部地区主要环境指标
APPENDIX Ⅱ. Main Environmental Indicators by Eastern, Central & Western

附录 3-1 东中西部地区水资源情况(2012 年)……187
Water Resources by Eastern,Central & Western (2012)
附录 3-2 东中西部地区废水排放情况(2012 年)……188
Discharge of Waste Water by Eastern, Central & Western (2012)
附录 3-3 东中西部地区废气排放情况(2012 年)……191
Emission of Waste Gas by Eastern,Central & Western (2012)
附录 3-4 东中西部地区固体废物产生及处理情况(2012 年)……194
Generation and Disposal of Solid Wastes by Eastern,Central & Western (2012)
附录 3-5 东中西部地区环境污染治理投资情况(2012 年)……196
Investment in the Treatment of Evironmental Pollution by Eastern,Central & Western (2012)
附录 3-6 东中西部地区城市环境情况(2012 年)……197
Urban Environment by Eastern,Central & Western (2012)
附录 3-7 东中西部地区农村环境情况(2012 年)……198
Rural Environment by Eastern,Central & Western (2012)

附录四、世界主要国家和地区环境统计指标
APPENDIX Ⅳ. Main Environmental Indicators of the World's Major Countries and Regions

附录 4-1　水资源 ······ 200
Water Resources
附录 4-2　供水 ······ 210
Water Supply Industry
附录 4-3　废水 ······ 216
Waste Water
附录 4-4　NO_x 排放量 ······ 218
NO_x Emissions
附录 4-5　SO_2 排放量 ······ 222
SO_2 Emissions
附录 4-6　CO_2 排放量(2007 年) ······ 225
CO_2 Emissions (2007)
附录 4-7　温室气体排放量 ······ 231
Greenhouse Gas Emissions
附录 4-8　消耗臭氧层物质 ······ 236
Consumption of Ozone-Depleting Substances(ODS)
附录 4-9　危险废物产生量 ······ 246
Hazardous Waste Generation
附录 4-10　城市垃圾收集 ······ 248
Municipal Waste Collection
附录 4-11　城市垃圾处理 ······ 251
Municipal Waste Treatment
附录 4-12　森林面积 ······ 253
Forest Area
附录 4-13　农业用地 ······ 260
Agricultural Land

附录五、2013 年上半年各省、自治区、直辖市主要污染物排放量指标公报 ······ 275
APPENDIX Ⅴ. The Main Pollutants Emission Indicators Communiqué of the Provinces, Autonomous Regions, Municipality Directly under the Central Government in the First Half of 2013

附录六、主要统计指标解释 ······ 279
APPENDIX Ⅵ. Explanatory Notes on Main Statistical Indicators

一、自然状况

Natural Conditions

1-1 自然状况
Natural Conditions

项　　目		Item		2012
国土		**Territory**		
国土面积	(万平方公里)	Area of Territory	(10 000 sq.km)	960
海域面积	(万平方公里)	Area of Sea	(10 000 sq.km)	473
海洋平均深度	(米)	Average Depth of Sea	(m)	961
海洋最大深度	(米)	Maximum Depth of Sea	(m)	5377
岸线总长度	(公里)	Length of Coastline	(km)	32000
大陆岸线长度		Mainland Shore		18000
岛屿岸线长度		Island Shore		14000
岛屿个数	(个)	Number of Islands		5400
岛屿面积	(万平方公里)	Area of Islands	(10 000 sq.km)	3.87
气候		**Climate**		
热量分布	(积温≥0℃)	Distribution of Heat (Accumulated Temperature≥0℃)		
黑龙江北部及青藏高原		Northern Heilongjiang and Tibet Plateau		2000-2500
东北平原		Northeast Plain		3000-4000
华北平原		North China Plain		4000-5000
长江流域及以南地区		Changjiang (Yangtze) River Drainage Area and the Area to the south of it		5800-6000
南岭以南地区		Area to the South of Nanling Mountain		7000-8000
降水量	(毫米)	Precipitation	(mm)	
台湾中部山区		Mid-Taiwan Mountain Area		≥4000
华南沿海		Southern China Coastal Area		1600-2000
长江流域		Changjiang River Valley		1000-1500
华北、东北		Northern and Northeastern Area		400-800
西北内陆		Northwestern Inland		100-200
塔里木盆地、吐鲁番盆地和柴达木盆地		Tarim Basin, Turpan Basin and Qaidam Basin		≤25
气候带面积比例	(国土面积=100)	Percentage of Climatic Zones to Total Area of Territory		
湿润地区	(干燥度<1.0)	Humid Zone	(aridity<1.0)	32
半湿润地区	(干燥度=1.0-1.5)	Semi-Humid Zone	(aridity 1.0-1.5)	15
半干旱地区	(干燥度=1.5-2.0)	Semi-Arid Zone	(aridity 1.5-2.0)	22
干旱地区	(干燥度>2.0)	Arid Zone	(aridity>2.0)	31

注：1.气候资料为多年平均值。
2.岛屿面积未包括香港、澳门特别行政区和台湾省。

Notes: a) The climate data refer to the average figures in many years.
b) Island area does not include that of Hong Kong Special Administrative Region, Macao Special Administrative Region and Taiwan Province.

1-2 土地状况
Land Characteristics

项　目	Item	面　积 (万平方公里) Area (10 000 sq.km)	占总面积(%) Percentage to Total Area (%)
总面积	**Total Land Area**	**960.00**	**100.00**
#耕地	Cultivated Land	121.72	12.80
园地	Garden Land	11.79	1.24
林地	Forests Land	236.09	24.83
牧草地	Area of Grassland	261.84	27.54
其他农用地	Other Land for Agriculture Use	25.44	2.68
居民点及独立工矿用地	Land for Inhabitation, Mining and Manufacturing	26.92	2.83
交通运输用地	Land for Transport Facilities	2.50	0.26
水利设施用地	Land for Water Conservancy Facilities	3.65	0.38

注：本表数据来源与国土资源部，为2008年底数据。
Note: Figures in this table were obtained from the Ministry of Land and Resources at the end of 2008.

1-3 主要山脉基本情况
Main Mountain Ranges

名　称	Mountain Range	山峰高程(米) Height of Mountain Peak (m)	雪线高程(米) Height of Snow Line (m)	冰川面积 (平方公里) Glacier Area (sq.km)
阿尔泰山	Altay Mountains	4374	3000--3200	287
天山	Tianshan Mountains	7435	3600--4400	9548
祁连山	Qilian Mountains	5826	4300--5240	2063
帕米尔	Pamirs	7579		2258
昆仑山	Kunlun Mountains			11639
喀喇昆仑山	Karakorum Mountain	8611	5100--5400	3265
唐古拉山	Tanggula Mountains	6137		2082
羌塘高原	Qiangtang Plateau	6596		3566
念青塘古拉山	Nyainqentanglha Mountains	7111	4500--5700	7536
横断山	Hengduan Mountains	7556	4600--5500	1456
喜玛拉雅山	The Himalayas	8844.43	4300--6200	11055
冈底斯山	Gangdisi Mountains	7095	5800--6000	2188

1-4 主要河流基本情况
Major Rivers

名 称	River	流域面积（平方公里）Drainage Area (sq.km)	河 长（公里）Length (km)	年径流量（亿立方米）Annual Flow (100 million cu.m)
长 江	Changjiang River (Yangtze River)	1782715	6300	9857
黄 河	Huanghe River (Yellow River)	752773	5464	592
松花江	Songhuajiang River	561222	2308	818
辽 河	Liaohe River	221097	1390	137
珠 江	Zhujiang River (Pearl River)	442527	2214	3381
海 河	Haihe River	265511	1090	163
淮 河	Huaihe River	268957	1000	595

1-5 主要矿产基础储量(2012年)
Ensured Reserves of Major Mineral (2012)

项 目		Item		2012
石油	（万吨）	Petroleum	(10 000 tons)	333258.3
天然气	（亿立方米）	Natural Gas	(100 million cu.m)	43789.9
煤炭	（亿吨）	Coal	(100 million tons)	2298.9
铁矿	（矿石，亿吨）	Iron	(Ore, 100 million tons)	194.8
锰矿	（矿石，亿吨）	Manganese	(Ore, 10 000 tons)	20938.2
铬矿	（矿石，亿吨）	Chromium Ore	(Ore, 10 000 tons)	405.0
钒矿	（万吨）	Vanadium	(10 000 tons)	877.5
原生钛铁矿	（万吨）	Titanium Ore	(10 000 tons)	21088.2
铜矿	（铜，万吨）	Copper	(Metal, 10 000 tons)	2734.4
铅矿	（铅，万吨）	Lead	(Metal, 10 000 tons)	1454.7
锌矿	（锌，万吨）	Zinc	(Metal, 10 000 tons)	3490.7
铝土矿	（矿石，万吨）	Bauxite	(Ore, 10 000 tons)	90590.0
镍矿	（镍，万吨）	Nickel	(Metal, 10 000 tons)	260.9
钨矿	（WO_3，万吨）	Tungsten	(WO_3, 10 000 tons)	233.8
锡矿	（锡，万吨）	Tin	(Metal, 10 000 tons)	117.5
钼矿	（钼，万吨）	Molybdenum	(Metal, 10 000 tons)	651.4
锑矿	（锑，万吨）	Antimony	(Metal, 10 000 tons)	45.0
金矿	（金，吨）	Gold	(Metal, tons)	1866.7
银矿	（银，吨）	Silver	(Metal, tons)	37034.4
菱镁矿	（矿石，万吨）	Magnesite Ore	(Ore, 10 000 tons)	156499.3
普通萤石	（矿物，万吨）	Fluorspar Mineral	(Mineral, 10 000 tons)	3712.6
硫铁矿	（矿石，万吨）	Pyrite Ore	(Ore, 10 000 tons)	134285.4
磷矿	（矿石，万吨）	Phosphorus Ore	(Ore,100 million tons)	30.7
钾盐	（KCl，万吨）	Potassium KCl	(KCl, 10 000 tons)	57774.8
盐矿	（NaCl，亿吨）	Sodium Salt NaCl	(NaCl, 100 million tons)	2070.3
芒硝	（Na_2SO_4，亿吨）	Mirabilite	(Na_2SO_4, 100 million tons)	92.8
重晶石	（矿石，万吨）	Barite Ore	(Ore, 10 000 tons)	3585.6
玻璃硅质原料	（矿石，万吨）	Silicon Materials For Glass Ore	(Ore, 10 000 tons)	198929.9
石墨	（矿石，万吨）	Graphite Mineral (Crystal)	(Mineral, 10 000 tons)	4879.4
滑石	（矿石，万吨）	Talc Ore	(Ore, 10 000 tons)	9211.7
高岭土	（矿石，万吨）	Kaolin Ore	(Ore, 10 000 tons)	38143.5

注：本表资料由国土资源部提供。其中，石油和天然气的数据为剩余技术可采储量(下表同)。

Note: The data in the table are provided by the Ministry of Land and Resources. The data for petroleum and natural gas are the remaining technical recoverable reserves. The same applies to the table following.

1-6 各地区主要能源、黑色金属矿产基础储量(2012年)

Ensured Reserves of Major Energy and Ferrous Metals by Region (2012)

地 区 Region	石油 (万吨) Petroleum (10 000 tons)	天然气 (亿立方米) Natural Gas (100 million cu.m)	煤炭 (亿吨) Coal (100 million tons)	铁矿 (矿石, 亿吨) Iron (Ore, 100 million tons)	锰矿 (矿石, 万吨) Manganese (Ore, 10 000 tons)	铬矿 (矿石, 万吨) Chromite (Ore, 10 000 tons)	钒矿 (万吨) Vanadium (10 000 tons)	原生钛铁矿 (万吨) Titanium (10 000 tons)
全 国 National Total	**333258.33**	**43789.88**	**2298.86**	**194.77**	**20938.18**	**405.01**	**877.49**	**21088.22**
北 京 Beijing			3.73	1.24				
天 津 Tianjin	3034.52	278.78	2.97					
河 北 Hebei	26934.54	315.37	39.51	24.23	7.05	4.64	10.51	290.07
山 西 Shanxi			908.42	12.82	12.90			
内蒙古 Inner Mongolia	8517.07	8344.30	401.66	15.58	567.88	56.29	0.77	
辽 宁 Liaoning	16946.82	178.54	31.92	54.98	1386.46			
吉 林 Jilin	18304.08	776.22	9.82	3.82	0.40			
黑龙江 Heilongjiang	50137.48	1381.51	61.64	0.35				
上 海 Shanghai								
江 苏 Jiangsu	3061.03	24.35	10.82	1.78			4.83	
浙 江 Zhejiang			0.43	0.31			3.75	
安 徽 Anhui	260.06	0.30	80.38	8.39	7.77		6.07	
福 建 Fujian			4.44	3.56	133.41			
江 西 Jiangxi			4.11	1.46			6.52	
山 东 Shandong	34302.35	345.90	79.73	8.90				645.79
河 南 Henan	5160.24	75.08	99.09	1.56	0.82			0.52
湖 北 Hubei	1328.70	49.68	3.25	5.83	721.27		25.16	1053.23
湖 南 Hunan			6.61	1.29	1958.37		2.86	
广 东 Guangdong	7.90	0.30	0.23	1.08	75.23			
广 西 Guangxi	139.00	1.24	2.08	0.29	8590.40		171.49	
海 南 Hainan	297.50	-1.29	1.19	0.81				2.69
重 庆 Chongqing	158.63	1928.31	19.85	0.22	1678.45			
四 川 Sichuan	804.63	9351.09	54.53	29.66	97.74		547.03	19049.87
贵 州 Guizhou		5.44	69.39	0.13	3559.77			
云 南 Yunnan	12.21	2.24	59.09	4.29	1029.47		0.07	
西 藏 Tibet			0.12	0.17		173.69		
陕 西 Shaanxi	31397.94	6376.26	108.99	3.85	281.82		8.40	
甘 肃 Gansu	19184.32	224.58	34.08	3.84	259.04	124.83	89.87	
青 海 Qinghai	6499.44	1281.60	15.97	0.06		1.38		
宁 夏 Ningxia	2299.47	294.96	32.34					
新 疆 Xinjiang	56464.74	9324.37	152.47	4.27	569.93	44.18	0.16	46.05
海 域 Ocean	48005.65	3230.75						

1-7 各地区主要有色金属、非金属矿产基础储量(2012年)

Ensured Reserves of Major Non-ferrous Metal and Non-metal Mineral by Region (2012)

地 区 Region	铜矿 (铜, 万吨) Copper (Metal, 10 000 tons)	铅矿 (铅, 万吨) Lead (Metal, 10 000 tons)	锌矿 (锌, 万吨) Zinc (Metal, 10 000 tons)	铝土矿 (矿石, 万吨) Bauxite (Ore, 10 000 tons)	菱镁矿 (矿石, 万吨) Magnesite Ore (Ore, 10 000 tons)	硫铁矿 (矿石, 万吨) Pyrite Ore (Ore, 10 000 tons)	磷矿 (矿石, 万吨) Phosphorus Ore (Ore, 100 million tons)	高岭土 (矿石, 万吨) Kaolin Ore (Ore, 10 000 tons)
全 国 National Total	**2734.41**	**1454.65**	**3490.74**	**90589.97**	**156499.26**	**134285.39**	**30.74**	**38143.46**
北 京 Beijing	0.02							
天 津 Tianjin								
河 北 Hebei	13.23	20.65	78.19	2.57	882.34	1136.62	1.97	58.30
山 西 Shanxi	160.09	0.55	0.34	13263.71		1058.11	0.81	160.20
内蒙古 Inner Mongolia	370.49	391.07	735.15			16325.13	0.02	1085.36
辽 宁 Liaoning	32.55	9.45	44.31		140583.97	1879.12	0.81	525.00
吉 林 Jilin	20.19	12.02	18.02		1.10	730.70		49.08
黑龙江 Heilongjiang	112.05	6.37	32.77			48.20		
上 海 Shanghai								
江 苏 Jiangsu	3.86	10.53	18.21			335.95	0.13	700.52
浙 江 Zhejiang	6.11	8.45	19.58			519.85		803.42
安 徽 Anhui	175.61	10.84	13.48			14925.81	0.20	155.81
福 建 Fujian	55.78	32.33	77.53			1120.36		5528.72
江 西 Jiangxi	662.09	55.12	78.77			15280.38	0.61	3127.78
山 东 Shandong	15.40	0.28	0.34	158.90	14793.34	3.18		366.30
河 南 Henan	9.49	47.33	45.94	15080.21	2.12	6021.10	0.03	22.27
湖 北 Hubei	108.69	5.22	20.49	502.87		3933.81	8.30	460.43
湖 南 Hunan	7.57	55.98	77.29	311.43		805.22	0.23	2021.23
广 东 Guangdong	30.94	138.17	244.04			16226.41		5455.93
广 西 Guangxi	3.29	25.30	101.07	41529.43		837.06		15123.20
海 南 Hainan	3.59	6.62	16.96					1923.20
重 庆 Chongqing		5.56	18.35	5611.47		1453.10		9.00
四 川 Sichuan	70.71	85.13	218.59	14.40	186.49	40990.95	3.60	56.10
贵 州 Guizhou	0.30	4.43	68.96	12628.85		5532.66	6.87	16.05
云 南 Yunnan	300.76	213.14	889.46	1485.24		4944.86	6.50	402.30
西 藏 Tibet	274.36	46.92	13.99					
陕 西 Shaanxi	20.02	31.10	75.90	0.89		108.30	0.05	81.10
甘 肃 Gansu	159.46	79.82	323.95			1.00		
青 海 Qinghai	35.70	73.41	140.94		49.90	50.07	0.60	
宁 夏 Ningxia							0.01	
新 疆 Xinjiang	82.06	78.86	118.12			17.44		12.16
海 域 Ocean								

1-8 主要城市气候情况(2012年)
Climate of Major Cities (2012)

城 市	City	年平均气温(摄氏度) Annual Average Temperature (℃)	年极端最高气温(摄氏度) Annual Maximum Temperature (℃)	年极端最低气温(摄氏度) Annual Minimum Temperature (℃)	年平均相对湿度(%) Annual Average Humidity (%)	全年日照时数(小时) Annual Average Sunshine Hours (hour)	全年降水量(毫米) Annual Average Precipitation (millimeter)
北京	Beijing	12.9	38.0	-13.7	51	2450.2	733.2
天津	Tianjin	12.5	37.6	-13.3	57	2174.4	755.3
石家庄	Shijiazhuang	14.0	39.3	-10.9	55	2288.2	649.4
太原	Taiyuan	10.7	36.4	-16.1	51	2618.6	427.8
呼和浩特	Hohhot	7.2	34.7	-23.9	47	2677.8	551.4
沈阳	Shenyang	7.4	32.4	-28.8	69	2577.2	786.0
长春	Changchun	5.2	31.5	-27.6	63	2438.3	718.3
哈尔滨	Harbin	4.6	33.2	-31.3	67	1773.8	740.8
上海	Shanghai	17.1	38.0	-2.5	68	1420.4	1435.8
南京	Nanjing	16.0	37.2	-7.2	68	1939.1	917.2
杭州	Hangzhou	17.1	38.5	-3.3	71	1520.5	1728.8
合肥	Hefei	16.5	37.8	-6.6	73	1912.8	936.4
福州	Fuzhou	20.2	39.2	0.8	75	1291.3	1913.4
南昌	Nanchang	18.0	36.9	-2.9	77	1622.0	2059.8
济南	Jinan	14.3	37.5	-11.8	55	2146.0	569.1
郑州	Zhengzhou	15.5	41.0	-7.6	53	1883.7	498.7
武汉	Wuhan	16.4	37.5	-6.5	81	1553.9	1415.5
长沙	Changsha	17.6	37.7	-2.4	76	1493.6	1730.0
广州	Guangzhou	21.7	36.8	2.5	82	1471.2	1813.9
南宁	Nanning	21.4	37.1	3.1	80	1295.7	1086.8
海口	Haikou	24.6	36.4	9.2	82	1766.4	2094.3
重庆	Chongqing	18.3	39.9	1.0	72	812.0	1104.4
成都	Chengdu	15.9	35.5	-3.4	78	780.6	610.9
贵阳	Guiyang	13.7	31.9	-4.1	85	681.6	1226.4
昆明	Kunming	16.3	30.9	-2.3	67	2554.2	802.1
拉萨	Lhasa	9.6	29.1	-13.0	34	3162.9	365.2
西安	Xi'an	14.6	39.9	-9.3	62	1546.6	426.7
兰州	Lanzhou	10.5	35.3	-17.1	53	2322.8	293.9
西宁	Xining	5.2	28.9	-23.8	59	2655.2	446.1
银川	Yinchuan	9.8	34.8	-20.1	48	2728.3	292.7
乌鲁木齐	Urumqi	7.4	36.2	-29.0	53	2864.6	286.9

资料来源：中国气象局。
Source: China Meteorological Administration.

二、水环境

Freshwater Environment

2-1 全国水环境情况(2000-2012年)
Freshwater Environment(2000-2012)

年 份 Year	水资源总量 (亿立方米) Total Amount of Water Resources (100 million cu.m)	地表水资源量 Surface Water Resources	地下水资源量 Ground Water Resources	地表水与地下水资源重复量 Duplicated Measurement of Surface Water and Groundwater	降水量 (亿立方米) Precipitation (100 million cu.m)	人均水资源量 (立方米/人) Per Capita Water Resources (cu.m/person)
2000	27701	26562	8502	7363	60092	2193.9
2001	26868	25933	8390	7456	58122	2112.5
2002	28261	27243	8697	7679	62610	2207.2
2003	27460	26251	8299	7090	60416	2131.3
2004	24130	23126	7436	6433	56876	1856.3
2005	28053	26982	8091	7020	61010	2151.8
2006	25330	24358	7643	6671	57840	1932.1
2007	25255	24242	7617	6604	57763	1916.3
2008	27434	26377	8122	7065	62000	2071.1
2009	24180	23125	7267	6212	55959	1816.2
2010	30906	29798	8417	7308	65850	2310.4
2011	23257	22214	7214	6171	55133	1730.2
2012	29529	28373	8296	7141	65150	2186.2

注：1.2011年环境保护部对统计制度中的指标体系、调查方法及相关技术规定等进行了修订，统计范围扩展为工业源、农业源、城镇生活源、机动车、集中式污染治理设施5个部分。

2.生态环境补水仅包括人为措施供给的城镇环境用水和部分河湖、湿地补水。

Note: a)In 2011, indicators of statistical system, method of survey, and related technologies were revised by Ministry of Environmental Protection, statistical scope expands to 5 parts: industry source, agricultural source, urban living source, automotive vehicle, centralized pollution abatement.

b)Water use of Eco-environment only includes supply of water to some rivers, lakes, wetland and water used for urban environment.

2-1 续表 1 continued 1

年 份 Year	供水总量 (亿立方米) Total Amount of Water Supply (100 million cu.m)	地表水 Surface Water	地下水 Ground-water	其他 Other	用水总量 (亿立方米) Total Amount of Water Use (100 million cu.m)	农业用水 Agriculture	工业用水 Industry
2000	5530.7	4440.4	1069.2	21.1	5497.6	3783.5	1139.1
2001	5567.4	4450.7	1094.9	21.9	5567.4	3825.7	1141.8
2002	5497.3	4404.4	1072.4	20.5	5497.3	3736.2	1142.4
2003	5320.4	4286.0	1018.1	16.3	5320.4	3432.8	1177.2
2004	5547.8	4504.2	1026.4	17.2	5547.8	3585.7	1228.9
2005	5633.0	4572.2	1038.8	22.0	5633.0	3580.0	1285.2
2006	5795.0	4706.7	1065.5	22.7	5795.0	3664.4	1343.8
2007	5818.7	4723.9	1069.1	25.7	5818.7	3599.5	1403.0
2008	5910.0	4796.4	1084.8	28.7	5910.0	3663.5	1397.1
2009	5965.2	4839.5	1094.5	31.2	5965.2	3723.1	1390.9
2010	6022.0	4881.6	1107.3	33.1	6022.0	3689.1	1447.3
2011	6107.2	4953.3	1109.1	44.8	6107.2	3743.6	1461.8
2012	6131.2	4952.8	1133.8	44.6	6131.2	3902.5	1380.7

2-1 续表 2 continued 2

年 份 Year	生活用水 Household and Service	生态环境补水 Eco-environment	人均用水量 (立方米) Water Use per Capita (cu.m)	单位GDP用水量 (立方米/万元) Water Use/GDP (cu.m/10 000 yuan)	单位工业增加值用水量 (立方米/万元) Water Use/Value Added of Industry (cu.m/10 000 yuan)	废水排放总量 (亿吨) Waste Water Discharge (100 million tons)	工业 Industrial Discharge	生活 Household Discharge
2000	574.9		435.4	554	285	415.2	194.2	220.9
2001	599.9		437.7	518	262	432.9	202.6	230.2
2002	618.7		429.3	469	239	439.5	207.2	232.3
2003	630.9	79.5	412.9	413	218	459.3	212.3	247.0
2004	651.2	82.0	428.0	391	204	482.4	221.1	261.3
2005	675.1	92.7	432.1	305	166	524.5	243.1	281.4
2006	693.8	93.0	442.0	278	154	536.8	240.2	296.6
2007	710.4	105.7	441.5	245	140	556.8	246.6	310.2
2008	729.3	120.2	446.2	227	127	571.7	241.7	330.0
2009	748.2	103.0	448.0	210	116	589.1	234.4	354.7
2010	765.8	119.8	450.2	191	108	617.3	237.5	379.8
2011	789.9	111.9	454.4	139	82	659.2	230.9	427.9
2012	739.7	108.3	453.9	130	72	684.8	221.6	462.7

2-1 续表 3 continued 3

年 份 Year	化学需氧量排放总量 (万吨) COD Discharge (10 000 tons)	工业 Industrial Discharge	生活 Household Discharge	氨 氮排放量 (万吨) Ammonia Nitrogen Discharge (10 000 tons)	工业 Industrial Discharge	生活 Household Discharge
2000	1445.0	704.5	740.5			
2001	1404.8	607.5	797.3	125.2	41.3	83.9
2002	1366.9	584.0	782.9	128.8	42.1	86.7
2003	1333.9	511.8	821.1	129.6	40.4	89.2
2004	1339.2	509.7	829.5	133.0	42.2	90.8
2005	1414.2	554.7	859.4	149.8	52.5	97.3
2006	1428.2	541.5	886.7	141.4	42.5	98.9
2007	1381.8	511.1	870.8	132.3	34.1	98.3
2008	1320.7	457.6	863.1	127.0	29.7	97.3
2009	1277.5	439.7	837.9	122.6	27.4	95.3
2010	1238.1	434.8	803.3	120.3	27.3	93.0
2011	2499.9	354.8	938.8	260.4	28.1	147.7
2012	2423.7	338.5	912.8	253.6	26.4	144.6

2-2 各流域水资源情况(2012年)
Water Resources by River Valley (2012)

单位：亿立方米 (100 million cu.m)

流域片	River Valley	水资源总量 Total Amount of Water Resources	地表水资源量 Surface Water Resources	地下水资源量 Ground Water Resources	地表水与地下水资源重复量 Duplicated Measurement of Surface Water and Groundwater	降水量 Precipitation
全　国	**National Total**	**29528.8**	**28373.3**	**8296.4**	**7140.9**	**65150.1**
松花江区	Songhuajiang River	1537.2	1299.2	506.1	268.2	5300.3
#松花江	Songhuajiang River	1037.5	855.3	361.1	178.9	3553.1
辽河区	Liaohe River	716.9	599.5	236.3	119.0	2206.7
#辽河	Liaohe River	302.5	192.6	168.0	58.1	1298.9
海河区	Haihe River	436.7	235.5	288.7	87.6	1922.1
#海河	Haihe River	346.4	167.3	244.9	65.8	1549.2
黄河区	Huanghe River	771.8	660.4	429.4	318.0	3896.8
淮河区	Huaihe River	746.2	522.9	353.0	129.7	2416.0
#淮河	Huaihe River	649.5	452.7	295.0	98.2	2013.3
长江区	Changjiang River	10807.0	10679.1	2536.2	2408.3	20664.2
#太湖	Taihu Lake	233.3	207.3	51.6	25.6	500.0
东南诸河区	Southeastern Rivers	2749.4	2737.1	556.7	544.4	4354.0
珠江区	Zhujiang River	5077.2	5063.1	1208.1	1193.9	9587.6
#珠江	Zhujiang River	3542.3	3538.3	832.1	828.2	6836.4
西南诸河区	Southwestern Rivers	5256.2	5256.2	1292.1	1292.1	8491.5
西北诸河区	Northwestern Rivers	1430.4	1320.3	889.8	779.7	6310.8

资料来源:水利部(以下各表同)。
Source:Ministry of Water Resource (the same as in the following tables).

2-3 各流域节水灌溉面积(2012年)
Water Conservation Irrigated Area by River Valley (2012)

单位：千公顷 (1 000 hectares)

流域片	River Valley	节水灌溉面积合计 Water Conservation Irrigated Area	喷滴灌 Jetting and Dropping Irrigation	微　灌 Tiny Irrigation	低压管灌 Low Pressure Pipe Irrigation	渠道防渗 Leakage-free Channel	其他工程节水 Other Forms of Water-saving
全　国	**National Total**	**31216.7**	**3373.5**	**3226.3**	**7526.0**	**12823.4**	**4264.3**
松花江区	Songhuajiang River	4202.4	1576.4	251.5	329.0	218.3	1827.3
辽河区	Liaohe River	1602.8	360.3	283.1	621.6	317.0	20.9
海河区	Haihe River	4853.6	386.5	93.6	3198.0	802.9	372.7
黄河区	Huanghe River	3873.8	282.4	121.2	1223.2	2044.6	199.2
淮河区	huaihe River	4466.7	314.0	73.7	1364.0	1871.0	844.0
长江区	Changjiang River	4980.7	171.1	56.1	425.4	3844.9	483.1
东南诸河区	Southeastern Rivers	1372.3	78.8	49.5	82.2	1068.7	93.1
珠江区	zhujiang River	1367.9	34.6	14.4	55.4	941.2	322.3
西南诸河区	Southwestern Rivers	309.8	5.0	1.4	14.4	255.1	34.0
西北诸河区	Northwestern Rivers	4186.7	164.4	2281.9	212.8	1459.9	67.6

2-4 各流域供水和用水情况(2012年)

Water Supply and Use by River Valley (2012)

单位：亿立方米 (100 million cu.m)

流域片	River Valley	供水总量 Total Amount of Water Supply	地表水 Surface Water	地下水 Groundwater	其 他 Other
全 国	**National Total**	**6131.2**	**4952.8**	**1133.8**	**44.6**
松花江区	Songhuajiang River	503.5	289.2	213.6	0.7
#松花江	Songhuajiang River	368.5	229.5	138.4	0.6
辽河区	Liaohe River	205.8	97.5	104.7	3.5
#辽河	Liaohe River	149.1	61.4	86.2	1.5
海河区	Haihe River	371.8	126.5	231.7	13.7
#海河	Haihe River	336.1	112.6	210.3	13.2
黄河区	Huanghe River	388.6	251.1	130.5	7.0
淮河区	Huaihe River	647.7	461.7	181.5	4.4
#淮河	Huaihe River	577.1	423.0	151.8	2.3
长江区	Changjiang River	2002.8	1913.1	80.8	8.9
#太湖	Taihu Lake	349.5	349.1	0.3	0.1
东南诸河区	Southeastern Rivers	337.0	326.0	9.6	1.4
珠江区	Zhujiang River	864.7	826.7	34.7	3.2
#珠江	Zhujiang River	614.6	595.7	15.8	3.1
西南诸河区	Southwestern Rivers	108.0	103.8	4.2	0.1
西北诸河区	Northwestern Rivers	701.3	557.2	142.5	1.6

2-4 续表 continued

单位：亿立方米 (100 million cu.m)

流域片	River Valley	用水总量 Total Amount of Water Use	农业用水 Agriculture	工业用水 Industry	生活用水 Household	生态环境补水 Eco-environment
全 国	**National Total**	**6131.2**	**3902.5**	**1380.7**	**739.7**	**108.3**
松花江区	Songhuajiang River	503.5	391.2	68.9	27.5	15.9
#松花江	Songhuajiang River	368.5	275.6	58.3	23.4	11.1
辽河区	Liaohe River	205.8	137.5	33.6	29.0	5.8
#辽河	Liaohe River	149.1	107.6	19.6	17.8	4.0
海河区	Haihe River	371.8	245.7	55.2	56.7	14.2
#海河	Haihe River	336.1	222.9	48.0	51.7	13.6
黄河区	Huanghe River	388.6	272.9	61.4	42.4	11.8
淮河区	Huaihe River	647.7	449.4	104.3	79.1	14.9
#淮河	Huaihe River	577.1	409.8	91.4	64.1	11.7
长江区	Changjiang River	2002.8	1007.5	707.1	271.8	16.4
#太湖	Taihu Lake	349.5	87.7	207.9	51.0	2.8
东南诸河区	Southeastern Rivers	337.0	150.3	119.9	60.2	6.5
珠江区	Zhujiang River	864.7	509.1	197.0	148.4	10.1
#珠江	Zhujiang River	614.6	330.4	166.7	108.8	8.9
西南诸河区	Southwestern Rivers	108.0	87.5	11.1	9.0	0.4
西北诸河区	Northwestern Rivers	701.3	651.4	22.2	15.5	12.2

2-5 各地区水资源情况(2012年)

Water Resources by Region(2012)

单位：亿立方米，立方米/人 (100 million cu.m ,cu.m/person)

地 区	Region	水资源总量 Total Amount of Water Resources	地表水资源量 Surface Water Resources	地下水资源量 Ground Water Resources	地表水与地下水资源重复量 Duplicated Measurement of Surface Water and Groundwater	降水量 Precipi-tation	人均水资源量 per Capita local Water Resources
全 国	**National Total**	**29528.8**	**28373.3**	**8296.4**	**7140.9**	**65150.1**	**2186.2**
北 京	Beijing	39.5	18.0	26.5	4.9	116.3	193.2
天 津	Tianjin	32.9	26.5	7.6	1.2	101.4	238.0
河 北	Hebei	235.5	117.8	164.8	47.1	1138.2	324.2
山 西	Shanxi	106.2	65.9	88.3	48.0	797.1	295.0
内蒙古	Inner Mongolia	510.3	349.2	258.4	97.4	3670.8	2052.7
辽 宁	Liaoning	547.3	492.4	147.4	92.5	1344.8	1247.8
吉 林	Jilin	460.5	387.3	147.0	73.8	1386.0	1674.5
黑龙江	Heilongjiang	841.4	695.7	289.8	144.1	2778.8	2194.6
上 海	Shanghai	33.9	27.4	9.7	3.2	80.9	143.4
江 苏	Jiangsu	373.3	279.1	110.2	16.0	972.4	472.0
浙 江	Zhejiang	1446.7	1429.1	273.5	255.8	2166.4	2644.8
安 徽	Anhui	701.0	640.6	159.3	99.0	1637.1	1172.6
福 建	Fujian	1511.4	1510.1	349.3	347.9	2538.7	4047.8
江 西	Jiangxi	2174.4	2155.8	462.3	443.7	3614.5	4836.0
山 东	Shandong	274.3	182.2	164.2	72.1	1019.7	283.9
河 南	Henan	265.5	172.7	161.8	68.9	1001.9	282.6
湖 北	Hubei	813.9	783.8	262.8	232.7	1942.9	1411.0
湖 南	Hunan	1988.9	1981.3	417.9	410.3	3584.9	3005.7
广 东	Guangdong	2026.5	2017.5	485.8	476.7	3514.9	1921.0
广 西	Guangxi	2087.4	2086.4	467.6	466.6	3953.2	4476.0
海 南	Hainan	364.3	360.2	92.6	88.5	662.6	4130.8
重 庆	Chongqing	476.9	476.9	97.8	97.8	890.4	1626.5
四 川	Sichuan	2892.4	2891.2	614.9	613.8	5003.1	3587.2
贵 州	Guizhou	974.0	974.0	253.3	253.3	1967.9	2801.8
云 南	Yunnan	1689.8	1689.8	583.2	583.2	4177.3	3637.9
西 藏	Tibet	4196.4	4196.4	951.9	951.9	6673.3	137378.1
陕 西	Shaanxi	390.5	368.0	130.2	107.7	1346.5	1041.9
甘 肃	Gansu	267.0	259.0	139.1	131.1	1246.7	1038.4
青 海	Qinghai	895.2	879.2	400.5	384.5	2653.0	15687.2
宁 夏	Ningxia	10.8	8.5	21.6	19.2	175.6	168.0
新 疆	Xinjiang	900.6	851.6	557.0	508.0	2992.9	4055.5

2-6 各地区节水灌溉面积(2012年)
Water Conservation Irrigated Area by Region (2012)

单位：千公顷 (1 000 hectares)

地 区	Region	合 计 Total	喷滴灌 Jetting and Dropping Irrigation	微 灌 Tiny Irrigation	低压管灌 Low Pressure Pipe Irrigation	渠道防渗 Leakage-free Channel	其他节水 Other Forms of Water saving
全 国	**National Total**	**31216.7**	**3373.5**	**3226.3**	**7526.0**	**12823.4**	**4264.3**
北 京	Beijing	285.8	78.4	21.6	153.0	31.5	1.2
天 津	Tianjin	292.1	7.2	3.4	182.0	99.3	0.3
河 北	Hebei	2971.8	201.8	49.1	2284.9	274.6	161.4
山 西	Shanxi	774.6	75.7	17.5	474.0	203.1	4.3
内蒙古	Inner Mongolia	2690.0	647.3	181.5	1067.8	791.2	2.2
辽 宁	Liaoning	740.2	163.0	172.5	174.7	209.1	20.8
吉 林	Jilin	426.3	254.5	86.7	42.5	32.1	10.5
黑龙江	Heilongjiang	3289.7	1133.5	166.3	10.3	162.8	1816.8
上 海	Shanghai	149.4	1.5	0.7	80.6	66.7	
江 苏	Jiangsu	1923.4	29.8	14.6	64.4	1436.8	377.8
浙 江	Zhejiang	1084.9	50.9	37.8	74.2	815.5	106.5
安 徽	Anhui	882.9	99.1	8.0	69.9	453.8	252.2
福 建	Fujian	586.0	33.6	15.1	52.3	466.9	18.2
江 西	Jiangxi	402.0	8.0	5.5	4.0	238.3	146.1
山 东	Shandong	2559.6	145.2	68.6	1353.8	647.6	344.4
河 南	Henan	1703.7	130.0	11.0	748.3	581.9	232.5
湖 北	Hubei	495.5	20.2	8.7	33.3	402.8	30.4
湖 南	Hunan	356.3	22.9	1.7	12.8	285.8	33.1
广 东	Guangdong	219.5	10.8	2.0	8.1	195.5	3.1
广 西	Guangxi	780.8	17.1	8.9	8.4	500.0	246.4
海 南	Hainan	134.8	1.7	0.8	0.6	88.7	43.0
重 庆	Chongqing	172.7	7.1	1.0	27.7	128.4	8.5
四 川	Sichuan	1416.1	34.8	12.7	57.7	1254.2	56.8
贵 州	Guizhou	403.3	4.1	7.6	25.3	296.9	69.3
云 南	Yunnan	625.6	11.8	2.3	60.4	489.7	61.4
西 藏	Tibet	62.6	0.5	0.3	1.1	60.1	0.6
陕 西	Shaanxi	881.6	51.9	24.1	224.6	510.4	67.5
甘 肃	Gansu	927.6	48.1	60.7	119.9	615.5	83.4
青 海	Qinghai	97.2	1.8			91.4	4.1
宁 夏	Ningxia	377.7	14.2	36.3	29.7	269.6	27.8
新 疆	Xinjiang	3503.2	67.2	2199.1	79.7	1123.4	33.9

2-7 各地区供水和用水情况(2012年)
Water Supply and Use by Region (2012)

单位: 亿立方米 (100 million cu.m)

地 区	Region	供水总量 Total Amount of Water Supply	地表水 Surface Water	地下水 Ground-water	其 他 Other	用水总量 Total Amount of Water Use	农业用水 Agriculture
全 国	**National Total**	**6131.2**	**4952.8**	**1133.8**	**44.6**	**6131.2**	**3902.5**
北 京	Beijing	35.9	8.0	20.4	7.5	35.9	9.3
天 津	Tianjin	23.1	16.0	5.5	1.7	23.1	11.7
河 北	Hebei	195.3	41.3	151.3	2.8	195.3	142.9
山 西	Shanxi	73.4	31.8	38.8	2.8	73.4	42.7
内蒙古	Inner Mongolia	184.4	89.6	93.0	1.7	184.4	135.4
辽 宁	Liaoning	142.2	77.6	61.3	3.3	142.2	91.5
吉 林	Jilin	129.8	85.9	43.3	0.6	129.8	84.7
黑龙江	Heilongjiang	358.9	197.4	161.5		358.9	294.9
上 海	Shanghai	116.0	115.9	0.1		116.0	17.5
江 苏	Jiangsu	552.2	542.4	9.8		552.2	305.4
浙 江	Zhejiang	198.1	193.9	3.3	0.8	198.1	91.3
安 徽	Anhui	289.3	254.4	34.0	0.9	289.3	156.9
福 建	Fujian	200.1	192.8	6.6	0.7	200.1	92.8
江 西	Jiangxi	242.5	233.2	9.4		242.5	155.7
山 东	Shandong	221.8	126.1	89.3	6.4	221.8	154.2
河 南	Henan	238.6	100.5	137.2	0.9	238.6	135.5
湖 北	Hubei	304.3	293.3	10.1	1.0	304.3	166.5
湖 南	Hunan	328.8	310.3	18.5	…	328.8	188.5
广 东	Guangdong	451.0	432.4	17.0	1.6	451.0	227.6
广 西	Guangxi	303.0	291.4	11.0	0.6	303.0	211.9
海 南	Hainan	45.3	42.0	3.3	0.1	45.3	34.7
重 庆	Chongqing	82.9	81.2	1.6	0.1	82.9	25.2
四 川	Sichuan	245.9	222.8	18.6	4.6	245.9	145.8
贵 州	Guizhou	91.5	88.8	1.1	1.7	91.5	50.3
云 南	Yunnan	151.8	145.3	5.4	1.1	151.8	103.8
西 藏	Tibet	29.8	26.3	3.5		29.8	27.1
陕 西	Shaanxi	88.0	54.0	33.4	0.6	88.0	58.2
甘 肃	Gansu	120.2	93.0	25.7	1.5	120.2	95.1
青 海	Qinghai	27.4	23.8	3.5	0.1	27.4	22.5
宁 夏	Ningxia	69.4	63.8	5.5	0.2	69.4	61.4
新 疆	Xinjiang	590.1	477.9	110.9	1.4	590.1	561.7

2-7 续表 continued

单位：亿立方米 (100 million cu.m)

地 区	Region	工业用水 Industry	生活用水 Household	生态环境补水 Eco-environment	用水消耗量 Consumption of Water Use	人均用水量（立方米） Water Use per Capita (cu.m)
全 国	**National Total**	**1380.7**	**739.7**	**108.3**	**3244.5**	**453.9**
北 京	Beijing	4.9	16.0	5.7	19.6	175.5
天 津	Tianjin	5.1	5.0	1.4	15.5	167.1
河 北	Hebei	25.2	23.3	3.8	144.0	268.9
山 西	Shanxi	15.5	11.8	3.3	56.0	203.7
内蒙古	Inner Mongolia	23.5	10.4	15.1	123.1	741.6
辽 宁	Liaoning	23.0	23.4	4.4	91.1	324.3
吉 林	Jilin	27.1	12.0	6.0	67.1	472.1
黑龙江	Heilongjiang	41.7	16.3	6.0	204.7	936.1
上 海	Shanghai	72.9	24.9	0.7	20.0	490.6
江 苏	Jiangsu	193.1	50.5	3.3	281.9	698.2
浙 江	Zhejiang	60.7	41.6	4.5	109.7	362.2
安 徽	Anhui	97.5	31.1	3.8	148.2	483.9
福 建	Fujian	75.7	28.5	3.1	90.6	535.8
江 西	Jiangxi	58.7	26.1	2.1	107.8	539.4
山 东	Shandong	28.1	32.8	6.7	143.9	229.6
河 南	Henan	60.5	32.0	10.6	134.5	253.9
湖 北	Hubei	101.4	36.1	0.3	132.6	527.6
湖 南	Hunan	94.5	43.3	2.5	136.5	496.9
广 东	Guangdong	121.6	95.4	6.5	172.8	427.5
广 西	Guangxi	51.5	36.6	3.0	129.9	649.8
海 南	Hainan	3.8	6.6	0.2	20.7	514.0
重 庆	Chongqing	39.4	17.5	0.8	41.5	282.9
四 川	Sichuan	54.7	42.9	2.5	120.8	305.0
贵 州	Guizhou	25.0	15.7	0.6	46.6	263.2
云 南	Yunnan	27.8	19.2	1.0	84.9	326.9
西 藏	Tibet	1.7	1.0	…	24.3	975.9
陕 西	Shaanxi	13.3	14.8	1.7	51.4	234.9
甘 肃	Gansu	12.8	9.2	3.0	80.5	467.4
青 海	Qinghai	2.5	2.2	0.2	17.2	480.3
宁 夏	Ningxia	4.9	1.6	1.5	31.3	1078.0
新 疆	Xinjiang	12.4	12.0	4.0	396.1	2657.4

2-8 流域分区河流水质状况评价结果(按评价河长统计)(2012年)
Evaluation of River Water Quality by River Valley (by River Length) (2012)

流域分区	River	评价河长(千米) Evaluate Length (km)	分类河长占评价河长百分比(%) Classify River length of Evaluate Length (%)					
			Ⅰ类 Grade Ⅰ	Ⅱ类 Grade Ⅱ	Ⅲ类 Grade Ⅲ	Ⅳ类 Grade Ⅳ	Ⅴ类 Grade Ⅴ	劣Ⅴ类 Worse than Grade Ⅴ
全　国	**National Total**	**201216**	**5.5**	**39.7**	**21.8**	**11.8**	**5.5**	**15.7**
松花江区	Songhuajiang River	15410	0.5	16.6	39.8	23.8	7.0	12.3
辽河区	Liaohe River	5454	2.6	26.4	15.1	18.9	9.8	27.2
海河区	Haihe River	14953	3.1	21.1	10.4	6.8	12.5	46.1
黄河区	Huanghe River	20545	2.9	34.0	18.6	12.4	4.7	27.4
淮河区	Huaihe River	25904	0.5	9.6	26.7	28.5	10.8	23.9
长江区	Changjiang River	57562	4.9	45.3	24.5	8.6	4.6	12.1
#太湖	Taihu Lake	6033	0.2	6.1	12.4	21.8	23.0	36.5
东南诸河区	Southeastern Rivers	7049	5.7	46.2	27.0	9.9	4.0	7.2
珠江区	Zhujiang River	20208	3.0	64.3	15.9	6.8	2.9	7.1
西南诸河区	Southwestern Rivers	17015	12.5	65.5	19.7	2.0		0.3
西北诸河区	Northwestern Rivers	17117	22.0	56.5	12.3	4.6	2.1	2.5

2-9 主要水系干流水质状况评价结果(按监测断面统计)(2012年)
Evaluation of River Water Quality by Water System (by Monitoring Sections) (2012)

主要水系	Main Water System	监测断面个数(个) Number of Monitoring Sections (unit)	分类水质断面占全部断面百分比(%) Proportion of Monitored Section Water Quality (%)					
			Ⅰ类 Grade Ⅰ	Ⅱ类 Grade Ⅱ	Ⅲ类 Grade Ⅲ	Ⅳ类 Grade Ⅳ	Ⅴ类 Grade Ⅴ	劣Ⅴ类 Worse than Grade Ⅴ
长　江	Changjiang River	160	2.5	51.3	32.5	6.9	2.5	4.4
黄　河	Huanghe River	61		29.5	31.1	9.8	11.5	18.0
珠　江	Zhujiang River	54	1.9	74.1	14.8	5.6		3.7
松花江	Songhuajiang River	88		8.0	51.1	26.1	9.1	5.7
淮　河	Huanhe River	95		5.3	42.1	30.5	4.2	17.9
海　河	Haihe River	64	1.6	18.8	18.8	14.1	14.1	32.8
辽　河	Liaohe River	55	3.6	30.9	9.1	30.9	10.9	14.5

资料来源：环境保护部。
Source: Ministry of Environmental Protection.

2-10 重点评价湖泊水质状况(2012年)

Water Quality Status of Lakes in Key Evaluation (2012)

主要水系	Main Water System	所属行政区 Region	总体水质状况 Categories of Overall Water Quality	营养状况 Nutritional Status
昆明湖	Kunming Lake	北京	Grade Ⅱ	中营养/Mesotropher
白洋淀	Baiyangdian Lake	河北	Grade Ⅴ	中度富营养/Medium Eutropher
千顷洼	Qianqingwa Lake	河北	Grade Ⅴ	中度富营养/Medium Eutropher
查干湖	Chagan Lake	吉林	Grade Ⅴ	中度富营养/Medium Eutropher
淀山湖	Dianshan Lake	上海	Grade Ⅳ	中度富营养/Medium Eutropher
太湖	Taihu Lake	江苏、浙江、上海	Worse than Grade Ⅴ	中度富营养/Medium Eutropher
洪泽湖	Hongzehu Lake	江苏	Grade Ⅴ	中度富营养/Medium Eutropher
西湖	West Lake	浙江	Grade Ⅲ	中度富营养/Medium Eutropher
巢湖	Chaohu Lake	安徽	Worse than Grade Ⅴ	中度富营养/Medium Eutropher
鄱阳湖	Poyanghu Lake	江西	Grade Ⅳ	中营养/Mesotropher
南四湖	Nansihu Lakes	山东、江苏	Grade Ⅲ	中营养/Mesotropher
大明湖	Daming Lake	山东	Grade Ⅳ	中度富营养/Medium Eutropher
洪湖	Honghu Lake	湖北	Grade Ⅳ	中营养/Mesotropher
长湖	Changhu Lake	湖北	Grade Ⅲ	中营养/Mesotropher
梁子湖	Liangzi Lake	湖北	Grade Ⅲ	轻度富营养/Light Eutropher
龙感湖	Longgan Lake	安徽、湖北	Grade Ⅲ	轻度富营养/Light Eutropher
洞庭湖	Dongting Lake	湖南	Worse than Grade Ⅴ	轻度富营养/Light Eutropher
星湖	Xinghu Lake	广东	Grade Ⅳ	轻度富营养/Light Eutropher
西湖	West Lake	广东	Grade Ⅲ	轻度富营养/Light Eutropher
湖光岩湖	Huguangyan Lake	广东	Grade Ⅱ	中营养/Mesotropher
邛海	Qionghai Lake	四川	Grade Ⅱ	中营养/Mesotropher
马湖	Mahu Lake	四川	Grade Ⅱ	中营养/Mesotropher
程海	ChengHai Lake	云南	Worse than Grade Ⅴ	中营养/Mesotropher
泸沽湖	Luguhu Lake	云南、四川	Grade Ⅱ	贫营养/Oligotrophic
滇池	Dianchi Lake	云南	Worse than Grade Ⅴ	中度富营养/Medium Eutropher
抚仙湖	Fuxian Lake	云南	Grade Ⅱ	中营养/Mesotropher
星云湖	Xingyun Lake	云南	Worse than Grade Ⅴ	中度富营养/Medium Eutropher
杞麓湖	Qiluhu Lake	云南	Worse than Grade Ⅴ	中度富营养/Medium Eutropher
异龙湖	Yilong Lake	云南	Worse than Grade Ⅴ	中度富营养/Medium Eutropher
洱海	Erhai Lake	云南	Grade Ⅲ	中营养/Mesotropher
纳木错	Namucuo Lake	西藏	Worse than Grade Ⅴ	中营养/Mesotropher
普莫雍错	Pumoyongcuo Lake	西藏	Grade Ⅱ	中营养/Mesotropher
羊卓雍错	Yangzhuoyongcuo Lake	西藏	Grade Ⅱ	中营养/Mesotropher
青海湖	Qinghai Lake	青海	Grade Ⅱ	中营养/Mesotropher
沙湖	Shahu Lake	宁夏	Worse than Grade Ⅴ	中营养/Mesotropher
乌伦古湖	Wulungu Lake	新疆	Worse than Grade Ⅴ	中度富营养/Medium Eutropher
赛里木湖	Sailimu Lake	新疆	Grade Ⅰ	中营养/Mesotropher
博斯腾湖	Bositeng Lake	新疆	Grade Ⅳ	中营养/Mesotropher

资料来源：水利部。
Source: Ministry of Water Resource.

2-11 各地区废水排放及处理情况(2012年)
Discharge and Treatment of Waste Water by Region (2012)

单位: 万吨 (10 000 tons)

地 区	Region	废水排放总量 Total Volume of Waste Water Discharged	工业废水 Industrial Waste Water	城镇生活污水 Household Waste Water	集中式污染治理设施 Centralized Pollution Control Facilities
全 国	**National Total**	**6847612**	**2215857**	**4626897**	**4858**
北 京	Beijing	140274	9190	130985	99
天 津	Tianjin	82813	19117	63651	46
河 北	Hebei	305773	122645	183043	85
山 西	Shanxi	134298	48108	86162	29
内蒙古	Inner Mongolia	102424	33618	68786	20
辽 宁	Liaoning	238769	87168	151495	106
吉 林	Jilin	119509	44842	74607	61
黑龙江	Heilongjiang	162589	58355	104213	21
上 海	Shanghai	219244	46359	172530	355
江 苏	Jiangsu	598211	236094	361835	282
浙 江	Zhejiang	420961	175416	245049	495
安 徽	Anhui	254329	67175	186980	174
福 建	Fujian	256263	106319	149680	264
江 西	Jiangxi	201190	67871	133059	260
山 东	Shandong	479100	183634	295135	331
河 南	Henan	403668	137356	266170	142
湖 北	Hubei	290200	91609	198337	254
湖 南	Hunan	304214	97133	206680	402
广 东	Guangdong	838551	186126	651883	542
广 西	Guangxi	245578	110671	134786	121
海 南	Hainan	37103	7465	29587	52
重 庆	Chongqing	132430	30611	101677	142
四 川	Sichuan	283657	69984	213443	230
贵 州	Guizhou	91455	23399	68004	52
云 南	Yunnan	154010	42811	111088	111
西 藏	Tibet	4683	353	4329	2
陕 西	Shaanxi	128749	38037	90626	86
甘 肃	Gansu	62813	19188	43589	36
青 海	Qinghai	21994	8917	13071	7
宁 夏	Ningxia	38948	16548	22389	11
新 疆	Xinjiang	93810	29738	64032	41

资料来源：环境保护部(以下各表同)。
Source:Ministry of Environmental Protection (the same as in the following tables).

2-11 续表 1 continued 1

单位：吨 (ton)

地 区	Region	化学需氧量排放总量 COD Discharged	工业 Industry	农业 Agriculture	生活 Household	集中式污染治理设施 Centralized Pollution Control Facilities
全 国	**National Total**	**24237335**	**3384539**	**11537999**	**9127510**	**187288**
北 京	Beijing	186501	6266	78292	95661	6282
天 津	Tianjin	229434	26533	113889	88544	467
河 北	Hebei	1349141	191779	918344	231111	7906
山 西	Shanxi	476773	86669	180623	206903	2577
内蒙古	Inner Mongolia	883937	90802	619236	171559	2339
辽 宁	Liaoning	1305949	102213	863316	334062	6358
吉 林	Jilin	787527	76319	503950	194825	12433
黑龙江	Heilongjiang	1498751	98187	1051771	346894	1898
上 海	Shanghai	242581	26160	33090	177504	5827
江 苏	Jiangsu	1197048	231447	387692	572502	5407
浙 江	Zhejiang	786203	185671	203995	389175	7362
安 徽	Anhui	924338	89424	384905	440215	9793
福 建	Fujian	660045	90553	214105	351263	4125
江 西	Jiangxi	748345	100700	239025	398212	10408
山 东	Shandong	1921233	139404	1344093	433029	4707
河 南	Henan	1393552	178987	802598	402981	8986
湖 北	Hubei	1086586	135278	475521	461247	14539
湖 南	Hunan	1263423	149622	567301	530397	16103
广 东	Guangdong	1802943	238503	600064	950426	13950
广 西	Guangxi	780302	199618	215683	361103	3898
海 南	Hainan	197355	12543	103069	80233	1510
重 庆	Chongqing	402801	49157	123595	229448	602
四 川	Sichuan	1268684	118378	539793	604793	5721
贵 州	Guizhou	332991	64719	63205	199737	5330
云 南	Yunnan	548582	169633	74243	291729	12977
西 藏	Tibet	25762	924	3855	20803	180
陕 西	Shaanxi	536249	98456	196624	234539	6630
甘 肃	Gansu	389328	93007	144776	149913	1633
青 海	Qinghai	103756	41846	22423	37477	2010
宁 夏	Ningxia	228031	105438	101704	20062	827
新 疆	Xinjiang	679186	186303	367218	121162	4503

2-11 续表 2 continued 2

单位：吨 (ton)

地区	Region	氨氮排放总量 Ammona Nitrogen Discharged	工业 Industry	农业 Agriculture	生活 Household	集中式污染治理设施 Centralized Pollution Control Facilities
全 国	**National Total**	**2535893**	**264142**	**806216**	**1446276**	**19259**
北 京	Beijing	20483	352	4732	14762	637
天 津	Tianjin	25416	3295	5946	16138	38
河 北	Hebei	110730	15826	44864	49438	602
山 西	Shanxi	56905	8335	12553	35769	247
内蒙古	Inner Mongolia	52675	11146	12213	29116	200
辽 宁	Liaoning	107523	8367	34226	64018	913
吉 林	Jilin	56325	4388	17686	32918	1333
黑龙江	Heilongjiang	92754	5847	34465	52222	220
上 海	Shanghai	47416	2281	3469	41370	296
江 苏	Jiangsu	153140	16259	39144	97048	688
浙 江	Zhejiang	112273	12089	27041	72502	641
安 徽	Anhui	106140	8354	37823	59018	945
福 建	Fujian	93181	6758	33266	52758	399
江 西	Jiangxi	91051	10208	29694	50306	843
山 东	Shandong	168583	10982	74135	82968	498
河 南	Henan	149771	13027	64011	71646	1087
湖 北	Hubei	128944	14770	46623	65919	1632
湖 南	Hunan	161333	25802	62631	71431	1469
广 东	Guangdong	224117	14937	58273	149475	1432
广 西	Guangxi	82564	8574	26746	46937	307
海 南	Hainan	22483	883	9174	12276	150
重 庆	Chongqing	53410	3077	12962	37215	155
四 川	Sichuan	140727	5591	57449	76986	701
贵 州	Guizhou	38750	3606	7883	26635	626
云 南	Yunnan	58639	4299	11797	40892	1651
西 藏	Tibet	3193	83	457	2641	13
陕 西	Shaanxi	61919	8653	15443	36901	921
甘 肃	Gansu	41009	13919	5704	21272	114
青 海	Qinghai	9777	2032	889	6730	126
宁 夏	Ningxia	17449	8609	2165	6617	58
新 疆	Xinjiang	47215	11793	12752	22352	318

2-11　续表 3　continued 3

地　区	Region	废水中污染物排放量 Amount of Pollutants Discharged in Waste Water			
		总氮 (吨) Total Nitrogen (ton)	总磷 (吨) Total Phosphorus (ton)	石油类 (吨) Petroleum (ton)	挥发酚 (千克) Volatile Phenols (kg)
全　国	**National Total**	**4513733**	**488785**	**17494**	**1501308**
北　京	Beijing	32580	4374	51	516
天　津	Tianjin	32924	3617	138	1243
河　北	Hebei	360360	38618	986	120298
山　西	Shanxi	84464	8056	1202	727247
内蒙古	Inner Mongolia	266955	20714	798	216836
辽　宁	Liaoning	205329	27638	715	30127
吉　林	Jilin	128962	15806	301	4953
黑龙江	Heilongjiang	247530	23692	293	6480
上　海	Shanghai	15460	1810	650	3977
江　苏	Jiangsu	174719	18572	1205	52109
浙　江	Zhejiang	92298	10633	684	23885
安　徽	Anhui	181210	20070	739	5606
福　建	Fujian	95684	12098	434	9361
江　西	Jiangxi	113817	13636	579	10894
山　东	Shandong	562704	61002	1087	38626
河　南	Henan	418649	48148	1147	136442
湖　北	Hubei	194583	23360	972	16974
湖　南	Hunan	220546	23726	785	19919
广　东	Guangdong	194586	24970	691	11302
广　西	Guangxi	115852	13398	286	14956
海　南	Hainan	41170	5040	4	315
重　庆	Chongqing	54139	6401	354	9513
四　川	Sichuan	221369	25178	424	1696
贵　州	Guizhou	46785	4463	462	1074
云　南	Yunnan	76056	7412	410	3885
西　藏	Tibet	5710	397	1	24
陕　西	Shaanxi	85777	7545	741	2687
甘　肃	Gansu	47458	3849	264	2520
青　海	Qinghai	6688	546	316	1413
宁　夏	Ningxia	27311	2112	179	10641
新　疆	Xinjiang	162059	11905	593	15790

2-11 续表 4 continued 4

地 区	Region	废水中污染物排放量 Amount of Pollutants Discharged in Waste Water					
		铅（千克）Plumbum (kg)	汞（千克）Mercury (kg)	镉（千克）Cadmium (kg)	六价铬（千克）Hexavalent Chromium (kg)	总铬（千克）Total Chromium (kg)	砷（千克）Arsenic (kg)
全 国	**National Total**	**99359**	**1223**	**27250**	**70534**	**190079**	**128494**
北 京	Beijing	216	…	18	326	460	21
天 津	Tianjin	1005	4	10	169	454	19
河 北	Hebei	378	5	27	2871	5964	66
山 西	Shanxi	454	6	799	466	501	574
内蒙古	Inner Mongolia	3050	77	416	4	35	5082
辽 宁	Liaoning	557	11	57	513	742	350
吉 林	Jilin	199	5	27	110	162	1015
黑龙江	Heilongjiang	31	2	4	370	376	4
上 海	Shanghai	321	4	15	1011	2815	100
江 苏	Jiangsu	2323	114	39	4542	11340	584
浙 江	Zhejiang	498	10	213	9365	19520	199
安 徽	Anhui	1737	9	132	2297	3548	5062
福 建	Fujian	3093	27	347	2774	11769	1230
江 西	Jiangxi	6750	96	2220	17156	17439	8712
山 东	Shandong	736	15	1012	533	7104	2192
河 南	Henan	4670	20	1318	1007	32604	1374
湖 北	Hubei	3292	219	656	11567	12485	9595
湖 南	Hunan	38607	237	13517	2099	18169	53525
广 东	Guangdong	4855	34	795	8973	28454	758
广 西	Guangxi	5418	47	1406	727	1770	6639
海 南	Hainan	16	1	5	…	136	19
重 庆	Chongqing	88	1	3	205	513	1362
四 川	Sichuan	1646	73	147	844	3605	2642
贵 州	Guizhou	289	26	124	81	172	561
云 南	Yunnan	8916	13	1655	27	94	10495
西 藏	Tibet	3	…	1		1	8943
陕 西	Shaanxi	1693	31	631	307	1727	656
甘 肃	Gansu	6793	90	1304	381	5026	3751
青 海	Qinghai	725	10	120	7	15	1453
宁 夏	Ningxia	92	4	24	110	340	169
新 疆	Xinjiang	907	33	210	1690	2738	1339

2-11 续表 5 continued 5

地 区	Region	工业废水治理设施数（套）Number of Industrial Waste Water Treatment Facilities (set)	工业废水治理设施处理能力（万吨/日）Capacity of Industrial Waste Water Treatment Facilities (10 000 tons/day)	工业废水处理量（万吨）Industrial Waste Water Treated (10 000 tons)	工业废水治理设施本年运行费用（万元）Annual Expenditure of Industrial Waste Water Treatment Facilities (10 000 yuan)
全 国	**National Total**	**85673**	**26620.0**	**5274705**	**6677025**
北 京	Beijing	521	64.5	11081	51339
天 津	Tianjin	967	170.8	40464	127294
河 北	Hebei	4780	3725.0	776119	550249
山 西	Shanxi	3567	1013.3	204376	257999
内蒙古	Inner Mongolia	1102	658.7	104767	100782
辽 宁	Liaoning	2387	1212.3	235649	259559
吉 林	Jilin	677	485.0	99305	92431
黑龙江	Heilongjiang	1199	1214.3	92346	233222
上 海	Shanghai	1802	321.0	78777	328406
江 苏	Jiangsu	7495	1953.1	405492	966723
浙 江	Zhejiang	8572	1361.9	256554	504156
安 徽	Anhui	2412	1020.7	206430	208954
福 建	Fujian	3461	736.0	173788	161725
江 西	Jiangxi	2488	811.0	175329	158462
山 东	Shandong	5317	2007.2	365429	532290
河 南	Henan	3610	970.4	176636	230013
湖 北	Hubei	2110	1023.1	281273	176058
湖 南	Hunan	3131	1121.9	269496	178617
广 东	Guangdong	10608	1654.7	287598	518526
广 西	Guangxi	2392	1275.0	345307	182340
海 南	Hainan	364	39.9	9144	33048
重 庆	Chongqing	1578	394.5	44824	79899
四 川	Sichuan	4255	999.4	207455	284377
贵 州	Guizhou	1663	442.6	92722	58326
云 南	Yunnan	4878	933.8	143693	121067
西 藏	Tibet	30	6.1	556	662
陕 西	Shaanxi	2206	333.0	63704	92998
甘 肃	Gansu	631	206.9	33001	36722
青 海	Qinghai	185	66.5	19785	14512
宁 夏	Ningxia	377	159.2	25385	40555
新 疆	Xinjiang	908	238.2	48221	95714

2-12 各行业工业废水排放及处理情况(2012年)

Discharge and Treatment of Industrial Waste Water by Sector (2012)

行业	Sector	汇总工业企业数(个) Number of Industrial Enterprises (unit)	工业废水治理设施数(套) Number of Industrial Waste Water Treatment Facilities (set)	工业废水治理设施处理能力(万吨/日) Capacity of Industrial Waste Water Treatment Facilities (10 000 tons/day)
行业总计	**Total**	**147996**	**85673**	**26620**
农、林、牧、渔服务业	Services in Support of Agriculture	141	93	8
煤炭开采和洗选业	Mining and Washing of Coal	6516	4970	1533
石油和天然气开采业	Extraction of Petroleum and Natural Gas	261	761	456
黑色金属矿采选业	Mining and Processing of Ferrous Metal Ores	4489	2083	1554
有色金属矿采选业	Mining and Processing of Non-ferrous Metal Ores	3378	4905	688
非金属矿采选业	Mining and Processing of Non-metal Ores	992	477	92
开采辅助活动	Ancillary Activities for Exploitation	48	26	2
其他采矿业	Mining of Other Ores	27	15	2
农副食品加工业	Processing of Food from Agricultural Products	11617	5775	1012
食品制造业	Manufacture of Foods	3794	2603	302
酒、饮料和精制茶制造业	Manufacture of Wine, Drinks and Refined Tea	4224	2129	401
烟草制品业	Manufacture of Tobacco	152	154	20
纺织业	Manufacture of Textile	8887	6438	1245
纺织服装、服饰业	Manufacture of Textile Wearing and Apparel	1485	1075	104
皮革、毛皮、羽毛及其制品和制鞋业	Manufacture of Leather, Fur, Feather and Related Products and Footware	2210	1310	184
木材加工及木、竹、藤、棕、草制品业	Processing of Timber, Manufacture of Wood, Bamboo,Rattan, Palm, and Straw Products	2634	612	20
家具制造业	Manufacture of Furniture	465	190	2
造纸及纸制品业	Manufacture of Paper and Paper Products	5235	4574	2821
印刷和记录媒介复制业	Printing,Reproduction of Recording Media	727	266	9
文教、工美、体育和娱乐用品制造业	Manufacture of Articles for Culture, Education and Sport Activity	694	441	10
石油加工、炼焦和核燃料加工业	Processing of Petroleum, Coking, Processing of Nuclear Fuel	1307	1483	441
化学原料和化学制品制造业	Manufacture of Raw Chemical Materials and Chemical Products	12043	9674	2613

2-12 续表 1 continued 1

行 业	Sector	汇总工业企业数(个) Number of Industrial Enterprises (unit)	工业废水治理设施数(套) Number of Industrial Waste Water Treatment Facilities (set)	工业废水治理设施处理能力(万吨/日) Capacity of Industrial Waste Water Treatment Facilities (10 000 tons/day)
医药制造业	Manufacture of Medicines	3264	2683	224
化学纤维制造业	Manufacture of Chemical Fibers	483	403	152
橡胶和塑料制品业	Manufacture of Rubber and Plastic	2539	994	79
非金属矿物制品业	Manufacture of Non-metallic Mineral Products	33164	5323	550
黑色金属冶炼及压延加工业	Smelting and Pressing of Ferrous Metals	4599	4466	9242
有色金属冶炼及压延加工业	Smelting and Pressing of Non-ferrous Metals	4190	2979	645
金属制品业	Manufacture of Metal Products	8617	5917	462
通用设备制造业	Manufacture of General Purpose Machinery	3092	1312	48
专用设备制造业	Manufacture of Special Purpose Machinery	1583	749	34
汽车制造业	Manufacture of Automobile	1853	1369	90
铁路、船舶、航空航天和其他运输设备制造业	Manufacture of Railway, Shipbuilding, Aerospace and Other Transportation Equipment	1012	876	59
电气机械和器材制造业	Manufacture of Electrical Machinery and Equipment	1881	1316	88
计算机、通信和其他电子设备制造业	Manufacture of Computers, Communication, and Other Electronic Equipment	2586	2671	249
仪器仪表制造业	Manufacture of Measuring Instrument	386	324	11
其他制造业	Other Manufactures	1159	518	42
废弃资源综合利用业	Utilization of Waste Resources	494	193	19
金属制品、机械和设备修理业	Metal Products, Machinery and Equipment Repair	180	137	7
电力、热力生产和供应业	Production and Supply of Electric Power and Heat Power	5525	3350	1093
燃气生产和供应业	Production and Supply of Gas	59	33	5
水的生产和供应业	Production and Supply of Water	4	6	…

2-12 续表 2 continued 2

行 业	Sector	工业废水治理设施本年运行费用(万元) Annual Expenditure of Industrial Waste Water Treatment Facilities (10 000 yuan)	工业废水处理量(万吨) Industrial Waste Water Treated (10 000 tons)	工业废水排放量(万吨) Industrial Waste Water Discharged (10 000 tons)
行业总计	**Total**	**6677025**	**5274705**	**2033627**
农、林、牧、渔服务业	Services in Support of Agriculture	736	812	907
煤炭开采和洗选业	Mining and Washing of Coal	160053	171894	142220
石油和天然气开采业	Extraction of Petroleum and Natural Gas	236602	90329	9367
黑色金属矿采选业	Mining and Processing of Ferrous Metal Ores	136769	252337	22766
有色金属矿采选业	Mining and Processing of Non-ferrous Metal Ores	124243	174129	50855
非金属矿采选业	Mining and Processing of Nonmetal Ores	20234	12432	7368
开采辅助活动	Ancillary Activities for Exploitation	758	222	72
其他采矿业	Mining of Other Ores	388	384	497
农副食品加工业	Processing of Food from Agricultural Products	175827	132529	156566
食品制造业	Manufacture of Foods	99210	57321	56937
酒、饮料和精制茶制造业	Manufacture of Wine, Drinks and Refined Tea	109259	65817	74022
烟草制品业	Manufacture of Tobacco	7174	3074	2279
纺织业	Manufacture of Textile	453206	232690	237252
纺织服装、服饰业	Manufacture of Textile Wearing and Apparel	36652	14092	17069
皮革、毛皮、羽毛及其制品和制鞋业	Manufacture of Leather, Fur, Feather and Related Products and Footware	58716	21320	26515
木材加工及木、竹、藤、棕、草制品业	Processing of Timber, Manufacture of Wood, Bamboo,Rattan, Palm, and Straw Products	7360	3452	4776
家具制造业	Manufacture of Furniture	1534	455	645
造纸及纸制品业	Manufacture of Paper and Paper Products	603671	438658	342717
印刷和记录媒介复制业	Printing,Reproduction of Recording Media	4494	1048	1420
文教、工美、体育和娱乐用品制造业	Manufacture of Articles for Culture, Education and Sport Activity	5632	1817	2205
石油加工、炼焦和核燃料加工业	Processing of Petroleum, Coking, Processing of Nuclear Fuel	418802	109641	87474
化学原料和化学制品制造业	Manufacture of Raw Chemical Materials and Chemical Products	963343	451617	274344

2-12 续表 3 continued 3

行　业	Sector	工业废水治理设施本年运行费用(万元) Annual Expenditure of Industrial Waste Water Treatment Facilities (10 000 yuan)	工业废水处理量(万吨) Industrial Waste Water Treated (10 000 tons)	工业废水排放量(万吨) Industrial Waste Water Discharged (10 000 tons)
医药制造业	Manufacture of Medicines	330266	50519	57218
化学纤维制造业	Manufacture of Chemical Fibers	77485	33565	35308
橡胶和塑料制品业	Manufacture of Rubber and Plastic	28511	16983	12797
非金属矿物制品业	Manufacture of Non-metallic Mineral Products	135225	84802	29440
黑色金属冶炼及压延加工业	Smelting and Pressing of Ferrous Metals	1239531	2315068	106148
有色金属冶炼及压延加工业	Smelting and Pressing of Non-ferrous Metals	143717	172013	28835
金属制品业	Manufacture of Metal Products	191712	52386	33589
通用设备制造业	Manufacture of General Purpose Machinery	27949	9539	10159
专用设备制造业	Manufacture of Special Purpose Machinery	12849	6101	7921
汽车制造业	Manufacture of Automobile	63676	14943	16320
铁路、船舶、航空航天和其他运输设备制造业	Manufacture of Railway, Shipbuilding, Aerospace and Other Transportation Equipment	23469	9833	12484
电气机械和器材制造业	Manufacture of Electrical Machinery and Equipment	39614	8556	9367
计算机、通信和其他电子设备制造业	Manufacture of Computers, Communication, and Other Electronic Equipment	469962	49205	48173
仪器仪表制造业	Manufacture of Measuring Instrument	6740	2172	2451
其他制造业	Other Manufactures	12559	4589	5199
废弃资源综合利用业	Utilization of Waste Resources	6193	2043	2292
金属制品、机械和设备修理业	Metal Products, Machinery and Equipment Repair	3089	1018	1111
电力、热力生产和供应业	Production and Supply of Electric Power and Heat Power	232901	204208	95575
燃气生产和供应业	Production and Supply of Gas	6908	1087	953
水的生产和供应业	Production and Supply of Water	6	2	12

2-12 续表 4 continued 4

行 业	Sector	化学需氧量排放量(吨) COD Discharged (ton)	氨氮排放量(吨) Ammona Nitrogen Discharged (ton)
行业总计	**Total**	**3038761**	**242236**
农、林、牧、渔服务业	Services in Support of Agriculture	19085	613
煤炭开采和洗选业	Mining and Washing of Coal	122356	3678
石油和天然气开采业	Extraction of Petroleum and Natural Gas	13033	852
黑色金属矿采选业	Mining and Processing of Ferrous Metal Ores	9486	161
有色金属矿采选业	Mining and Processing of Non-ferrous Metal Ores	44738	1208
非金属矿采选业	Mining and Processing of Nonmetal Ores	7361	394
开采辅助活动	Ancillary Activities for Exploitation	128	10
其他采矿业	Mining of Other Ores	270	3
农副食品加工业	Processing of Food from Agricultural Products	510285	19395
食品制造业	Manufacture of Foods	112293	9196
酒、饮料和精制茶制造业	Manufacture of Wine, Drinks and Refined Tea	233397	10601
烟草制品业	Manufacture of Tobacco	2473	175
纺织业	Manufacture of Textile	277437	19337
纺织服装、服饰业	Manufacture of Textile Wearing and Apparel	15931	1459
皮革、毛皮、羽毛及其制品和制鞋业	Manufacture of Leather, Fur, Feather and Related Products and Footware	62115	6051
木材加工及木、竹、藤、棕、草制品业	Processing of Timber, Manufacture of Wood, Bamboo,Rattan, Palm, and Straw Products	15864	496
家具制造业	Manufacture of Furniture	556	46
造纸及纸制品业	Manufacture of Paper and Paper Products	623221	20699
印刷和记录媒介复制业	Printing,Reproduction of Recording Media	2203	115
文教、工美、体育和娱乐用品制造业	Manufacture of Articles for Culture, Education and Sport Activity	1803	149
石油加工、炼焦和核燃料加工业	Processing of Petroleum, Coking, Processing of Nuclear Fuel	80418	14821
化学原料和化学制品制造业	Manufacture of Raw Chemical Materials and Chemical Products	325063	84095

2-12 续表 5 continued 5

行 业	Sector	化学需氧量排放量（吨） COD Discharged (ton)	氨氮排放量（吨） Ammona Nitrogen Discharged (ton)
医药制造业	Manufacture of Medicines	**96452**	**7365**
化学纤维制造业	Manufacture of Chemical Fibers	146941	3741
橡胶和塑料制品业	Manufacture of Rubber and Plastic	13392	1090
非金属矿物制品业	Manufacture of Non-metallic Mineral Products	32352	1836
黑色金属冶炼及压延加工业	Smelting and Pressing of Ferrous Metals	75473	6492
有色金属冶炼及压延加工业	Smelting and Pressing of Non-ferrous Metals	27792	15457
金属制品业	Manufacture of Metal Products	32422	2735
通用设备制造业	Manufacture of General Purpose Machinery	10621	668
专用设备制造业	Manufacture of Special Purpose Machinery	6625	604
汽车制造业	Manufacture of Automobile	15941	1032
铁路、船舶、航空航天和其他运输设备制造业	Manufacture of Railway, Shipbuilding, Aerospace and Other Transportation Equipment	16175	1124
电气机械和器材制造业	Manufacture of Electrical Machinery and Equipment	7700	608
计算机、通信和其他电子设备制造业	Manufacture of Computers, Communication, and Other Electronic Equipment	33498	2942
仪器仪表制造业	Manufacture of Measuring Instrument	1815	140
其他制造业	Other Manufactures	5808	431
废弃资源综合利用业	Utilization of Waste Resources	3311	182
金属制品、机械和设备修理业	Metal Products, Machinery and Equipment Repair	1013	56
电力、热力生产和供应业	Production and Supply of Electric Power and Heat Power	30906	2023
燃气生产和供应业	Production and Supply of Gas	1003	157
水的生产和供应业	Production and Supply of Water	9	

2-13 主要城市废水排放情况(2012年)

Discharge of Waste Water in Major Cities (2012)

城 市	City	工业废水排放量(万吨) Industrial Waste Water Discharged (10 000 tons)	工业化学需氧量排放量(吨) Industrial COD Discharged (ton)	工业氨氮排放量(吨) Industrial Ammonia Nitrogen Discharged (ton)	城镇生活污水排放量(万吨) Household Waste Water Discharged (10 000 tons)	生活化学需氧量排放量(吨) Household COD Discharged (ton)	生活氨氮排放量(吨) Household Ammonia Nitrogen Discharged (ton)
北 京	Beijing	9190	6266	352	130985	95661	14762
天 津	Tianjin	19117	26533	3295	63651	88544	16138
石家庄	Shijiazhuang	31058	45236	6598	28631	6893	2645
太 原	Taiyuan	3161	3791	272	18033	12734	3475
呼和浩特	Hohhot	2187	10348	634	11543	17041	2828
沈 阳	Shenyang	7705	9342	830	34415	37608	14879
长 春	Changchun	5309	11126	1334	20781	31722	7016
哈尔滨	Harbin	6497	6637	970	33543	100258	15590
上 海	Shanghai	46359	26160	2281	172530	177504	41370
南 京	Nanjing	24223	22439	1203	47928	66535	14300
杭 州	Hangzhou	42724	36040	1557	52557	38959	8449
合 肥	Hefei	5971	8440	516	37547	49113	6837
福 州	Fuzhou	5333	6084	492	31363	66097	9276
南 昌	Nanchang	10929	11300	1519	32749	41125	6298
济 南	Jinan	6653	5497	373	26668	36224	6130
郑 州	Zhengzhou	12538	11740	535	45346	30983	9075
武 汉	Wuhan	20851	16425	1413	61484	96354	13298
长 沙	Changsha	3777	13799	449	40548	61358	8786
广 州	Guangzhou	22677	21675	1353	130031	112030	18489
南 宁	Nanning	12496	26794	1463	25809	59593	7616
海 口	Haikou	879	808	48	10642	4945	3457
重 庆	Chongqing	30611	49157	3077	101677	229448	37215
成 都	Chengdu	11780	13744	842	76242	107829	13786
贵 阳	Guiyang	2008	6978	261	20997	25718	3941
昆 明	Kunming	5211	8261	258	47410	2340	4828
拉 萨	Lhasa	333	628	65	2003	7887	995
西 安	Xi'an	10224	24381	1696	29824	62361	10550
兰 州	Lanzhou	4625	4348	2643	13688	37838	5453
西 宁	Xining	3185	15607	556	7374	16430	3605
银 川	Yinchuan	5963	16677	2780	13707	4414	3029
乌鲁木齐	Urumqi	5980	6812	724	18276	14102	4971

2-14　沿海城市废水排放情况(2012年)
Discharge of Waste Water in Coastal Cities (2012)

城　市	City	工业废水排放量(万吨) Industrial Waste Water Discharged (10 000 tons)	工业化学需氧量排放量(吨) Industrial COD Discharged (ton)	工业氨氮排放量(吨) Industrial Ammonia Nitrogen Discharged (ton)	城镇生活污水排放量(万吨) Household Waste Water Discharged (10 000 tons)	生活化学需氧量排放量(吨) Household COD Discharged (ton)	生活氨氮排放量(吨) Household Ammonia Nitrogen Discharged (ton)
天　津	Tianjin	19117	26533	3295	63651	88544	16138
秦皇岛	Qinhuangdao	6055	15030	846	11148	4661	1712
大　连	Dalian	30795	24439	2460	30875	57291	8571
上　海	Shanghai	46359	26160	2281	172530	177504	41370
连云港	Lianyungang	6390	15300	1729	16332	46538	6705
宁　波	Ningbo	20125	20066	1019	36223	30296	10081
温　州	Wenzhou	7913	14491	1326	43359	106748	16655
福　州	Fuzhou	5333	6084	492	31363	66097	9276
厦　门	Xiamen	26948	4080	331	20539	26336	6032
青　岛	Qingdao	11146	8281	750	40151	25206	6187
烟　台	Yantai	9359	6788	393	22684	31204	6657
深　圳	Shenzhen	13831	13357	1153	116220	68395	11506
珠　海	Zhuhai	5524	6309	605	17246	25725	4225
汕　头	Shantou	5097	9939	534	19962	56550	9081
湛　江	Zhanjiang	8263	12175	592	18883	39324	5703
北　海	Beihai	2291	9908	129	5355	12528	1267
海　口	Haikou	879	808	48	10642	4945	3457

三、海洋环境

Marine Environment

3-1 全国海洋环境情况(2000-2012年)

Marine Environment (2000-2012)

年 份 Year	全海域未达到第一类海水水质标准的海域面积(平方公里) Sea Area with Water Quality Not Reaching Standard of Grade Ⅰ (sq.km)				
	合 计 Total	第二类水质海域面积 Sea Area with Water Quality at Grade Ⅱ	第三类水质海域面积 Sea Area with Water Quality at Grade Ⅲ	第四类水质海域面积 Sea Area with Water Quality at Grade Ⅳ	劣于第四类水质海域面积 Sea Area with Water Quality below Grade Ⅳ
2001	173390	99440	25710	15650	32590
2002	174390	111020	19870	17780	25720
2003	142080	80480	22010	14910	24680
2004	169000	65630	40500	30810	32060
2005	139280	57800	34060	18150	29270
2006	148970	51020	52140	17440	28370
2007	145280	51290	47510	16760	29720
2008	137000	65480	28840	17420	25260
2009	146980	70920	25500	20840	29720
2010	177720	70430	36190	23070	48030
2011	144290	47840	34310	18340	43800
2012	169520	46910	30030	24700	67880

3-1 续表 continued

年 份 Year	主要海洋产业增加值 (亿元) Added Value of Major Marine Industries (100 million yuan)	海洋原油产量 (万吨) Output of Offshore Crude Oil (10 000 tons)	海洋天然气产量 (万立方米) Output of Offshore Natural Gas (10 000 cu.m)
2000	2297	2080.4	460127
2001	3297	2143.0	457212
2002	4042	2405.6	464689
2003	4623	2545.4	436930
2004	5829	2842.2	613416
2005	7185	3174.7	626921
2006	8286	3239.9	748618
2007	10461	3178.4	823455
2008	12243	3421.1	857847
2009	12989	3698.2	859173
2010	15531	4710.0	1108905
2011	18760	4452.0	1214519
2012	20575		

3-2 全海域未达到第一类海水水质标准的海域面积(2012年)
Sea Area with Water Quality Not Reaching Standard of Grade Ⅰ (2012)

单位：平方公里 (sq.km)

海 区	Sea Area	合计 Total	第二类水质海域面积 Sea Area with Water Quality at Grade Ⅱ	第三类水质海域面积 Sea Area with Water Quality at Grade Ⅲ	第四类水质海域面积 Sea Area with Water Quality at Grade Ⅳ	劣于第四类水质海域面积 Sea Area with Water Quality below Grade Ⅳ
全 国	**National Total**	**169520**	**46910**	**30030**	**24700**	**67880**
渤 海	Bohai Sea	41140	12330	11040	4690	13080
黄 海	Yellow Sea	40410	12890	3450	7540	16530
东 海	East China Sea	63130	12800	7540	8820	33970
南 海	South China Sea	24840	8890	8000	3650	4300

资料来源：国家海洋局(以下各表同)。
Source: State Oceanic Administration (the same as in the following tables).

3-3 海区废弃物倾倒及石油勘探开发污染物排放入海情况(2012年)
Sea Area Waste Dumping and Pollutants from Petroleum Exploration Discharged into the Sea (2012)

单位：万立方米 (10 000 cu.m)

海 区	Sea Area	疏浚物 Dredged Material	惰性无机地质废料 Inert Inorganic Geological Scrap	生产污水 Sewage from Production	泥浆 Sludge	钻屑 Debris from Drilling	机舱污水 Sewage from Engineroom	食品废弃物 Food Wastes	生活污水 Domestic Sewage
全 国	**National Total**	**15541**	**731**	**12859**	**4.77**	**4.09**	**0.22**	**0.12**	**36.09**
渤海及黄海	Bohai Sea & Yellow Sea	2930		598	0.75	2.61		0.01	11.35
东 海	East China Sea	9755		135	0.13	0.08		0.04	3.24
南 海	South China Sea	2857	731	12126	3.89	1.40	0.22	0.07	21.49

3-4 全国主要海洋产业增加值(2012年)
Added Value of Major Marine Industries (2012)

海洋产业	Marine Industry	增加值 (亿元) Added Value (100 millionyuan)	增加值比上年增长 (按可比价计算)(%) Percentage of Added Value of Increase Over Last Year (at comparable price) (%)
合 计	**Total**	**20575**	**6.2**
海洋渔业	Marine Fishery Industry	3652	6.4
海洋油气业	Offshore Oil and Natural Gas	1570	-8.7
海洋矿业	Beach Placer	61	17.9
海洋盐业	Sea Salt Industry	74	-7.3
海洋化工业	Marine Chemical	784	17.4
海洋生物医药业	Marine Biological Pharmaceutical	172	13.8
海洋电力业	Marine Electric Power Industry	70	14.3
海水利用业	Marine Seawater Utilization	11	4.0
海洋船舶工业	Marine Shipbuilding Industry	1331	-1.1
海洋工程建筑业	Marine Engineering Architecture	1075	12.7
海洋交通运输业	Maritime Transportation	4802	6.5
滨海旅游业	Coastal Tourism	6972	9.5

3-5 海洋资源利用情况(2011年)
Utilization of Marine Resources (2011)

地 区	Region	海洋原油 (万吨) Marine Oil (10 000 tons)	海洋天然气 (万立方米) Marine NaturalGas (10 000 cu.m)	海洋矿业 (万吨) Beach Placers (10 000 tons)	海洋渔业(万吨) Marine Fishery (10 000 tons)		海洋盐业 (万吨) Marine Salt Industry (10 000 tons)
					捕捞产业 Fishing Products	养殖产业 Aquiculture Products	
全 国	**National Total**	**4452.0**	**1214519**	**4231.0**	**1356.7**	**1551.3**	**3322.4**
天 津	Tianjin	2770.2	213719		2.5	1.3	181.0
河 北	Hebei	229.1	50987		25.2	31.2	402.3
辽 宁	Liaoning	10.8	2370		122.3	243.5	133.6
上 海	Shanghai	16.1	71789		12.2		
江 苏	Jiangsu				57.8	84.2	94.3
浙 江	Zhejiang			2749.8	326.5	84.5	14.0
福 建	Fujian			259.9	210.0	316.2	48.5
山 东	Shandong	257.2	12280	945.4	251.2	413.5	2418.6
广 东	Guangdong	1168.7	863374		152.7	265.6	15.8
广 西	Guangxi			26.0	66.9	92.4	3.6
海 南	Hainan			250.0	105.0	19.0	10.8

四、大气环境

Atmospheric Environment

4-1 全国废气排放及处理情况(2000-2012年)
Emission and Treatment of Waste Gas (2000-2012)

年 份 Year	工业废气排放总量(亿立方米) Total Volume of Industrial Waste Gas Emission (100 million cu.m)	二氧化硫排放总量(万吨) Volume of Sulphur Dioxide Emission (10 000 tons)	工业 Industry	生活 Household	烟尘排放总量(万吨) Volume of Emission of Soot (10 000 tons)	工业 Industry	生活 Household	工业粉尘排放量(万吨) Emission of Industrial Dust (10 000 tons)
2000	138145	1995.1	1612.5	382.6	1165.4	953.3	212.1	1092.0
2001	160863	1947.2	1566.0	381.2	1069.9	852.1	217.9	990.6
2002	175257	1926.6	1562.0	364.6	1012.7	804.2	208.5	941.0
2003	198906	2158.5	1791.6	366.9	1048.5	846.1	202.5	1021.3
2004	237696	2254.9	1891.4	363.5	1095.0	886.5	208.5	904.8
2005	268988	2549.4	2168.4	381.0	1182.5	948.9	233.6	911.2
2006	330990	2588.8	2234.8	354.0	1088.8	864.5	224.3	808.4
2007	388169	2468.1	2140.0	328.1	986.6	771.1	215.5	698.7
2008	403866	2321.2	1991.4	329.9	901.6	670.7	230.9	584.9
2009	436064	2214.4	1865.9	348.5	847.7	604.4	243.3	523.6
2010	519168	2185.1	1864.4	320.7	829.1	603.2	225.9	448.7
2011	674509	2217.9	2017.2	200.4				
2012	635519	2117.6	1911.7	205.7				

注：2011年环境保护部对统计制度中的指标体系、调查方法及相关技术规定等进行了修订，统计范围扩展为工业源、农业源、城镇生活源、机动车、集中式污染治理设施5个部分。

Note: In 2011, indicators of statistical system, method of survey, and related technologies were revised by Ministry of Environmental Protection, statistical scope expands to 5 parts: industry source, agricultural source, urban living source, automotive vehicle,centralized pollution abatement.

4-1 续表 continued

年 份 Year	工业二氧化硫排放达标率(%) Proportion of Industry Sulphur Dioxide Meeting Discharge Standards (%)	工业烟尘排放达标率(%) Proportion of Industry Soot Meeting Discharge Standards (%)	工业粉尘排放达标率(%) Proportion of Industry Dust Meeting Discharge Standards (%)	工业二氧化硫去除量(万吨) Industrial Sulphur Dioxide Removed (10 000 tons)	工业烟尘去除量(万吨) Industrial Soot Removed (10 000 tons)	工业粉尘去除量(万吨) Industrial Dust Removed (10 000 tons)	工业废气治理设施(套) Industrial Watste Gas Treatment Facilities (set)	本年运行费用(亿元) Annual Expenditure for Operation (100 million yuan)
2000				575.1	10717.4	4479.6	145534	93.7
2001	61.3	67.3	50.2	564.7	12317.0	5321.6	134025	111.1
2002	70.2	75.0	61.7	697.7	13998.5	5569.8	137668	147.1
2003	69.1	78.5	54.5	749.2	15649.4	5994.9	137204	150.6
2004	75.6	80.2	71.1	890.2	18075.0	8528.6	144973	213.8
2005	79.4	82.9	75.1	1090.4	20587.1	6453.9	145043	267.1
2006	81.9	87.0	82.9	1439.0	23564.6	7279.9	154557	464.4
2007	86.3	88.2	88.1	1942.6	25166.4	7669.6	162325	555.0
2008	88.8	89.6	89.3	2286.4	30542.8	8471.2	174164	773.4
2009	91.0	90.3	89.9	2889.9	32848.1	8722.6	176489	873.7
2010	97.9	90.6	91.4	3304.0	38941.4	9501.7	187401	1054.5
2011							216457	1579.5
2012							225913	1452.3

4-2 各地区废气排放及处理情况(2012年)
Emission and Treatment of Waste Gas by Region (2012)

单位: 吨 (ton)

地区	Region	二氧化硫排放总量 Total Volume of Sulphur Dioxide Emission	工业 Industrial	生活 Household	集中式污染治理设施 Centralized Pollution Control Facilities
全国	**National Total**	**21176320**	**19117055**	**2056646**	**2619**
北京	Beijing	93849	59330	34485	35
天津	Tianjin	224521	215481	8959	81
河北	Hebei	1341201	1238737	102366	98
山西	Shanxi	1301755	1194634	107098	23
内蒙古	Inner Mongolia	1384928	1241475	143450	4
辽宁	Liaoning	1058712	979025	79638	49
吉林	Jilin	403482	352337	51144	1
黑龙江	Heilongjiang	514300	397284	117014	2
上海	Shanghai	228218	193405	34754	59
江苏	Jiangsu	991967	959210	32468	289
浙江	Zhejiang	625766	610882	14654	230
安徽	Anhui	519589	469776	49405	408
福建	Fujian	371251	352389	18851	12
江西	Jiangxi	567687	551502	16176	9
山东	Shandong	1748807	1543766	204847	194
河南	Henan	1275909	1129858	146010	42
湖北	Hubei	622367	548591	73748	29
湖南	Hunan	644959	593342	51615	3
广东	Guangdong	799223	771467	27205	551
广西	Guangxi	504123	471621	32467	36
海南	Hainan	34137	33036	1078	23
重庆	Chongqing	564777	509788	54984	4
四川	Sichuan	864440	793965	70239	236
贵州	Guizhou	1041087	837101	203983	3
云南	Yunnan	672216	622599	49600	17
西藏	Tibet	4185	1316	2868	
陕西	Shaanxi	843755	747018	96733	5
甘肃	Gansu	572489	479938	92380	171
青海	Qinghai	153853	129094	24758	1
宁夏	Ningxia	406633	384378	22253	3
新疆	Xinjiang	796128	704710	91418	1

资料来源：环境保护部(以下各表同)。
Source: Ministry of Environmental Protection (the same as in the following tables).

4-2 续表 1 continued 1

单位：吨 (ton)

地 区	Region	氮氧化物排放总量 Nitrogen Oxides Emission	工业 Industry	生活 Household	机动车 Motor Vehicle	集中式污染治理设施 Centralized Pollution Control Facilities
全 国	**National Total**	**23377617**	**16580515**	**393123**	**6400293**	**3689**
北 京	Beijing	177493	85331	11991	79852	321
天 津	Tianjin	334223	275553	4447	54052	173
河 北	Hebei	1761110	1194755	18352	547971	32
山 西	Shanxi	1243970	950748	31524	261620	78
内蒙古	Inner Mongolia	1418897	1146979	26211	245702	8
辽 宁	Liaoning	1036322	741514	16126	278649	32
吉 林	Jilin	575852	387416	11822	176605	14
黑龙江	Heilongjiang	780611	481257	43683	255661	11
上 海	Shanghai	401618	284764	19138	97478	236
江 苏	Jiangsu	1479609	1133633	6541	338960	475
浙 江	Zhejiang	808849	634950	3256	170400	243
安 徽	Anhui	921268	692801	9323	218855	284
福 建	Fujian	467211	360879	2382	103909	40
江 西	Jiangxi	577095	352508	2984	221575	23
山 东	Shandong	1738973	1238173	31954	468652	197
河 南	Henan	1625898	1100046	24324	501472	58
湖 北	Hubei	640008	440941	12132	186849	85
湖 南	Hunan	607214	424789	7889	174535	6
广 东	Guangdong	1303429	809107	11266	482332	726
广 西	Guangxi	498256	345556	3633	148983	86
海 南	Hainan	103392	71850	212	31224	110
重 庆	Chongqing	382671	272094	4487	106070	19
四 川	Sichuan	659005	438656	10030	209972	349
贵 州	Guizhou	563539	458917	8140	96476	2
云 南	Yunnan	544346	335271	5974	203091	11
西 藏	Tibet	44308	3986	292	40027	
陕 西	Shaanxi	808129	604455	26511	177147	12
甘 肃	Gansu	473382	341040	14422	117869	50
青 海	Qinghai	126059	88009	5577	32472	2
宁 夏	Ningxia	455405	378835	2748	73819	2
新 疆	Xinjiang	819477	505701	15752	298016	4

4-2 续表 2 continued 2

单位：吨 (ton)

地 区	Region	烟(粉)尘排放总量 Soot (Dust) Emission	工业 Industry	生活 Household	机动车 Motor Vehicle	集中式污染治理设施 Centralized Pollution Control Facilities
全 国	**National Total**	**12357748**	**10293082**	**1426734**	**636041**	**1892**
北 京	Beijing	66825	30844	31868	4074	43
天 津	Tianjin	84064	59036	18400	6587	38
河 北	Hebei	1235877	1055732	126443	53618	82
山 西	Shanxi	1070863	948115	100072	22664	17
内蒙古	Inner Mongolia	833010	667689	136377	28935	4
辽 宁	Liaoning	726258	626344	69908	29964	45
吉 林	Jilin	264756	195510	51145	18084	21
黑龙江	Heilongjiang	699275	450097	223105	26069	3
上 海	Shanghai	87148	63732	15454	7906	53
江 苏	Jiangsu	443208	395978	18530	28496	200
浙 江	Zhejiang	254030	233228	4280	16315	202
安 徽	Anhui	462059	351639	87153	22957	307
福 建	Fujian	252635	233989	9198	9440	8
江 西	Jiangxi	357373	321830	8811	26730	2
山 东	Shandong	695267	525896	119726	49603	45
河 南	Henan	599823	492771	41105	65932	18
湖 北	Hubei	349657	281577	51931	16089	59
湖 南	Hunan	340724	298832	26717	15120	55
广 东	Guangdong	328252	267498	12670	47603	483
广 西	Guangxi	299723	268524	14248	16923	31
海 南	Hainan	16606	10660	1675	4265	1
重 庆	Chongqing	182266	166142	9139	6984	5
四 川	Sichuan	295836	267820	12068	15844	108
贵 州	Guizhou	294497	256539	28197	9761	1
云 南	Yunnan	390646	359517	14922	16198	7
西 藏	Tibet	6595	955	1020	4622	
陕 西	Shaanxi	462051	385522	53587	22940	2
甘 肃	Gansu	207567	156646	42492	8417	9
青 海	Qinghai	156393	133698	19615	3080	…
宁 夏	Ningxia	198337	180716	9430	8190	1
新 疆	Xinjiang	696126	606003	67451	22630	42

4-2 续表 3 continued 3

地 区	Region	工业废气排放量(亿立方米) Industrial Waste Gas Emission (100 million cu.m)	工业废气治理设施数(套) Number of Industrial Waste Gas Treatment Facilities (set)	工业废气治理设施处理能力(万立方米/时) Capacity of Industrial Waste Gas Treatment Facilities (10 000 cu.m/hour)	工业废气治理设施本年运行费用(万元) Annual Expenditure of Industrial Waste Gas Treatment Facilities (10 000 yuan)
全 国	**National Total**	**635519.1**	**225913**	**1649353**	**14522520**
北 京	Beijing	3263.7	3004	10901	87848
天 津	Tianjin	9032.2	3911	22382	257709
河 北	Hebei	67647.4	16924	182217	1304986
山 西	Shanxi	38124.3	12706	62972	693789
内蒙古	Inner Mongolia	28132.7	7400	77655	597282
辽 宁	Liaoning	31917.0	11585	86497	607391
吉 林	Jilin	10316.3	3627	31065	147838
黑龙江	Heilongjiang	10444.6	5006	37098	128715
上 海	Shanghai	13361.3	4795	32703	405020
江 苏	Jiangsu	48623.3	17641	99232	2243764
浙 江	Zhejiang	23967.3	17771	159773	990296
安 徽	Anhui	29645.0	5848	40258	465839
福 建	Fujian	14739.3	7780	85065	305612
江 西	Jiangxi	14814.1	5426	26452	332532
山 东	Shandong	45420.2	15915	116317	1142869
河 南	Henan	35001.9	10184	76908	564514
湖 北	Hubei	19512.5	6136	93354	354542
湖 南	Hunan	15887.5	5734	34007	306442
广 东	Guangdong	27078.2	18667	78241	906533
广 西	Guangxi	27610.7	6418	38313	272191
海 南	Hainan	1960.3	555	3003	55572
重 庆	Chongqing	8359.9	4319	19990	202828
四 川	Sichuan	21909.6	8384	50885	429004
贵 州	Guizhou	14311.6	3413	22084	361191
云 南	Yunnan	14955.2	6618	32704	367775
西 藏	Tibet	114.0	250	348	1702
陕 西	Shaanxi	14767.4	4701	30906	276400
甘 肃	Gansu	13899.7	3237	39977	206345
青 海	Qinghai	5507.6	1229	7772	85718
宁 夏	Ningxia	9324.5	1766	17215	206959
新 疆	Xinjiang	15869.9	4963	33060	213315

4-3 各行业工业废气排放及处理情况(2012年)
Emission and Treatment of Industrial Waste Gas by Sector (2012)

行业	Sector	工业废气排放量(亿立方米) Industrial Waste Gas Emission (100 million cu.m)	工业废气治理设施数(套) Number of Industrial Waste Gas Treatment Facilities (set)
行业总计	**Total**	**635519**	**225913**
农、林、牧、渔服务业	Services in Support of Agriculture	50	34
煤炭开采和洗选业	Mining and Washing of Coal	3249	5500
石油和天然气开采业	Extraction of Petroleum and Natural Gas	1896	202
黑色金属矿采选业	Mining and Processing of Ferrous Metal Ores	2946	1257
有色金属矿采选业	Mining and Processing of Non-ferrous Metal Ores	1121	708
非金属矿采选业	Mining and Processing of Non-metal Ores	849	569
开采辅助活动	Ancillary Activities for Exploitation	47	26
其他采矿业	Mining of Other Ores	584	24
农副食品加工业	Processing of Food from Agricultural Products	4500	6960
食品制造业	Manufacture of Foods	2119	3462
酒、饮料和精制茶制造业	Manufacture of Wine, Drinks and Refined Tea	2061	2900
烟草制品业	Manufacture of Tobacco	558	1081
纺织业	Manufacture of Textile	3164	8881
纺织服装、服饰业	Manufacture of Textile Wearing and Apparel	204	1153
皮革、毛皮、羽毛及其制品和制鞋业	Manufacture of Leather, Fur, Feather and Related Products and Footware	329	1566
木材加工及木、竹、藤、棕、草制品业	Processing of Timber, Manufacture of Wood, Bamboo,Rattan, Palm, and Straw Products	2713	2966
家具制造业	Manufacture of Furniture	284	723
造纸及纸制品业	Manufacture of Paper and Paper Products	6146	5489
印刷和记录媒介复制业	Printing,Reproduction of Recording Media	246	351
文教、工美、体育和娱乐用品制造业	Manufacture of Articles for Culture, Education and Sport Activity	191	609
石油加工、炼焦和核燃料加工业	Processing of Petroleum, Coking, Processing of Nuclear Fuel	20376	3261
化学原料和化学制品制造业	Manufacture of Raw Chemical Materials and Chemical Products	30614	20076

4-3 续表 1 continued 1

行业	Sector	工业废气排放量（亿立方米）Industrial Waste Gas Emission (100 million cu.m)	工业废气治理设施数（套）Number of Industrial Waste Gas Treatment Facilities (set)
医药制造业	Manufacture of Medicines	3989	3733
化学纤维制造业	Manufacture of Chemical Fibers	2192	1026
橡胶和塑料制品业	Manufacture of Rubber and Plastic	2936	4096
非金属矿物制品业	Manufacture of Non-metallic Mineral Products	123285	65810
黑色金属冶炼及压延加工业	Smelting and Pressing of Ferrous Metals	160875	17009
有色金属冶炼及压延加工业	Smelting and Pressing of Non-ferrous Metals	31799	9366
金属制品业	Manufacture of Metal Products	5079	8417
通用设备制造业	Manufacture of General Purpose Machinery	1129	2865
专用设备制造业	Manufacture of Special Purpose Machinery	1250	2300
汽车制造业	Manufacture of Automobile	3973	2767
铁路、船舶、航空航天和其他运输设备制造业	Manufacture of Railway, Shipbuilding, Aerospace and Other Transportation Equipment	1692	4724
电气机械和器材制造业	Manufacture of Electrical Machinery and Equipment	2008	4500
计算机、通信和其他电子设备制造业	Manufacture of Computers, Communication, and Other Electronic Equipment	5745	6419
仪器仪表制造业	Manufacture of Measuring Instrument	296	605
其他制造业	Other Manufactures	489	1014
废弃资源综合利用业	Utilization of Waste Resources	336	398
金属制品、机械和设备修理业	Metal Products, Machinery and Equipment Repair	424	212
电力、热力生产和供应业	Production and Supply of Electric Power and Heat Power	203436	22642
燃气生产和供应业	Production and Supply of Gas	341	210
水的生产和供应业	Production and Supply of Water	…	2

4-3 续表 2 continued 2

行 业	Sector	工业废气治理设施处理能力（万立方米/时）Capacity of Industrial Waste Gas Treatment Facilities (10 000 cu.m/hour)	工业废气治理设施本年运行费用（万元）Annual Expenditure of Industrial Waste Gas Treatment Facilities (10 000 yuan)
行业总计	**Total**	**1649353**	**14522520**
农、林、牧、渔服务业	Services in Support of Agriculture	47	386
煤炭开采和洗选业	Mining and Washing of Coal	7458	41797
石油和天然气开采业	Extraction of Petroleum and Natural Gas	303	14399
黑色金属矿采选业	Mining and Processing of Ferrous Metal Ores	1964	18208
有色金属矿采选业	Mining and Processing of Non-ferrous Metal Ores	1481	18407
非金属矿采选业	Mining and Processing of Non-metal Ores	1331	13125
开采辅助活动	Ancillary Activities for Exploitation	31	386
其他采矿业	Mining of Other Ores	349	317
农副食品加工业	Processing of Food from Agricultural Products	16449	63856
食品制造业	Manufacture of Foods	10156	38295
酒、饮料和精制茶制造业	Manufacture of Wine, Drinks and Refined Tea	65961	39199
烟草制品业	Manufacture of Tobacco	2642	12557
纺织业	Manufacture of Textile	12262	92153
纺织服装、服饰业	Manufacture of Textile Wearing and Apparel	1060	7733
皮革、毛皮、羽毛及其制品和制鞋业	Manufacture of Leather, Fur, Feather and Related Products and Footware	1260	6358
木材加工及木、竹、藤、棕、草制品业	Processing of Timber, Manufacture of Wood, Bamboo,Rattan, Palm, and Straw Products	7135	26754
家具制造业	Manufacture of Furniture	2302	2813
造纸及纸制品业	Manufacture of Paper and Paper Products	17510	162605
印刷和记录媒介复制业	Printing,Reproduction of Recording Media	787	3814
文教、工美、体育和娱乐用品制造业	Manufacture of Articles for Culture, Education and Sport Activity	695	2707
石油加工、炼焦和核燃料加工业	Processing of Petroleum, Coking, Processing of Nuclear Fuel	24610	522759
化学原料和化学制品制造业	Manufacture of Raw Chemical Materials and Chemical Products	60227	665946

4-3 续表 3 continued 3

行 业	Sector	工业废气治理设施处理能力(万立方米/时) Capacity of Industrial Waste Gas Treatment Facilities (10 000 cu.m/hour)	工业废气治理设施本年运行费用(万元) Annual Expenditure of Industrial Waste Gas Treatment Facilities (10 000 yuan)
医药制造业	Manufacture of Medicines	4777	48383
化学纤维制造业	Manufacture of Chemical Fibers	3217	34270
橡胶和塑料制品业	Manufacture of Rubber and Plastic	9277	52484
非金属矿物制品业	Manufacture of Non-metallic Mineral Products	263888	1214942
黑色金属冶炼及压延加工业	Smelting and Pressing of Ferrous Metals	371368	3029740
有色金属冶炼及压延加工业	Smelting and Pressing of Non-ferrous Metals	53796	786779
金属制品业	Manufacture of Metal Products	12579	75329
通用设备制造业	Manufacture of General Purpose Machinery	5265	17155
专用设备制造业	Manufacture of Special Purpose Machinery	6246	17682
汽车制造业	Manufacture of Automobile	8356	59852
铁路、船舶、航空航天和其他运输设备制造业	Manufacture of Railway, Shipbuilding, Aerospace and Other Transportation Equipment	7649	28907
电气机械和器材制造业	Manufacture of Electrical Machinery and Equipment	5777	42134
计算机、通信和其他电子设备制造业	Manufacture of Computers, Communication, and Other Electronic Equipment	14840	99794
仪器仪表制造业	Manufacture of Measuring Instrument	952	3644
其他制造业	Other Manufactures	97575	11628
废弃资源综合利用业	Utilization of Waste Resources	721	6056
金属制品、机械和设备修理业	Metal Products, Machinery and Equipment Repair	754	2000
电力、热力生产和供应业	Production and Supply of Electric Power and Heat Power	545549	7231127
燃气生产和供应业	Production and Supply of Gas	749	6041
水的生产和供应业	Production and Supply of Water	…	2

4-3 续表 4 continued 4

单位：吨 (ton)

行 业	Sector	工业二氧化硫排放量 Industrial Sulphur Dioxide Emission	工业氮氧化物排放量 Industrial Nitrogen Oxides Emission	工业烟(粉)尘排放量 Industrial Soot (Dust) Emission
行业总计	**Total**	**17758201**	**15808097**	**9574106**
农、林、牧、渔服务业	Services in Support of Agriculture	1361	374	4838
煤炭开采和洗选业	Mining and Washing of Coal	124866	45495	333033
石油和天然气开采业	Extraction of Petroleum and Natural Gas	22106	29758	6916
黑色金属矿采选业	Mining and Processing of Ferrous Metal Ores	24317	6841	103008
有色金属矿采选业	Mining and Processing of Non-ferrous Metal Ores	24486	5481	21747
非金属矿采选业	Mining and Processing of Non-metal Ores	38811	11211	36780
开采辅助活动	Ancillary Activities for Exploitation	2824	1880	967
其他采矿业	Mining of Other Ores	383	360	1811
农副食品加工业	Processing of Food from Agricultural Products	237768	91813	182154
食品制造业	Manufacture of Foods	147116	46512	58169
酒、饮料和精制茶制造业	Manufacture of Wine, Drinks and Refined Tea	128577	40586	66042
烟草制品业	Manufacture of Tobacco	11003	3632	6568
纺织业	Manufacture of Textile	269806	76835	92095
纺织服装、服饰业	Manufacture of Textile Wearing and Apparel	16685	4787	8129
皮革、毛皮、羽毛及其制品和制鞋业	Manufacture of Leather, Fur, Feather and Related Products and Footware	26680	5911	10451
木材加工及木、竹、藤、棕、草制品业	Processing of Timber, Manufacture of Wood, Bamboo,Rattan, Palm, and Straw Products	42637	14475	156598
家具制造业	Manufacture of Furniture	3130	867	2590
造纸及纸制品业	Manufacture of Paper and Paper Products	496904	207417	167286
印刷和记录媒介复制业	Printing,Reproduction of Recording Media	4704	1539	2086
文教、工美、体育和娱乐用品制造业	Manufacture of Articles for Culture, Education and Sport Activity	2117	702	2052
石油加工、炼焦和核燃料加工业	Processing of Petroleum, Coking, Processing of Nuclear Fuel	802051	376079	441740
化学原料和化学制品制造业	Manufacture of Raw Chemical Materials and Chemical Products	1261534	501870	582669

4-3 续表 5 continued 5

单位：吨 (ton)

行业	Sector	工业二氧化硫排放量 Industrial Sulphur Dioxide Emission	工业氮氧化物排放量 Industrial Nitrogen Oxides Emission	工业烟(粉)尘排放量 Industrial Soot (Dust) Emission
医药制造业	Manufacture of Medicines	107604	30702	44392
化学纤维制造业	Manufacture of Chemical Fibers	101466	48920	21856
橡胶和塑料制品业	Manufacture of Rubber and Plastic	88142	27618	32817
非金属矿物制品业	Manufacture of Non-metallic Mineral Products	1997859	2742154	2551531
黑色金属冶炼及压延加工业	Smelting and Pressing of Ferrous Metals	2406154	971637	1812773
有色金属冶炼及压延加工业	Smelting and Pressing of Non-ferrous Metals	1144323	230046	319415
金属制品业	Manufacture of Metal Products	76031	23909	82396
通用设备制造业	Manufacture of General Purpose Machinery	22813	8554	32045
专用设备制造业	Manufacture of Special Purpose Machinery	19467	9944	21501
汽车制造业	Manufacture of Automobile	13867	6443	21417
铁路、船舶、航空航天和其他运输设备制造业	Manufacture of Railway, Shipbuilding, Aerospace and Other Transportation Equipment	17194	9627	52054
电气机械和器材制造业	Manufacture of Electrical Machinery and Equipment	10764	4721	6722
计算机、通信和其他电子设备制造业	Manufacture of Computers, Communication, and Other Electronic Equipment	7509	5033	12826
仪器仪表制造业	Manufacture of Measuring Instrument	980	408	949
其他制造业	Other Manufactures	62202	13219	25025
废弃资源综合利用业	Utilization of Waste Resources	4309	1455	4204
金属制品、机械和设备修理业	Metal Products, Machinery and Equipment Repair	752	326	9096
电力、热力生产和供应业	Production and Supply of Electric Power and Heat Power	7970337	10187321	2227883
燃气生产和供应业	Production and Supply of Gas	16561	11632	7477
水的生产和供应业	Production and Supply of Water	1	1	1

4-4 主要城市工业废气排放及处理情况(2012年)
Emission and Treatment of Industrial Waste Gas in Major Cities (2012)

单位: 吨 (ton)

城 市	City	工业废气排放量(万立方米) Industrial Waste Gas Emission (10 000 cu.m)	工业二氧化硫排放量 Industrial Sulphur Dioxide Emission	工业氮氧化物排放量 Industrial Nitrogen Oxides Emission	工业烟(粉)尘排放量 Industrial Soot (Dust) Emission	生活二氧化硫排放量 Household Sulphur Dioxide Emission	生活氮氧化物排放量 Household Nitrogen Oxides Emission	生活烟尘排放量 Household Soot Emission
北 京	Beijing	32637228	59330	85331	30844	34485	11991	31868
天 津	Tianjin	90322129	215481	275553	59036	8959	4447	18400
石家庄	Shijiazhuang	67468987	179942	210129	98364	8955	2144	6635
太 原	Taiyuan	55037899	101780	105358	42084	31296	8260	30650
呼和浩特	Hohhot	23280906	99375	163464	18372	4625	637	3584
沈 阳	Shenyang	19486851	96756	80625	53191	14458	3944	9745
长 春	Changchun	32499722	69046	94634	40803	7344	1600	8000
哈尔滨	Harbin	20270113	80740	97903	52258	32016	13255	86241
上 海	Shanghai	133612540	193405	284764	63732	34754	19138	15454
南 京	Nanjing	68275119	119155	122272	38663	2580	970	2150
杭 州	Hangzhou	42947289	86181	74532	33015	628	450	91
合 肥	Hefei	27687105	45572	79415	41120	2465	120	6080
福 州	Fuzhou	32057250	76255	86538	37487	1279	169	547
南 昌	Nanchang	11990394	43470	24567	11115	719	70	280
济 南	Jinan	40397735	103187	81261	51609	11306	3629	8355
郑 州	Zhengzhou	39160344	110056	153389	23920	9395	1305	8900
武 汉	Wuhan	60295921	100072	105998	20803	5720	1416	8051
长 沙	Changsha	5474363	21210	20606	11976	2366	153	2946
广 州	Guangzhou	32174642	68379	56393	14242	2363	1963	738
南 宁	Nanning	10485513	30626	31018	25012	8748	1123	4631
海 口	Haikou	267926	1731	496	620	178	32	174
重 庆	Chongqing	83598832	509788	272094	166142	54984	4487	9139
成 都	Chengdu	29711422	56730	57138	24723	4373	1852	593
贵 阳	Guiyang	22416691	65259	22677	19743	33543	1820	5380
昆 明	Kunming	36367333	113277	69678	59255	5310	951	322
拉 萨	Lhasa	547529	1075	2316	647	671	39	197
西 安	Xi'an	10433115	83063	41858	17463	20570	11401	12624
兰 州	Lanzhou	39544246	68654	83804	33599	11753	2576	1341
西 宁	Xining	36728825	71408	49185	49367	6855	1365	4608
银 川	Yinchuan	20634527	105743	75090	26348	5613	1218	2972
乌鲁木齐	Urumqi	36294047	118059	114114	56834	6554	1396	4819

4-5 沿海城市工业废气排放及处理情况(2012年)
Emission and Treatment of Industrial Waste Gas in Coastal Cities (2012)

单位: 吨 (ton)

城市	City	工业废气排放量(万立方米) Industrial Waste Gas Emission (10 000 cu.m)	工业二氧化硫排放量 Industrial Sulphur Dioxide Emission	工业氮氧化物排放量 Industrial Nitrogen Oxides Emission	工业烟(粉)尘排放量 Industrial Soot (Dust) Emission	生活二氧化硫排放量 Household Sulphur Dioxide Emission	生活氮氧化物排放量 Household Nitrogen Oxides Emission	生活烟尘排放量 Household Soot Emission
天津	Tianjin	90322129	215481	275553	59036	8959	4447	18400
秦皇岛	Qinhuangdao	27944574	71727	57407	78836	4338	965	55498
大连	Dalian	25761586	114589	115503	52149	16366	2403	9612
上海	Shanghai	133612540	193405	284764	63732	34754	19138	15454
连云港	Lianyungang	9703112	40629	34428	16570	6588	844	3178
宁波	Ningbo	62178844	144356	235814	26159	2477	692	487
温州	Wenzhou	17006222	36695	43447	19164	599	370	467
福州	Fuzhou	32057250	76255	86538	37487	1279	169	547
厦门	Xiamen	11775012	19276	12664	2507	486	181	190
青岛	Qingdao	22655829	72563	74818	26747	27059	2601	9795
烟台	Yantai	27454527	86655	79526	32089	13574	3479	10168
深圳	Shenzhen	21369593	9847	29898	5214	488	885	300
珠海	Zhuhai	13729442	30151	49546	11150	21	44	23
汕头	Shantou	6725670	28239	26401	4872	455	117	55
湛江	Zhanjiang	10088019	25379	21625	10146	2458	395	258
北海	Beihai	7215437	12637	16067	6730	1240	141	395
海口	Haikou	267926	1731	496	620	178	32	174

五、固体废物

Solid Wastes

5-1 全国工业固体废物产生、排放和综合利用情况(2000-2012年)
Generation, Discharge and Utilization of Industrial Solid Wastes(2000-2012)

年 份 Year	工业固体废物产生量(万吨) Industrial Solid Wastes Generated (10 000 tons)	工业固体废物排放量(万吨) Industrial Solid Wastes Discharged (10 000 tons)	工业固体废物综合利用量(万吨) Industrial Solid Wastes Utilized (10 000 tons)	工业固体废物贮存量(万吨) Stock of Industrial Solid Wastes (10 000 tons)	工业固体废物处置量(万吨) Industrial Solid Wastes Disposed (10 000 tons)	工业固体废物综合利用率(%) Ratio of Industrial Solid Wastes Utilized (%)	"三废"综合利用产品产值(亿元) Output Value of Products Made from Waste Gas, Waste Water & Solid Wastes (100 million yuan)
2000	81608	3186.2	37451	28921	9152	45.9	310.5
2001	88840	2893.8	47290	30183	14491	52.1	344.6
2002	94509	2635.2	50061	30040	16618	51.9	385.6
2003	100428	1940.9	56040	27667	17751	54.8	441.0
2004	120030	1762.0	67796	26012	26635	55.7	573.3
2005	134449	1654.7	76993	27876	31259	56.1	755.5
2006	151541	1302.1	92601	22399	42883	60.2	1026.8
2007	175632	1196.7	110311	24119	41350	62.1	1351.3
2008	190127	781.8	123482	21883	48291	64.3	1621.4
2009	203943	710.5	138186	20929	47488	67.0	1608.2
2010	240944	498.2	161772	23918	57264	66.7	1778.5
2011	326204	433.3	196988	61248	71382		
2012	332509	144.2	204467	60633	71443		

注：2011年环境保护部对统计制度中的指标体系、调查方法及相关技术规定等进行了修订，故不能与2010年直接比较。
Note: In 2011, indicators of statistical system, method of survey, and related technologies were revised by Ministry of Environmental Protection, so it can not be directly compared with data of 2010.

5-2 各地区固体废物产生和排放情况(2012年)

Generation and Discharge of Solid Wastes by Region (2012)

单位：万吨 (10 000 tons)

地 区	Region	一般工业固体废物产生量 Common Industrial Solid Wastes Generated	一般工业固体废物综合利用量 Common Industrial Solid Wastes Utilized	一般工业固体废物处置量 Common Industrial Solid Wastes Disposed	一般工业固体废物贮存量 Stock of Common Industrial Solid Wastes	一般工业固体废物倾倒丢弃量 Common Industrial Solid Wastes Discharged
全 国	**National Total**	**329044**	**202462**	**70745**	**59786**	**144.21**
北 京	Beijing	1104	872	219	13	
天 津	Tianjin	1820	1816	7	…	
河 北	Hebei	45576	17361	7439	21210	
山 西	Shanxi	29031	20235	7132	1759	16.12
内蒙古	Inner Mongolia	24226	10925	10943	2426	5.46
辽 宁	Liaoning	27280	11862	11655	3948	10.40
吉 林	Jilin	4731	3198	541	993	
黑龙江	Heilongjiang	6313	4646	808	918	…
上 海	Shanghai	2199	2140	56	10	0.25
江 苏	Jiangsu	10224	9342	630	303	0.01
浙 江	Zhejiang	4461	4083	314	67	0.40
安 徽	Anhui	12022	10266	1705	895	
福 建	Fujian	7720	6887	764	84	0.16
江 西	Jiangxi	11134	6071	388	4692	2.46
山 东	Shandong	18343	17073	1061	487	…
河 南	Henan	15250	11597	3204	560	2.11
湖 北	Hubei	7611	5737	1561	377	1.06
湖 南	Hunan	8116	5188	2144	955	0.66
广 东	Guangdong	5965	5198	814	253	3.12
广 西	Guangxi	7964	5369	2218	1063	0.41
海 南	Hainan	386	238	59	116	0.05
重 庆	Chongqing	3115	2569	475	97	4.69
四 川	Sichuan	13187	6052	5099	2279	2.14
贵 州	Guizhou	7835	4839	2067	938	14.05
云 南	Yunnan	16038	7938	4767	3513	43.14
西 藏	Tibet	366	6	27	349	
陕 西	Shaanxi	7215	4422	1457	1360	2.24
甘 肃	Gansu	6671	3593	2110	992	0.37
青 海	Qinghai	12301	6831	6	5483	0.05
宁 夏	Ningxia	2961	2044	540	398	
新 疆	Xinjiang	7880	4063	533	3251	34.86

资料来源：环境保护部(以下各表同)。
Source:Ministy of Environmental Protection (the same as in the following tables).

5-2 续表 continued

单位: 万吨 (10 000 tons)

地 区	Region	危险废物产生量 Hazardous Wastes Generated	危险废物综合利用量 Hazardous Wastes Utilized	危险废物处置量 Hazardous Wastes Disposed	危险废物贮存量 Stock of Hazardous Wastes
全 国	**National Total**	**3465.24**	**2004.64**	**698.21**	**846.91**
北 京	Beijing	13.41	4.50	8.91	…
天 津	Tianjin	11.47	3.96	7.51	…
河 北	Hebei	49.18	27.03	21.91	0.32
山 西	Shanxi	18.53	13.33	5.09	0.16
内蒙古	Inner Mongolia	69.99	41.65	39.84	7.81
辽 宁	Liaoning	73.21	49.46	30.54	0.35
吉 林	Jilin	71.21	67.01	4.20	0.02
黑龙江	Heilongjiang	21.33	4.20	16.99	0.14
上 海	Shanghai	54.96	30.34	24.60	0.14
江 苏	Jiangsu	208.59	109.98	97.64	2.79
浙 江	Zhejiang	80.58	27.94	51.56	1.97
安 徽	Anhui	24.74	18.32	6.21	0.29
福 建	Fujian	10.36	4.62	5.73	0.17
江 西	Jiangxi	30.56	25.22	5.10	0.33
山 东	Shandong	820.31	761.13	66.14	6.29
河 南	Henan	50.10	42.29	7.81	0.42
湖 北	Hubei	63.50	39.86	23.70	0.41
湖 南	Hunan	267.48	207.65	41.66	21.37
广 东	Guangdong	130.17	67.01	62.82	0.40
广 西	Guangxi	78.79	55.45	22.89	7.61
海 南	Hainan	1.53	0.10	1.56	0.03
重 庆	Chongqing	49.03	37.18	11.80	0.05
四 川	Sichuan	110.44	63.14	46.63	0.90
贵 州	Guizhou	33.87	13.91	0.36	19.61
云 南	Yunnan	208.04	97.44	53.13	76.47
西 藏	Tibet				
陕 西	Shaanxi	30.65	11.54	12.11	7.63
甘 肃	Gansu	29.09	13.04	11.44	10.07
青 海	Qinghai	404.34	61.30	0.12	347.51
宁 夏	Ningxia	5.62	3.66	0.80	1.17
新 疆	Xinjiang	444.17	102.39	9.40	332.49

5-3 各行业固体废物产生和排放情况(2012年)
Generation and Discharge of Solid Wastes by Sector (2012)

单位：万吨 (10 000 tons)

行业	Sector	一般工业固体废物产生量 Common Industrial Solid Wastes Generated	一般工业固体废物综合利用量 Common Industrial Solid Wastes Utilized	一般工业固体废物处置量 Common Industrial Solid Wastes Disposed
行业总计	**Total**	**314072.6**	**191787.2**	**67991.7**
农、林、牧、渔服务业	Services in Support of Agriculture	7.6	7.6	
煤炭开采和洗选业	Mining and Washing of Coal	38537.4	30439.8	6419.6
石油和天然气开采业	Extraction of Petroleum and Natural Gas	126.7	100.1	23.9
黑色金属矿采选业	Mining and Processing of Ferrous Metal Ores	70601.5	15621.7	27148.3
有色金属矿采选业	Mining and Processing of Non-ferrous Metal Ores	40290.4	14488.8	14061.8
非金属矿采选业	Mining and Processing of Non-metal Ores	3598.2	1969.0	794.3
开采辅助活动	Ancillary Activities for Exploitation	102.0	10.3	91.7
其他采矿业	Mining of Other Ores	74.3	39.3	151.8
农副食品加工业	Processing of Food from Agricultural Products	2209.4	2087.1	115.6
食品制造业	Manufacture of Foods	563.3	540.9	22.4
酒、饮料和精制茶制造业	Manufacture of Wine, Drinks and Refined Tea	940.6	894.2	51.2
烟草制品业	Manufacture of Tobacco	92.0	60.5	13.7
纺织业	Manufacture of Textile	690.7	591.2	108.4
纺织服装、服饰业	Manufacture of Textile Wearing and Apparel	28.2	23.5	4.4
皮革、毛皮、羽毛及其制品和制鞋业	Manufacture of Leather, Fur, Feather and Related Products and Footware	63.2	52.6	11.3
木材加工及木、竹、藤、棕、草制品业	Processing of Timber, Manufacture of Wood, Bamboo,Rattan, Palm, and Straw Products	228.6	224.0	4.5
家具制造业	Manufacture of Furniture	12.2	10.3	1.8
造纸及纸制品业	Manufacture of Paper and Paper Products	2167.6	1925.9	231.4
印刷和记录媒介复制业	Printing,Reproduction of Recording Media	21.4	15.2	6.1
文教、工美、体育和娱乐用品制造业	Manufacture of Articles for Culture, Education and Sport Activity	5.7	4.9	0.8
石油加工、炼焦和核燃料加工业	Processing of Petroleum, Coking, Processing of Nuclear Fuel	3671.5	2357.9	1233.8
化学原料和化学制品制造业	Manufacture of Raw Chemical Materials and Chemical Products	26644.2	17375.5	3992.2

5-3 续表 1 continued 1

单位：万吨 (10 000 tons)

行　业	Sector	一般工业固体废物产生量 Common Industrial Solid Wastes Generated	一般工业固体废物综合利用量 Common Industrial Solid Wastes Utilized	一般工业固体废物处置量 Common Industrial Solid Wastes Disposed
医药制造业	Manufacture of Medicines	312.2	277.6	31.5
化学纤维制造业	Manufacture of Chemical Fibers	323.3	285.8	35.9
橡胶和塑料制品业	Manufacture of Rubber and Plastic	238.1	226.0	12.1
非金属矿物制品业	Manufacture of Non-metallic Mineral Products	6780.5	6387.9	418.9
黑色金属冶炼及压延加工业	Smelting and Pressing of Ferrous Metals	42047.3	37528.5	3099.4
有色金属冶炼及压延加工业	Smelting and Pressing of Non-ferrous Metals	9978.4	5122.1	3289.0
金属制品业	Manufacture of Metal Products	522.5	436.4	53.8
通用设备制造业	Manufacture of General Purpose Machinery	185.8	141.9	34.6
专用设备制造业	Manufacture of Special Purpose Machinery	204.6	162.2	38.1
汽车制造业	Manufacture of Automobile	289.8	255.1	34.2
铁路、船舶、航空航天和其他运输设备制造业	Manufacture of Railway, Shipbuilding, Aerospace and Other Transportation Equipment	244.5	208.7	35.5
电气机械和器材制造业	Manufacture of Electrical Machinery and Equipment	68.8	56.8	12.1
计算机、通信和其他电子设备制造业	Manufacture of Computers, Communication, and Other Electronic Equipment	342.6	296.9	46.2
仪器仪表制造业	Manufacture of Measuring Instrument	8.1	6.3	1.7
其他制造业	Other Manufactures	72.6	50.5	21.9
废弃资源综合利用业	Utilization of Waste Resources	246.0	222.9	14.8
金属制品、机械和设备修理业	Metal Products, Machinery and Equipment Repair	15.9	14.2	1.6
电力、热力生产和供应业	Production and Supply of Electric Power and Heat Power	61455.8	51209.4	6320.0
燃气生产和供应业	Production and Supply of Gas	59.1	57.8	1.3
水的生产和供应业	Production and Supply of Water	…	…	

5-3 续表 2 continued 2

单位：万吨 (10 000 tons)

行　业	Sector	一般工业固体废物贮存量 Stock of Common Industrial Solid Wastes	一般工业固体废物倾倒丢弃量 Common Industrial Solid Wastes Discharged
行业总计	**Total**	**58175.29**	**131.02**
农、林、牧、渔服务业	Services in Support of Agriculture		
煤炭开采和洗选业	Mining and Washing of Coal	2749.82	17.90
石油和天然气开采业	Extraction of Petroleum and Natural Gas	2.66	…
黑色金属矿采选业	Mining and Processing of Ferrous Metal Ores	27936.10	26.76
有色金属矿采选业	Mining and Processing of Non-ferrous Metal Ores	12439.31	17.31
非金属矿采选业	Mining and Processing of Non-metal Ores	841.76	21.75
开采辅助活动	Ancillary Activities for Exploitation		
其他采矿业	Mining of Other Ores	5.00	
农副食品加工业	Processing of Food from Agricultural Products	26.08	4.49
食品制造业	Manufacture of Foods	0.36	0.44
酒、饮料和精制茶制造业	Manufacture of Wine, Drinks and Refined Tea	7.21	0.52
烟草制品业	Manufacture of Tobacco	36.00	0.43
纺织业	Manufacture of Textile	0.72	0.45
纺织服装、服饰业	Manufacture of Textile Wearing and Apparel	0.04	0.30
皮革、毛皮、羽毛及其制品和制鞋业	Manufacture of Leather, Fur, Feather and Related Products and Footware	0.08	0.12
木材加工及木、竹、藤、棕、草制品业	Processing of Timber, Manufacture of Wood, Bamboo,Rattan, Palm, and Straw Products	0.22	0.20
家具制造业	Manufacture of Furniture	…	0.10
造纸及纸制品业	Manufacture of Paper and Paper Products	13.08	0.45
印刷和记录媒介复制业	Printing,Reproduction of Recording Media	…	0.07
文教、工美、体育和娱乐用品制造业	Manufacture of Articles for Culture, Education and Sport Activity	…	0.07
石油加工、炼焦和核燃料加工业	Processing of Petroleum, Coking, Processing of Nuclear Fuel	97.34	0.64
化学原料和化学制品制造业	Manufacture of Raw Chemical Materials and Chemical Products	5754.56	3.53

5-3 续表 3 continued 3

单位：万吨 (10 000 tons)

行业	Sector	一般工业固体废物贮存量 Stock of Common Industrial Solid Wastes	一般工业固体废物倾倒丢弃量 Common Industrial Solid Wastes Discharged
医药制造业	Manufacture of Medicines	2.77	0.52
化学纤维制造业	Manufacture of Chemical Fibers	2.11	0.05
橡胶和塑料制品业	Manufacture of Rubber and Plastic	0.02	0.10
非金属矿物制品业	Manufacture of Non-metallic Mineral Products	92.34	4.17
黑色金属冶炼及压延加工业	Smelting and Pressing of Ferrous Metals	1733.16	13.24
有色金属冶炼及压延加工业	Smelting and Pressing of Non-ferrous Metals	1644.85	0.84
金属制品业	Manufacture of Metal Products	32.53	0.17
通用设备制造业	Manufacture of General Purpose Machinery	9.16	0.14
专用设备制造业	Manufacture of Special Purpose Machinery	4.86	0.04
汽车制造业	Manufacture of Automobile	0.67	0.23
铁路、船舶、航空航天和其他运输设备制造业	Manufacture of Railway, Shipbuilding, Aerospace and Other Transportation Equipment	0.27	0.08
电气机械和器材制造业	Manufacture of Electrical Machinery and Equipment	0.10	0.08
计算机、通信和其他电子设备制造业	Manufacture of Computers, Communication, and Other Electronic Equipment	0.07	0.14
仪器仪表制造业	Manufacture of Measuring Instrument	0.01	0.01
其他制造业	Other Manufactures	0.17	0.05
废弃资源综合利用业	Utilization of Waste Resources	8.91	0.11
金属制品、机械和设备修理业	Metal Products, Machinery and Equipment Repair	0.11	
电力、热力生产和供应业	Production and Supply of Electric Power and Heat Power	4732.83	15.56
燃气生产和供应业	Production and Supply of Gas		
水的生产和供应业	Production and Supply of Water		

5-3 续表 4 continued 4

单位：万吨 (10 000 tons)

行　　业	Sector	危险废物产生量 Hazardous Wastes Generated	危险废物综合利用量 Hazardous Wastes Utilized	危险废物处置量 Hazardous Wastes Disposed	危险废物贮存量 Stock of Hazardous Wastes
行业总计	**Total**	**3465.24**	**2004.64**	**698.21**	**846.91**
农、林、牧、渔服务业	Services in Support of Agriculture	…		…	
煤炭开采和洗选业	Mining and Washing of Coal	0.30	0.37	…	0.03
石油和天然气开采业	Extraction of Petroleum and Natural Gas	39.16	9.92	29.40	0.25
黑色金属矿采选业	Mining and Processing of Ferrous Metal Ores	0.06	0.03	0.03	…
有色金属矿采选业	Mining and Processing of Non-ferrous Metal Ores	72.91	57.16	5.13	19.34
非金属矿采选业	Mining and Processing of Non-metal Ores	712.32	46.32	2.93	663.08
开采辅助活动	Ancillary Activities for Exploitation	1.12	1.10	0.01	
其他采矿业	Mining of Other Ores	…			…
农副食品加工业	Processing of Food from Agricultural Products	8.74	8.42	0.32	0.01
食品制造业	Manufacture of Foods	0.63	0.23	0.40	…
酒、饮料和精制茶制造业	Manufacture of Wine, Drinks and Refined Tea	0.13	0.01	0.12	…
烟草制品业	Manufacture of Tobacco	0.02	…	0.02	…
纺织业	Manufacture of Textile	2.46	0.77	1.63	0.06
纺织服装、服饰业	Manufacture of Textile Wearing and Apparel	0.09	…	0.08	…
皮革、毛皮、羽毛及其制品和制鞋业	Manufacture of Leather, Fur, Feather and Related Products and Footware	2.97	0.73	2.20	0.05
木材加工及木、竹、藤、棕、草制品业	Processing of Timber, Manufacture of Wood, Bamboo,Rattan, Palm, and Straw Products	0.18	0.05	0.13	…
家具制造业	Manufacture of Furniture	0.20	0.03	0.16	…
造纸及纸制品业	Manufacture of Paper and Paper Products	715.14	667.45	47.63	0.08
印刷和记录媒介复制业	Printing,Reproduction of Recording Media	1.46	0.40	1.06	…
文教、工美、体育和娱乐用品制造业	Manufacture of Articles for Culture, Education and Sport Activity	1.18	0.04	1.14	…
石油加工、炼焦和核燃料加工业	Processing of Petroleum, Coking, Processing of Nuclear Fuel	138.66	97.91	40.08	1.67
化学原料和化学制品制造业	Manufacture of Raw Chemical Materials and Chemical Products	661.61	447.05	229.21	35.56

5-3 续表 5 continued 5

单位：万吨 (10 000 tons)

行 业	Sector	危险废物产生量 Hazardous Wastes Generated	危险废物综合利用量 Hazardous Wastes Utilized	危险废物处置量 Hazardous Wastes Disposed	危险废物贮存量 Stock of Hazardous Wastes
医药制造业	Manufacture of Medicines	51.05	32.62	18.16	0.69
化学纤维制造业	Manufacture of Chemical Fibers	40.43	37.29	3.12	0.06
橡胶和塑料制品业	Manufacture of Rubber and Plastic	4.83	0.93	3.88	0.02
非金属矿物制品业	Manufacture of Non-metallic Mineral Products	33.96	11.98	21.93	0.13
黑色金属冶炼及压延加工业	Smelting and Pressing of Ferrous Metals	161.24	140.52	25.93	2.31
有色金属冶炼及压延加工业	Smelting and Pressing of Non-ferrous Metals	453.92	286.43	68.31	113.44
金属制品业	Manufacture of Metal Products	46.50	20.75	25.72	0.66
通用设备制造业	Manufacture of General Purpose Machinery	10.17	2.32	7.74	0.15
专用设备制造业	Manufacture of Special Purpose Machinery	4.21	0.62	3.47	0.14
汽车制造业	Manufacture of Automobile	26.87	6.52	20.32	0.13
铁路、船舶、航空航天和其他运输设备制造业	Manufacture of Railway, Shipbuilding, Aerospace and Other Transportation Equipment	11.76	6.69	5.04	0.04
电气机械和器材制造业	Manufacture of Electrical Machinery and Equipment	20.57	6.32	14.24	0.47
计算机、通信和其他电子设备制造业	Manufacture of Computers, Communication, and Other Electronic Equipment	147.40	79.57	67.39	0.59
仪器仪表制造业	Manufacture of Measuring Instrument	9.58	0.36	2.22	7.01
其他制造业	Other Manufactures	2.97	0.28	2.68	0.02
废弃资源综合利用业	Utilization of Waste Resources	4.77	2.82	1.72	0.43
金属制品、机械和设备修理业	Metal Products, Machinery and Equipment Repair	0.64	0.18	0.48	0.01
电力、热力生产和供应业	Production and Supply of Electric Power and Heat Power	73.07	29.98	42.65	0.47
燃气生产和供应业	Production and Supply of Gas	1.96	0.47	1.49	…
水的生产和供应业	Production and Supply of Water	0.01		0.01	

5-4 主要城市固体废物产生和排放情况(2012年)

Generation and Discharge of Solid Wastes in Major Cities (2012)

单位：万吨 (10 000 tons)

城市	City	一般工业固体废物产生量 Common Industrial Solid Wastes Generated	一般工业固体废物综合利用量 Common Industrial Solid Wastes Utilized	一般工业固体废物处置量 Common Industrial Solid Wastes Disposed	一般工业固体废物贮存量 Stock of Common Industrial Solid Wastes	一般工业固体废物倾倒丢弃量 Common Industrial Solid Wastes Discharged
北京	Beijing	1104.05	871.73	219.49	12.83	
天津	Tianjin	1820.00	1816.50	6.80	…	
石家庄	Shijiazhuang	759.49	743.45	8.59	7.46	
太原	Taiyuan	2787.39	1499.32	1258.51	20.46	10.36
呼和浩特	Hohhot	1121.96	401.04	715.97	4.95	
沈阳	Shenyang	703.75	667.87	138.26	40.44	
长春	Changchun	469.55	468.57	0.98		
哈尔滨	Harbin	571.18	572.82	2.88		
上海	Shanghai	2198.81	2140.36	55.86	9.59	0.25
南京	Nanjing	1615.95	1126.57	362.50	128.05	
杭州	Hangzhou	706.84	655.81	50.97	0.17	0.02
合肥	Hefei	1076.85	1011.72	7.19	59.15	
福州	Fuzhou	728.40	655.15	65.56	11.58	
南昌	Nanchang	186.32	183.89	1.96	0.01	0.47
济南	Jinan	1012.21	1010.54	0.41	1.26	
郑州	Zhengzhou	1500.23	1140.20	330.39	32.41	
武汉	Wuhan	1381.30	1364.26	61.95	6.46	
长沙	Changsha	103.51	94.69	3.36	6.46	…
广州	Guangzhou	614.96	589.09	22.26	4.19	
南宁	Nanning	356.49	326.20	140.03	13.21	…
海口	Haikou	6.15	5.64	0.51		
重庆	Chongqing	3114.89	2569.02	475.38	97.45	4.69
成都	Chengdu	585.27	577.36	7.91	…	
贵阳	Guiyang	1122.38	663.78	444.38	16.93	
昆明	Kunming	3002.68	1356.02	1604.29	106.34	0.04
拉萨	Lhasa	314.79	5.86	26.27	297.66	
西安	Xi'an	258.22	248.53	8.38	1.54	0.01
兰州	Lanzhou	627.88	623.54	23.19	1.66	
西宁	Xining	504.66	511.08	2.37	9.56	0.05
银川	Yinchuan	728.72	591.59	28.87	116.59	
乌鲁木齐	Urumqi	1299.70	1157.47	135.35	6.86	0.01

5-5 沿海城市固体废物产生和排放情况(2012年)
Generation, Discharge of Solid Wastes in Coastal Cities (2012)

单位：万吨 (10 000 tons)

城 市	City	一般工业固体废物产生量 Common Industrial Solid Wastes Generated	一般工业固体废物综合利用量 Common Industrial Solid Wastes Utilized	一般工业固体废物处置量 Common Industrial Solid Wastes Disposed	一般工业固体废物贮存量 Stock of Common Industrial Solid Wastes	一般工业固体废物倾倒丢弃量 Common Industrial Solid Wastes Discharged
天 津	Tianjin	1820.00	1816.50	6.80	…	
秦皇岛	Qinhuangdao	2130.11	1253.11	678.68	198.35	
大 连	Dalian	706.69	675.28	31.51	0.04	
上 海	Shanghai	2198.81	2140.36	55.86	9.59	0.25
连云港	Lianyungang	481.73	443.88	2.80	48.11	0.01
宁 波	Ningbo	1246.63	1147.00	93.24	7.00	0.02
温 州	Wenzhou	242.94	233.59	9.37		…
福 州	Fuzhou	728.40	655.15	65.56	11.58	
厦 门	Xiamen	114.47	109.87	10.72	0.41	
青 岛	Qingdao	853.45	841.02	20.07	14.59	
烟 台	Yantai	2565.38	2075.03	446.03	44.31	
深 圳	Shenzhen	105.23	94.41	9.92	0.95	0.07
珠 海	Zhuhai	273.81	263.86	9.95	…	
汕 头	Shantou	108.29	106.47	1.28	1.22	
湛 江	Zhanjiang	252.77	243.45	11.60	0.84	0.09
北 海	Beihai	267.44	219.85	47.87	0.29	0.03
海 口	Haikou	6.15	5.64	0.51		

Generation, Discharge of Solid Wastes in Coastal Cities(2)

(10 000 t)

Total

六、自然生态

Natural Ecology

6-1 全国自然生态情况(2000-2012年)
Natural Ecology(2000-2012)

年 份 Year	自然保护区 数 (个) Number of Nature Reserves (unit)	自然保护区 面 积 (万公顷) Area of Nature Reserves (10 000 hectares)	保护区面积占辖区面积比重 (%) Percentage of Nature Reserves in the Region (%)	累计除涝 面 积 (万公顷) Area with Flood Prevention Measures (10 000 hectares)	累计水土流失治理面积 (万公顷) Area of Soil Erosion under Control (10 000 hectares)
2000	1227	9821	9.9		8096.1
2001	1551	12989	12.9		8153.9
2002	1757	13295	13.2		8541.0
2003	1999	14398	14.4	2113.9	8971.4
2004	2194	14823	14.8	2119.8	9200.5
2005	2349	14995	15.0	2134.0	9465.5
2006	2395	15154	15.2	2137.6	9749.1
2007	2531	15188	15.2	2141.9	9987.1
2008	2538	14894	14.9	2142.5	10158.7
2009	2541	14775	14.7	2158.4	10454.5
2010	2588	14944	14.9	2169.2	10680.0
2011	2640	14971	14.9	2172.2	10966.4
2012	2669	14979	14.9	2185.7	10295.3

6-2 各地区自然保护基本情况(2012年)

Basic Situation of Natural Protection by Region (2012)

地 区	Region	自然保护区数(个) Number of Nature Reserves (unit)	#国家级 National Level	#省级 Provincial Level	自然保护区面积(万公顷) Area of Nature Reserves (10000 hectares)	#国家级 National Level	#省级 Provincial Level	保护区面积占辖区面积比重(%) Percentage of Nature Reserves in the Region (%)
全 国	**National Total**	**2669**	**363**	**876**	**14978.7**	**9414.6**	**4090.9**	**14.9**
北 京	Beijing	20	2	12	13.4	2.6	7.1	8.0
天 津	Tianjin	8	3	5	9.1	3.8	5.3	8.1
河 北	Hebei	43	13	25	69.3	25.4	41.4	3.6
山 西	Shanxi	46	6	40	116.1	10.7	105.4	7.4
内蒙古	Inner Mongolia	184	25	62	1368.9	404.9	697.5	11.6
辽 宁	Liaoning	105	14	30	267.4	100.7	88.4	12.4
吉 林	Jilin	39	16	15	232.9	100.3	129.0	12.4
黑龙江	Heilongjiang	224	28	85	675.2	271.6	270.0	14.9
上 海	Shanghai	4	2	2	9.4	6.6	2.8	5.2
江 苏	Jiangsu	30	3	10	56.7	33.6	8.5	4.1
浙 江	Zhejiang	32	10	9	19.7	14.7	1.5	1.5
安 徽	Anhui	104	7	29	52.4	13.9	28.8	3.8
福 建	Fujian	93	13	26	46.4	21.8	13.6	3.1
江 西	Jiangxi	200	11	35	126.0	18.4	38.7	7.6
山 东	Shandong	86	7	37	108.2	22.0	53.8	4.7
河 南	Henan	34	11	21	73.5	42.6	30.7	4.4
湖 北	Hubei	65	13	22	95.5	28.3	41.6	5.1
湖 南	Hunan	129	18	33	128.5	51.8	46.8	6.1
广 东	Guangdong	368	13	64	355.3	29.5	52.9	6.7
广 西	Guangxi	78	17	49	145.3	33.4	87.8	6.0
海 南	Hainan	50	9	24	273.5	10.7	261.5	7.0
重 庆	Chongqing	57	5	17	85.0	24.1	25.3	10.3
四 川	Sichuan	167	27	65	897.4	283.3	311.7	18.5
贵 州	Guizhou	129	8	4	95.2	24.4	5.7	5.4
云 南	Yunnan	159	19	38	285.4	148.0	71.3	7.5
西 藏	Tibet	47	9	14	4136.9	3715.3	420.9	33.9
陕 西	Shaanxi	57	17	33	116.3	52.7	54.0	5.7
甘 肃	Gansu	59	17	38	734.7	491.0	232.2	16.2
青 海	Qinghai	11	5	6	2182.2	2025.2	157.0	30.2
宁 夏	Ningxia	14	6	8	53.6	42.7	10.9	10.3
新 疆	Xinjiang	27	9	18	2149.4	1360.6	788.8	13.0

资料来源：环境保护部。
Source:Ministry of Environmental Protection.

6-3 海洋类型自然保护区建设情况(2011年)
Construction of Nature Reserves by Sea Type (2011)

海 域 Sea Area	保护区数量(个) Number of Nature Reserves (unit)						保护区面积(平方公里) Area of Nature Reserves (sq.km)
	合 计 Total	按保护级别分 by Level		按保护类型分 by Type			
		国家级 National Level	地方级 Local Level	海洋海岸生态系统 Biogeocenose of Coast	海洋自然遗迹 Natural Relic	海洋生物多样性 Biology Variety	
总 计 Total	**129**	**33**	**96**	**49**	**26**	**51**	**462611**
天 津 Tianjin	1	1			1		359
河 北 Hebei	5	1	4	4	1		342
辽 宁 Liaoning	14	6	8	9	2	3	9022
上 海 Shanghai	4	2	2	1			941
江 苏 Jiangsu	5	1	4	1	1	3	833
浙 江 Zhejiang	3	2	1	1		2	691
福 建 Fujian	12	3	9	5	2	5	1018
山 东 Shandong	13	4	9	5		8	4074
广 东 Guangdong	49	6	43	20		29	419874
广 西 Guangxi	3	3		3			460
海 南 Hainan	20	4	16		19	1	24997

资料来源：国家海洋局。
Source: State Oceanic Administration.

6-4 各地区草原建设利用情况(2012年)

Construction & Utilization of Grassland by Region (2012)

单位：千公顷 (1 000 hectares)

地区	Region	草原总面积 Area of Grassland	可利用草原面积 Grassland Available	累计种草保留面积 Accumulated Grassland Reserved	当年新增种草面积 Newly Increased Grassland of the Year
全国	**National Total**	**392832.7**	**330995.4**	**19812.6**	**6945.1**
北京	Beijing	394.8	336.3	24.3	22.5
天津	Tianjin	146.6	135.4	7.4	6.7
河北	Hebei	4712.1	4085.3	599.7	132.6
山西	Shanxi	4552.0	4552.0	408.2	167.6
内蒙古	Inner Mongolia	78804.5	63591.1	4409.0	1930.7
辽宁	Liaoning	3388.8	3239.3	651.5	319.4
吉林	Jilin	5842.2	4379.0	651.1	255.0
黑龙江	Heilongjiang	7531.8	6081.7	828.9	360.3
上海	Shanghai	73.3	37.3	1.3	
江苏	Jiangsu	412.7	325.7	34.8	25.7
浙江	Zhejiang	3169.9	2075.2	50.5	34.9
安徽	Anhui	1663.2	1485.2	121.6	73.4
福建	Fujian	2048.0	1957.1	54.6	30.3
江西	Jiangxi	4442.3	3847.6	239.1	140.8
山东	Shandong	1638.0	1329.2	178.4	79.5
河南	Henan	4433.8	4043.3	213.5	42.9
湖北	Hubei	6352.2	5071.5	220.5	89.2
湖南	Hunan	6372.7	5666.3	209.0	36.2
广东	Guangdong	3266.2	2677.2	30.8	18.7
广西	Guangxi	8698.3	6500.3	89.2	23.9
海南	Hainan	949.8	843.3	18.3	0.3
重庆	Chongqing	2158.4	1867.2	102.0	48.0
四川	Sichuan	20380.4	17753.1	2065.3	730.1
贵州	Guizhou	4287.3	3759.7	603.0	141.3
云南	Yunnan	15308.4	11925.6	819.8	294.6
西藏	Tibet	82051.9	70846.8	175.1	80.0
陕西	Shaanxi	5206.2	4349.2	822.7	145.8
甘肃	Gansu	17904.2	16071.6	2707.2	530.3
青海	Qinghai	36369.7	31530.7	1011.9	359.9
宁夏	Ningxia	3014.1	2625.6	696.3	237.4
新疆	Xinjiang	54504.2	45902.2	1550.1	550.3
新疆兵团	Xinjiang Production & Construction Corps	2754.6	2104.6	217.5	36.6

资料来源：农业部。
Source: Ministry of Agriculture.

6-5 各地区地质公园建设情况(2012年)
Construction of Geoparks by Region (2012)

地 区 Region	地质公园(个) Geopark (unit)	#国家级 National Level	地质公园面积(公顷) Area of Geopark (hectare)	#国家级 National Level	地质公园类别(个) Categories of Geoparks (unit)			建设投资(万元) Investment in Construction (10 000 yuan)	#本年投资 Investment in Current Year
					地质构造、剖面和形迹 Geological Structure, Section or Traces	古生物化石 Fossil	地质地貌景观 Geological-geomorphological Landscape		
全 国 National Total	**401**	**159**	**9302453**	**5900073**	**53**	**31**	**319**	**3169459**	**276527**
北 京 Beijing	6	3	134990	56350	1	1	4	179000	
天 津 Tianjin	1	1	34200	34200	1			5792	
河 北 Hebei	16	7	157688	91868	4	1	11	109990	22910
山 西 Shanxi	14	6	171306	122496	2		12	88767	29066
内蒙古 Inner Mongolia	15	5	522420	291488		5	10	24612	4000
辽 宁 Liaoning	8	4	293638	255321	1	2	5	56885	860
吉 林 Jilin	8	3	325272	150078			8	14794	
黑龙江 Heilongjiang	24	5	52410	4027	3	1	20	77615	1300
上 海 Shanghai	1	1	14500	14500			1	4880	300
江 苏 Jiangsu	8	2	20625	438	1	2	5	58800	7425
浙 江 Zhejiang	8	4	71018	44316	1	1	6	44382	8197
安 徽 Anhui	17	8	163496	127727	3		14	83113	29512
福 建 Fujian	14	10	254345	159528	2		12	143204	29313
江 西 Jiangxi	9	4	301359	203163			9	227998	11590
山 东 Shandong	55	8	420768	239575	3	2	50	156425	19972
河 南 Henan	24	11	848683	377587	9	1	14	144346	
湖 北 Hubei	21	6	545808	182647	3	1	17	63473	7368
湖 南 Hunan	23	6	402700	140200	1		22	161172	9000
广 东 Guangdong	11	7	103453	96327			11	99333	10884
广 西 Guangxi	16	7	274758	155233	1		15	16667	2743
海 南 Hainan	4	1	339885	10800			4	10218	6410
重 庆 Chongqing	7	5	13836	1049		1	6	21069	700
四 川 Sichuan	23	13	479035	348880	9	3	11	393523	5598
贵 州 Guizhou	12	9	205157	101767		3	9	21392	5260
云 南 Yunnan	11	7	1676212	1667064	1	3	7	216512	15662
西 藏 Tibet	2	2	540886	462480			2	7964	
陕 西 Shaanxi	10	4	169037	119805	2		8	338518	14550
甘 肃 Gansu	15	4	55470	54700	3	2	10	18377	1200
青 海 Qinghai	7	4	334580	174900			7	7068	
宁 夏 Ningxia	4	1	38201	12960	2	1	1	28156	5783
新 疆 Xinjiang	9	3	336717	198600		1	8	345414	26924

资料来源：国土资源部(下表同)。
Source:Ministry of Land and Resources (the same as in the following table).

6-6 各地区矿山环境保护情况(2012年)
Protection of Mine Environment by Region (2012)

地 区	Region	累计矿山占用破坏土地(公顷) Land Occupied or Destructed by Mines (hectare)	矿山环境恢复治理 Rehabilitation and Inprovement of Mine Environment			
			投入资金(万元) Investment (10 000 yuan)	#中央财政 Central Finance	#地方财政 Local Finance	本年恢复面积(公顷) Area of Rehabilitation in Current Year (hectare)
全 国	**National Total**	**2812735**	**1225542**	**468000**	**316707**	**43608**
北 京	Beijing	21950	22430	20000	2430	108
天 津	Tianjin	1646				
河 北	Hebei	70570	66589	24000	10707	3860
山 西	Shanxi	125630	88000	10000	3333	2214
内蒙古	Inner Mongolia	496182	54093	9000	22778	4588
辽 宁	Liaoning	127978	66140	37000	16729	7901
吉 林	Jilin	20355	30950	23000	5038	693
黑龙江	Heilongjiang	904047	20887	6000	14500	304
上 海	Shanghai	31	800			1
江 苏	Jiangsu	25235	90336	20000	56466	805
浙 江	Zhejiang	13198	16643		10018	528
安 徽	Anhui	80299	54461	28000	16285	1359
福 建	Fujian	5957	25237	12000	2150	2199
江 西	Jiangxi	61986	30813	22000	5759	1681
山 东	Shandong	32428	189747	39000	80726	2235
河 南	Henan	48687	17000	17000		700
湖 北	Hubei	34897	71883	54000	3110	455
湖 南	Hunan	28313	96378	39000	25113	308
广 东	Guangdong	12744	12805		5568	395
广 西	Guangxi	59985	21271	14000	680	653
海 南	Hainan	7669	6098		477	666
重 庆	Chongqing	11936	23646	10000	13646	700
四 川	Sichuan	9960	21516	8000	2886	1098
贵 州	Guizhou	14231	60972	9000	7136	903
云 南	Yunnan	100401	70884	32000	2693	1036
西 藏	Tibet	11924				
陕 西	Shaanxi	54874	18609	10000	800	324
甘 肃	Gansu	50910	7620			1878
青 海	Qinghai	244005	10000	10000		728
宁 夏	Ningxia	79387	20000	15000	5000	4100
新 疆	Xinjiang	55320	9734		2677	1187

6-7　各流域除涝情况(2012年)

Flood Prevention Measures by River Valley (2012)

单位：千公顷　　(1 000 hectares)

流域片	River Valley	累计除涝面积 Area with Flood Prevention Measures	本年除涝面积 Change in Area with Flood Prevention Measures	
			新　增 Increase	减　少 Reduction
全　国	**National Total**	**21857.33**	**298.83**	**181.41**
松花江区	Songhuajiang River	4316.61	33.16	16.68
辽河区	Liaohe River	1298.11	15.75	11.81
海河区	Haihe River	3234.16	17.90	8.67
黄河区	Huanghe River	642.51	9.14	8.77
淮河区	Huaihe River	6838.13	155.52	88.36
长江区	Changjiang River	4129.49	53.27	44.51
东南诸河区	Southeastern Rivers	411.56	5.56	1.73
珠江区	Zhujiang River	831.31	6.43	0.15
西南诸河区	Southwestern Rivers	110.22	1.82	0.73
西北诸河区	Northwestern Rivers	45.23	0.29	

资料来源：水利部(以下各表同)。
Source: Ministry of Water Resource (the same as in the following tables).

6-8　各流域水土流失治理情况(2012年)

Area of Soil Erosion under Control by River Valley (2012)

单位：千公顷　　(1 000 hectares)

流域片	River Valley	累计水土流失治理面积 Area of Soil Erosion under Control	#小流域治理面积 Small Drainage Area	水土流失治理面积 Change in Area of Soil Erosion under Control	
				新　增 Increase	减　少 Reduction
全　国	**National Total**	**102953.2**	**41130.8**	**4371.6**	**1451.5**
松花江区	Songhuajiang River	7516.7	2376.7	306.6	42.8
辽河区	Liaohe River	7108.9	4643.2	387.3	83.2
海河区	Haihe River	9409.8	4549.2	344.9	149.6
黄河区	Huanghe River	21263.2	7087.4	1073.5	769.5
淮河区	Huaihe River	5419.0	2562.8	202.1	71.2
长江区	Changjiang River	34479.9	15288.7	1345.4	263.2
东南诸河区	Southeastern Rivers	6145.2	1117.6	191.9	47.6
珠江区	Zhujiang River	5857.0	2196.7	244.6	17.7
西南诸河区	Southwestern Rivers	3016.5	742.6	126.2	5.0
西北诸河区	Northwestern Rivers	2736.8	565.9	149.1	1.8

6-9 各地区除涝情况(2012年)
Flood Prevention Measures by Region (2012)

单位：千公顷 (10 00 hectares)

地 区	Region	累计除涝面积 Area with Flood Prevention Measures	本年除涝面积 Change in Area with Flood Prevention Measures	
			新 增 Increase	减 少 Reduction
全 国	**National Total**	**21857.33**	**298.83**	**181.41**
北 京	Beijing	149.77		
天 津	Tianjin	376.69	0.52	0.58
河 北	Hebei	1649.72		
山 西	Shanxi	89.13		0.08
内蒙古	Inner Mongolia	277.00		
辽 宁	Liaoning	993.06	15.75	11.81
吉 林	Jilin	1022.90		
黑龙江	Heilongjiang	3365.57	33.16	16.68
上 海	Shanghai	57.52	0.70	
江 苏	Jiangsu	2812.02	61.48	27.71
浙 江	Zhejiang	501.44	2.85	1.12
安 徽	Anhui	2297.34	20.60	6.66
福 建	Fujian	138.18	3.31	1.00
江 西	Jiangxi	382.80	5.44	0.88
山 东	Shandong	2681.63	24.25	8.91
河 南	Henan	1980.34	107.80	99.52
湖 北	Hubei	1245.77	6.29	4.45
湖 南	Hunan	412.17	4.14	
广 东	Guangdong	521.04	1.96	
广 西	Guangxi	213.97	2.72	0.15
海 南	Hainan	21.06	0.96	
重 庆	Chongqing			
四 川	Sichuan	95.08	0.64	
贵 州	Guizhou	55.70	0.89	
云 南	Yunnan	260.12	3.09	0.73
西 藏	Tibet	22.34		
陕 西	Shaanxi	132.90	1.99	1.03
甘 肃	Gansu	12.47		
青 海	Qinghai			
宁 夏	Ningxia	45.70		0.10
新 疆	Xinjiang	43.90	0.29	

6-10 各地区水土流失治理情况(2012年)
Area of Soil Erosion under Control by Region (2012)

单位：千公顷 (1 000 hectares)

地　区	Region	累计水土流失治理面积 Area of Soil Erosion under Control	#小流域治理面积 Smasll Drainage Area	水土流失治理面积 Change in Area of Soil Erosion under Control 新　增 Increase	减　少 Reduction	水土保持及生态项目本年完成投资(万元) Investment of Soil and Water Conservation & Ecological Projects
全　国	**National Total**	**102953.2**	**41130.8**	**4371.6**	**1451.5**	**1181180.9**
北　京	Beijing	504.0	602.8	23.0		1830.0
天　津	Tianjin	81.2	38.0	4.5	1.9	4757.0
河　北	Hebei	4594.0	3055.2	159.5	99.5	54315.7
山　西	Shanxi	5274.7	784.2	314.4	262.8	96952.3
内蒙古	Inner Mongolia	11500.5	3536.7	444.9	89.5	37331.0
辽　宁	Liaoning	4337.0	3049.4	265.8	74.3	23543.8
吉　林	Jilin	1463.3	506.2	52.7		7933.4
黑龙江	Heilongjiang	3442.7	1666.8	183.8	42.8	24000.0
上　海	Shanghai					40704.0
江　苏	Jiangsu	717.3	246.4	82.8	1.1	55066.0
浙　江	Zhejiang	3579.6	492.5	68.6	17.0	147193.8
安　徽	Anhui	1567.0	968.1	72.9	8.3	34191.0
福　建	Fujian	3144.3	627.8	123.4	30.8	30500.6
江　西	Jiangxi	4906.5	896.7	218.0	22.4	43954.9
山　东	Shandong	3336.8	1226.7	98.1	39.3	37895.3
河　南	Henan	3152.6	2477.7	133.4	67.1	23743.9
湖　北	Hubei	5097.3	1191.2	80.0	7.2	43038.9
湖　南	Hunan	2963.3	893.8	31.9	2.7	19296.2
广　东	Guangdong	1312.2	576.6	9.9		1126.0
广　西	Guangxi	1670.5	324.5	74.3	6.8	4971.0
海　南	Hainan	67.3	0.4	1.0		1377.0
重　庆	Chongqing	2489.7	1879.8	64.3	1.0	68962.5
四　川	Sichuan	7424.1	3872.8	215.8	7.6	39856.1
贵　州	Guizhou	5545.1	2990.9	268.9	5.2	18637.7
云　南	Yunnan	7440.4	2902.6	338.3	29.6	25337.5
西　藏	Tibet	186.5	3.3	0.5		4668.0
陕　西	Shaanxi	6584.3	3494.0	663.9	558.6	100407.2
甘　肃	Gansu	7184.2	2110.5	204.7	56.4	72968.8
青　海	Qinghai	779.4	326.9	15.7		9292.4
宁　夏	Ningxia	1650.9	218.5	72.4	18.7	16523.0
新　疆	Xinjiang	956.6	169.7	84.3	1.1	90805.8

6-11 各地区湿地情况
Area of Wetland by Region

地 区 Region	湿地面积 (千公顷) Area of Wetland (1 000 hectares)	自然湿地 Natural Wetland	近岸及海岸 Coast & Seashores	河流 Rivers	湖泊 Lakes	沼泽 Marshland	人工湿地 Artifical Wetland	湿地总面积占国土面积比重(%) Proportion of Wetland in Total Area of Territory (%)
全 国 National Total	**38485.5**	**36200.6**	**5941.7**	**8207.0**	**8351.6**	**13700.3**	**2285.0**	**4.01**
北 京 Beijing	34.4	5.0		5.0			29.4	1.93
天 津 Tianjin	171.8	133.7	58.1	55.1	12.3	8.2	38.1	14.95
河 北 Hebei	1081.9	1042.3	278.8	319.3	307.2	136.9	39.6	5.82
山 西 Shanxi	499.9	462.2		454.1	8.1		37.7	3.19
内蒙古 Inner Mongolia	4245.0	4200.8		607.5	495.2	3098.1	44.3	3.66
辽 宁 Liaoning	1219.6	1106.8	738.1	252.2	6.3	110.2	112.9	8.37
吉 林 Jilin	1203.4	1016.4	5.8	581.4	74.5	354.7	187.0	6.37
黑龙江 Heilongjiang	4314.8	4182.8		460.7	401.9	3320.3	132.0	9.49
上 海 Shanghai	319.7	319.4	305.4	7.2	6.8		0.3	53.68
江 苏 Jiangsu	1674.7	1651.1	843.5	203.3	604.2		23.6	16.32
浙 江 Zhejiang	802.2	695.9	574.3	118.5	3.0	0.1	106.3	7.88
安 徽 Anhui	653.9	590.0		239.5	350.5		63.9	4.73
福 建 Fujian	443.0	421.2	370.6	31.1	19.5		21.8	3.65
江 西 Jiangxi	998.8	872.9		314.9	443.2	114.8	125.9	5.99
山 东 Shandong	1784.1	1681.4	1210.9	301.1	165.5	3.9	102.7	11.72
河 南 Henan	624.1	482.2		472.7	2.6	6.9	141.9	3.74
湖 北 Hubei	927.3	730.5		377.4	294.7	58.4	196.9	4.99
湖 南 Hunan	1226.9	1047.5		683.1	359.3	5.1	179.5	5.79
广 东 Guangdong	1398.1	1252.0	1017.8	231.7	1.5	1.0	146.0	7.86
广 西 Guangxi	656.1	567.5	348.4	219.1			88.6	2.76
海 南 Hainan	311.5	256.6	190.0	38.3	17.3	11.0	54.9	9.13
重 庆 Chongqing	43.2	31.9		31.6	0.3		11.3	0.52
四 川 Sichuan	961.7	919.5		563.9	13.4	342.3	42.1	1.98
贵 州 Guizhou	79.4	65.9		58.0	2.3	5.7	13.5	0.45
云 南 Yunnan	235.3	220.3		119.8	96.5	4.0	15.0	0.61
西 藏 Tibet	5232.0	5231.5		231.1	2538.6	2461.7	0.5	4.26
陕 西 Shaanxi	292.9	277.2		252.1	7.3	17.8	15.7	1.42
甘 肃 Gansu	1258.1	1131.4		565.6	44.3	521.5	126.7	2.80
青 海 Qinghai	4126.0	4087.7		107.5	1232.0	2748.1	38.3	5.72
宁 夏 Ningxia	255.6	252.4		104.1	148.3		3.2	3.85
新 疆 Xinjiang	1410.2	1264.6		200.2	694.9	369.5	145.5	0.86

注：本表为中国首次湿地调查(1995–2003)资料，不包括台湾省、香港和澳门特别行政区；湿地面积不包括水稻田湿地。

Note: Data in the table are figures of China's First Wetland Survey (1995-2003), excluding the wetland of Taiwan Province, Hong Kong SAR and Macao SAR. Area of wetland excludes the wetland of paddyfields.

6-12 各地区沙化土地情况

Sandy Land by Region

单位：万公顷 (10 000 hectares)

地 区	Region	沙化土地面积 Area of Sandy Land	流动沙丘(地) Mobile Sand	半固定沙丘(地) Semi-fixed Sand	固定沙丘(地) Fixed Sand	露沙地 Bare Sand
全 国	**National Total**	**17310.77**	**4061.34**	**1771.57**	**2779.25**	**997.62**
北 京	Beijing	5.24			5.24	
天 津	Tianjin	1.54			0.73	
河 北	Hebei	212.53		1.43	99.63	
山 西	Shanxi	61.78		3.23	48.87	0.38
内蒙古	Inner Mongolia	4146.83	847.99	585.11	1224.15	587.49
辽 宁	Liaoning	54.95	0.11	0.99	38.09	0.11
吉 林	Jilin	70.80		1.48	34.52	
黑龙江	Heilongjiang	49.57		0.78	41.42	
上 海	Shanghai					
江 苏	Jiangsu	58.44			8.06	
浙 江	Zhejiang	0.01			0.01	
安 徽	Anhui	12.05			5.05	
福 建	Fujian	4.15	0.11	0.05	1.48	
江 西	Jiangxi	7.25	0.06	0.28	2.76	
山 东	Shandong	76.76	0.08	0.90	24.35	
河 南	Henan	62.86	0.06	0.90	12.62	
湖 北	Hubei	18.99	0.12	0.13	7.00	0.01
湖 南	Hunan	5.88	0.02	0.09	5.42	
广 东	Guangdong	10.03	0.34	0.11	4.29	
广 西	Guangxi	19.49	0.07	0.03	4.40	
海 南	Hainan	5.99			4.87	
重 庆	Chongqing	0.25	0.01	…	0.02	
四 川	Sichuan	91.38	1.06	3.76	19.45	61.64
贵 州	Guizhou	0.62	0.10	0.03	0.14	
云 南	Yunnan	4.42	0.34	0.11	1.45	0.11
西 藏	Tibet	2161.86	39.03	101.24	39.13	144.78
陕 西	Shaanxi	141.32	2.83	12.87	122.16	
甘 肃	Gansu	1192.24	189.48	120.67	175.18	3.81
青 海	Qinghai	1250.35	120.11	115.62	118.07	199.28
宁 夏	Ningxia	116.23	10.78	11.44	74.03	
新 疆	Xinjiang	7466.97	2848.64	810.33	656.68	

注：本表为第四次全国荒漠化和沙化监测(2009年)资料。
Note:Data in the table are the figures of the Fourth National Desertification and Sandy Land Monitoring (2009).

6-12 续表 continued

单位：万公顷 (10 000 hectares)

地 区	Region	沙化耕地 Arable Land Desertificated	非生物工程 Non-biological Engineering	风蚀残丘 Mound of Wind Erosion	风蚀劣地 Badlands of Wind Erosion	戈壁 Gobi
全 国	**National Total**	**445.94**	**0.66**	**88.98**	**557.26**	**6608.15**
北 京	Beijing					
天 津	Tianjin	0.80				
河 北	Hebei	111.48				
山 西	Shanxi	9.29				
内蒙古	Inner Mongolia	19.61		0.43	174.37	707.69
辽 宁	Liaoning	15.66				
吉 林	Jilin	34.80				
黑龙江	Heilongjiang	7.37				
上 海	Shanghai					
江 苏	Jiangsu	50.38				
浙 江	Zhejiang					
安 徽	Anhui	7.00				
福 建	Fujian	2.50				
江 西	Jiangxi	4.15				
山 东	Shandong	51.43				
河 南	Henan	49.28				
湖 北	Hubei	11.70	0.03			
湖 南	Hunan	0.36				
广 东	Guangdong	5.29	0.01			
广 西	Guangxi	14.98				
海 南	Hainan	1.12				
重 庆	Chongqing	0.22				
四 川	Sichuan	5.42	0.04			
贵 州	Guizhou	0.35				
云 南	Yunnan	2.41	…			
西 藏	Tibet	2.07	0.07			1835.54
陕 西	Shaanxi	3.46				
甘 肃	Gansu	6.18	0.17	1.63	15.81	679.31
青 海	Qinghai		0.09	73.23	312.10	311.86
宁 夏	Ningxia	10.10		0.09		9.80
新 疆	Xinjiang	18.53	0.24	13.61	54.98	3063.95

七、土地利用

Land Use

7-1 全国土地利用情况(2000-2008年)
Land Use (2000-2008)

单位：万公顷 (10 000 hectares)

年 份 Year	农用地 Land for Agriculture Use	#耕地 Cultivated Land	#园地 Garden Land	#林地 Woodland	#牧草地 Grazing and Pasture Land
2000	65336.2	12824.3	1057.6	22878.9	26376.9
2001	65331.6	12761.6	1064.0	22919.1	26384.6
2002	65660.7	12593.0	1079.0	23072.0	26352.2
2003	65706.1	12339.2	1108.2	23396.8	26311.2
2004	65701.9	12244.4	1128.8	23504.7	26270.7
2005	65704.7	12208.3	1154.9	23574.1	26214.4
2006	65718.8	12177.6	1181.8	23612.1	26193.2
2007	65702.1	12173.5	1181.3	23611.7	26186.5
2008	65687.6	12171.6	1179.1	23609.2	26183.5

7-1 续表 continued

单位：万公顷 (10 000 hectares)

年 份 Year	建设用地 Land for Construction	居民点及工矿用地 Land for Living Quarters Mining and Manufacturing Sites	交通运输用地 Land for Transport Facilities	水利设施用地 Land for Water Conservancy Facilities
2000	3620.6	2470.9	576.1	573.6
2001	3641.3	2487.6	580.8	573.0
2002	3072.4	2509.5	207.7	355.2
2003	3106.5	2535.4	214.5	356.5
2004	3155.1	2572.8	223.3	359.0
2005	3192.2	2601.5	230.9	359.9
2006	3236.5	2635.4	239.5	361.5
2007	3272.0	2664.7	244.4	362.9
2008	3305.8	2691.6	249.6	364.5

7-2 各地区土地利用情况(2008年)
Land Use by Region (2008)

单位：万公顷 (10 000 hectares)

地区	Region	农用地 Land for Agriculture Use	#耕地 Cultivated Land	#园地 Garden Land	#林地 Woodland	#牧草地 Grazing and Pasture Land
全国	**National Total**	**65687.6**	**12171.6**	**1179.1**	**23609.2**	**26183.5**
北京	Beijing	109.6	23.2	12.0	68.7	0.2
天津	Tianjin	69.3	44.1	3.5	3.6	0.1
河北	Hebei	1308.2	631.7	70.5	442.2	79.9
山西	Shanxi	1014.3	405.6	29.5	442.0	65.8
内蒙古	Inner Mongolia	9523.0	714.7	7.3	2184.3	6560.9
辽宁	Liaoning	1122.8	408.5	59.6	569.9	34.9
吉林	Jilin	1639.3	553.5	11.5	924.5	104.4
黑龙江	Heilongjiang	3792.4	1183.0	6.0	2288.3	220.8
上海	Shanghai	36.7	24.4	2.1	2.4	…
江苏	Jiangsu	671.6	476.4	31.6	32.3	0.1
浙江	Zhejiang	867.2	192.1	66.1	562.9	…
安徽	Anhui	1119.0	573.0	33.9	359.6	2.8
福建	Fujian	1073.1	133.0	62.9	830.7	0.3
江西	Jiangxi	1416.4	282.7	27.8	1031.4	0.4
山东	Shandong	1156.6	751.5	100.7	135.7	3.4
河南	Henan	1228.1	792.6	31.4	301.9	1.4
湖北	Hubei	1465.2	466.4	42.4	793.7	4.4
湖南	Hunan	1789.8	378.9	49.0	1190.5	10.4
广东	Guangdong	1489.1	283.1	100.8	1012.8	2.7
广西	Guangxi	1786.6	421.8	53.9	1160.0	71.6
海南	Hainan	282.3	72.8	53.2	148.1	1.9
重庆	Chongqing	692.0	223.6	24.0	329.1	23.7
四川	Sichuan	4239.8	594.7	71.6	1967.8	1371.1
贵州	Guizhou	1524.6	448.5	12.1	790.9	159.8
云南	Yunnan	3176.0	607.2	84.2	2214.1	78.2
西藏	Tibet	7760.6	36.2	0.2	1268.4	6444.1
陕西	Shaanxi	1847.8	405.0	70.6	1035.4	306.4
甘肃	Gansu	2387.9	465.9	20.0	514.9	1261.3
青海	Qinghai	4372.4	54.3	0.7	266.5	4034.7
宁夏	Ningxia	417.4	110.7	3.4	60.6	226.4
新疆	Xinjiang	6308.5	412.5	36.4	676.5	5111.4

资料来源：国土资源部(以下各表同)。
Source:Ministry of Land and Resources (the same as in the following tables).

7-2 续表 continued

单位：万公顷 (10 000 hectares)

地 区	Region	建设用地 Land for Construction	居民点及工矿用地 Land for Living Quarters Mining and Manufacturing Sites	交通运输用地 Land for Transport Facilities	水利设施用地 Land for Water Conservancy Facilities
全 国	**National Total**	**3305.8**	**2691.6**	**249.6**	**364.5**
北 京	Beijing	33.8	27.9	3.3	2.6
天 津	Tianjin	36.8	28.1	2.2	6.5
河 北	Hebei	179.4	154.5	12.0	12.9
山 西	Shanxi	86.9	77.3	6.3	3.3
内蒙古	Inner Mongolia	149.2	123.9	16.0	9.3
辽 宁	Liaoning	139.9	115.9	9.2	14.8
吉 林	Jilin	106.5	84.2	6.7	15.6
黑龙江	Heilongjiang	149.2	116.1	11.9	21.2
上 海	Shanghai	25.4	23.0	2.1	0.2
江 苏	Jiangsu	193.4	161.0	13.1	19.3
浙 江	Zhejiang	104.9	81.7	9.5	13.8
安 徽	Anhui	166.2	133.4	10.1	22.7
福 建	Fujian	64.7	50.7	7.9	6.1
江 西	Jiangxi	95.4	67.5	7.5	20.5
山 东	Shandong	251.1	209.3	16.3	25.5
河 南	Henan	218.7	188.3	12.2	18.2
湖 北	Hubei	140.0	100.9	9.2	30.0
湖 南	Hunan	139.0	108.8	10.4	19.8
广 东	Guangdong	179.0	145.7	12.1	21.1
广 西	Guangxi	95.4	71.0	8.8	15.5
海 南	Hainan	29.8	22.3	1.4	6.1
重 庆	Chongqing	59.3	48.9	4.8	5.5
四 川	Sichuan	160.3	136.6	13.5	10.2
贵 州	Guizhou	55.7	45.7	6.1	4.0
云 南	Yunnan	81.6	62.8	10.0	8.8
西 藏	Tibet	6.7	4.2	2.4	0.1
陕 西	Shaanxi	81.7	71.0	6.6	4.0
甘 肃	Gansu	97.7	88.2	6.6	2.9
青 海	Qinghai	32.7	24.7	3.2	4.8
宁 夏	Ningxia	21.2	18.6	1.9	0.7
新 疆	Xinjiang	124.0	99.3	6.3	18.4

7-3 各地区耕地变动情况(2008年)

Change of Cultivated Land by Region (2008)

单位：公顷 (hectare)

地 区	Region	年初耕地面积 Area of Cultivated Land at Beginning of the year	本年增加耕地面积 Area of Increased Cultivated Land	整理 Land Rehabilitation	复垦 Cultivate Renewedly Reclamation	开发 Redevelopment	农业结构调整 Structural Adjustment to Agriculture
全 国	**National Total**	**121735199**	**258705**	**61909**	**29334**	**138364**	**29098**
北 京	Beijing	232187	1984	1122	30	786	47
天 津	Tianjin	443676	3789	540	48	3200	
河 北	Hebei	6315140	15811	3155	1421	8244	2991
山 西	Shanxi	4053448	5430	401	137	4761	131
内蒙古	Inner Mongolia	7146280	5113	1036	549	3036	492
辽 宁	Liaoning	4085168	5095	456	79	4518	43
吉 林	Jilin	5535022	4483	1801	387	2295	
黑龙江	Heilongjiang	11838365	6735	1631	525	3703	876
上 海	Shanghai	259634	3143	643	1024	1	1475
江 苏	Jiangsu	4763775	22328	3311	6865	12152	…
浙 江	Zhejiang	1917536	24379	9719	2349	9752	2559
安 徽	Anhui	5728153	11941	2000	4220	4805	916
福 建	Fujian	1333076	4047	386	36	3581	45
江 西	Jiangxi	2826748	6086	398	25	5525	136
山 东	Shandong	7507062	23082	7978	2681	8561	3861
河 南	Henan	7926027	10431	1791	1468	6992	180
湖 北	Hubei	4663355	8859	2471	1818	4439	131
湖 南	Hunan	3788971	6539	1262	76	5121	80
广 东	Guangdong	2847659	5391	818	126	4189	258
广 西	Guangxi	4214697	7809	719	19	6522	549
海 南	Hainan	727499	1601	918		665	19
重 庆	Chongqing	2239082	7183	4498	306	2177	202
四 川	Sichuan	5950121	19615	10438	478	3181	5517
贵 州	Guizhou	4487455	5471	221	339	4871	41
云 南	Yunnan	6072358	11657	542	1107	7197	2811
西 藏	Tibet	361139	818	114	29	642	33
陕 西	Shaanxi	4049045	9834	1223	2504	5934	173
甘 肃	Gansu	4659754	3362	1026	365	1828	142
青 海	Qinghai	542202	1278	104	7	1164	3
宁 夏	Ningxia	1106340	2683	177	2	1748	756
新 疆	Xinjiang	4114225	12728	1010	316	6771	4631

7-3 续表 continued

单位：公顷 (hectare)

地 区 Region	本年减少耕地面积 Area of Reduce Cultivated Land					年末耕地面积 Area of Cultivated Land at the end of the year	人均耕地面积(亩) Cultivated Land per Capita (a unit of area)
		建设占用 Used for Construction Purpose	灾害损毁 Destroyed by Disasters	生态退耕 Restored to Original-land land for Ecological Preservation	农业结构调整 Structural Adjustment to Agriculture		
全 国 National Total	**278012**	**191568**	**24803**	**7598**	**54043**	**121715892**	**1.37**
北 京 Beijing	2484	2027		171	286	231688	0.21
天 津 Tianjin	6375	3788	2587		…	441090	0.56
河 北 Hebei	13654	7527	11	2763	3352	6317297	1.36
山 西 Shanxi	3054	3013	5	5	31	4055823	1.78
内蒙古 Inner Mongolia	4150	2965	1004	…	180	7147243	4.44
辽 宁 Liaoning	4980	4910		46	24	4085283	1.42
吉 林 Jilin	4861	4284	…	330	247	5534644	3.04
黑龙江 Heilongjiang	14979	5037	19	1	9922	11830121	4.64
上 海 Shanghai	18817	7211	122	466	11018	243960	0.19
江 苏 Jiangsu	22310	22310				4763793	0.93
浙 江 Zhejiang	21060	20463	76	22	500	1920855	0.56
安 徽 Anhui	9905	8896	4	212	793	5730189	1.40
福 建 Fujian	7019	6500	255	3	261	1330104	0.55
江 西 Jiangxi	5747	5696	12	4	35	2827086	0.96
山 东 Shandong	14837	13555	28	251	1003	7515306	1.20
河 南 Henan	10084	9779		68	237	7926374	1.26
湖 北 Hubei	8092	6874	217	34	968	4664121	1.23
湖 南 Hunan	6135	5960	67	7	100	3789374	0.89
广 东 Guangdong	22319	3547	534	372	17866	2830731	0.44
广 西 Guangxi	4986	4567	162	101	157	4217520	1.31
海 南 Hainan	1592	602	57	62	871	727509	1.28
重 庆 Chongqing	10333	5035	4416	168	713	2235932	1.18
四 川 Sichuan	22337	12276	9159	314	589	5947399	1.10
贵 州 Guizhou	7629	3592	3170	572	295	4485297	1.77
云 南 Yunnan	11955	8685	2029	205	1035	6072060	2.00
西 藏 Tibet	325	195	57	45	29	361631	1.89
陕 西 Shaanxi	8531	6140	213	590	1588	4050348	1.61
甘 肃 Gansu	4348	2587	575	213	973	4658767	2.66
青 海 Qinghai	761	744		…	17	542719	1.47
宁 夏 Ningxia	1961	1527	…	28	406	1107062	2.69
新 疆 Xinjiang	2390	1273	24	545	547	4124564	2.90

八、林业

Forestry

8-1 全国造林情况(2000−2012年)
Area of Afforestation (2000-2012)

单位：万公顷 (10 000 hectares)

年份 Year	造林总面积 Total Afforestation Area	人工造林 Plantation Establishment	飞播造林 Aerial Seeding	无林地和疏林地新封山育林 Area Without Forest or of Sparse Forest
2000	510.5	434.5	76.0	
2001	495.3	397.7	97.6	
2002	777.1	689.6	87.5	
2003	911.9	843.2	68.6	
2004	679.5	501.9	57.9	119.7
2005	540.4	323.2	41.6	175.6
2006	383.9	244.6	27.2	112.1
2007	390.8	273.9	11.9	105.1
2008	535.4	368.5	15.4	151.5
2009	626.2	415.6	22.6	188.0
2010	591.0	387.3	19.6	184.1
2011	599.7	406.6	19.7	173.4
2012	559.6	382.1	13.6	163.9

8-2 各地区森林资源情况
Forest Resources by Region

地　区	Region	林地面积（万公顷）Area of Afforested Land (10 000 hectares)	森林面积（万公顷）Forest Aera (10 000 hectares)	#人工林 Artifical Forest	森林覆盖率(%) Forest Coverage Rate (%)	活立木总蓄积量（万立方米）Total Standing Forest Stock (10 000 cu.m)	森林蓄积量（万立方米）Stock Volume of Forest (10 000 cu.m)
全　国	**National Total**	**30590.41**	**19545.22**	**6168.84**	**20.36**	**1491268.19**	**1372080.36**
北　京	Beijing	101.46	52.05	35.65	31.72	1291.29	1038.58
天　津	Tianjin	14.22	9.32	8.88	8.24	277.01	198.89
河　北	Hebei	705.37	418.33	212.27	22.29	10183.91	8374.08
山　西	Shanxi	754.58	221.11	102.74	14.12	8846.96	7643.67
内蒙古	Inner Mongolia	4394.93	2366.40	303.91	20.00	136073.62	117720.51
辽　宁	Liaoning	666.28	511.98	283.03	35.13	21174.91	20226.85
吉　林	Jilin	848.73	736.57	148.94	38.93	88244.21	84412.29
黑龙江	Heilongjiang	2184.16	1926.97	235.68	42.39	165191.60	152104.96
上　海	Shanghai	7.46	5.97	5.97	9.41	275.20	100.95
江　苏	Jiangsu	128.64	107.51	104.15	10.48	5022.59	3501.75
浙　江	Zhejiang	667.97	584.42	267.44	57.41	19382.93	17223.14
安　徽	Anhui	439.40	360.07	209.87	26.06	16258.35	13755.41
福　建	Fujian	914.81	766.65	359.18	63.10	53226.01	48436.28
江　西	Jiangxi	1054.92	973.63	291.87	58.32	45045.51	39529.64
山　东	Shandong	342.12	254.46	244.38	16.72	8627.99	6338.53
河　南	Henan	502.02	336.59	217.39	20.16	18051.16	12936.12
湖　北	Hubei	822.01	578.82	167.01	31.14	23121.55	20942.49
湖　南	Hunan	1234.21	948.17	464.04	44.76	38177.20	34906.67
广　东	Guangdong	1073.07	873.98	503.18	49.44	32160.74	30183.37
广　西	Guangxi	1496.45	1252.50	515.52	52.71	51056.78	46875.18
海　南	Hainan	208.73	176.26	125.29	51.98	7940.93	7274.23
重　庆	Chongqing	400.18	286.92	76.20	34.85	13803.63	11331.85
四　川	Sichuan	2311.66	1659.52	415.65	34.31	168753.49	159572.37
贵　州	Guizhou	841.23	556.92	199.86	31.61	27911.53	24007.96
云　南	Yunnan	2476.11	1817.73	326.77	47.50	171216.68	155380.09
西　藏	Tibet	1746.63	1462.65	3.36	11.91	227271.36	224550.91
陕　西	Shaanxi	1205.80	767.56	183.27	37.26	36144.16	33820.54
甘　肃	Gansu	955.44	468.78	80.77	10.42	21708.26	19363.83
青　海	Qinghai	634.00	329.56	4.44	4.57	4413.80	3915.64
宁　夏	Ningxia	179.03	51.10	10.38	9.84	625.93	492.14
新　疆	Xinjiang	1066.57	661.65	61.75	4.02	33914.50	30100.54

注：1.本表为第七次全国森林资源清查(2004—2008)资料。
　　2.全国总计数包括台湾省和香港、澳门特别行政区数据。
Notes: a) Data in the table are the figures of the Seventh National Forestry Survey (2004-2008).
　　b) Data of national total include forest resources in Taiwan Province and Hong Kong SAR and Macao SAR.

8-3 各地区造林情况(2012年)

Area of Afforestation by Region (2012)

单位：公顷 (hectare)

地区 Region	造林总面积 Total Afforestation Area	按造林方式分 By Approach 人工造林 Plantation Establishment	飞播造林 Aerial Seeding	无林地和疏林地新封山育林 Area Without Forest or of Sparse Forest
全国 National Total	**5595791**	**3820704**	**136409**	**1638678**
北京 Beijing	35752	22171		13581
天津 Tianjin	5357	5357		
河北 Hebei	312360	209013	20002	83345
山西 Shanxi	302851	225253	2333	75265
内蒙古 Inner Mongolia	781617	357339	65071	359207
辽宁 Liaoning	246667	140000		106667
吉林 Jilin	28166	27833		333
黑龙江 Heilongjiang	162299	108960		53339
上海 Shanghai	1168	1168		
江苏 Jiangsu	57341	57341		
浙江 Zhejiang	43923	34473		9450
安徽 Anhui	43786	32162		11624
福建 Fujian	98042	98042		
江西 Jiangxi	138645	127031		11614
山东 Shandong	197956	195875		2081
河南 Henan	228292	205968		22324
湖北 Hubei	198578	140174		58404
湖南 Hunan	404239	236487		167752
广东 Guangdong	107512	94919		12593
广西 Guangxi	148878	124443		24435
海南 Hainan	17734	17734		
重庆 Chongqing	206215	135414	10000	60801
四川 Sichuan	112159	58828		53331
贵州 Guizhou	147704	70400		77304
云南 Yunnan	544466	495424		49042
西藏 Tibet	72432	38395		34037
陕西 Shaanxi	320287	215684	39003	65600
甘肃 Gansu	177330	110789		66541
青海 Qinghai	135644	33387		102257
宁夏 Ningxia	94814	53430		41384
新疆 Xinjiang	210244	133877		76367
大兴安岭 Daxinganling				

注：全国合计造林面积中包括军事管理区13333公顷退耕还林工程荒山荒地造林。

资料来源：国家林业局(以下各表同)。

Note:Total area of afforestation include 13333 hectares plantation of barren mountains and wasteland in the Conversion of Cropland to Forest Program.

Source:State Forestry Administration (the same as in the following tables).

8-3 续表 continued

单位：公顷 (hectare)

地 区	Region	按林种用途分 By Function of Forest 用材林 Timber Forests	经济林 By-product Forests	防护林 Protection Forests	薪炭林 Fuelwood Forests	特种用途林 Special Purpose Forests
全 国	**National Total**	**774398**	**1101053**	**3650842**	**41145**	**28353**
北 京	Beijing		574	34090		1088
天 津	Tianjin	984	976	3397		
河 北	Hebei	28806	31267	251258	402	627
山 西	Shanxi	1733	61739	226194	13185	
内蒙古	Inner Mongolia	9820	13300	756364	2133	
辽 宁	Liaoning	13362	17851	215423		31
吉 林	Jilin	4135	300	23731		
黑龙江	Heilongjiang	13891	4052	142708	46	1602
上 海	Shanghai		155	1013		
江 苏	Jiangsu	10116	10015	36824		386
浙 江	Zhejiang	5327	11209	25783	435	1169
安 徽	Anhui	10022	5842	27449	154	319
福 建	Fujian	57402	11758	23249		5633
江 西	Jiangxi	66682	32379	37853	545	1186
山 东	Shandong	25178	49195	122277		1306
河 南	Henan	45506	34538	147818		430
湖 北	Hubei	67624	45534	84343	217	860
湖 南	Hunan	125068	48051	230908		212
广 东	Guangdong	27786	6050	72617		1059
广 西	Guangxi	99553	20785	26965		1575
海 南	Hainan	2520	11052	3113		1049
重 庆	Chongqing	43561	32934	124768	3338	1614
四 川	Sichuan	26829	18940	66390		
贵 州	Guizhou	22529	48989	70352	4911	923
云 南	Yunnan	53697	404887	84407	1195	280
西 藏	Tibet	3042	2823	65092	1475	
陕 西	Shaanxi	4856	80827	234604		
甘 肃	Gansu		28233	141076	1200	6821
青 海	Qinghai		1567	125477	8600	
宁 夏	Ningxia		9006	85808		
新 疆	Xinjiang	4369	56225	146158	3309	183
大兴安岭	Daxinganling					

8-4 各地区天然林资源保护情况(2012年)
Natural Forest Protection by Region (2012)

地区 Region	木材产量 (立方米) Timber Output (cu.m)	林业投资完成额 (万元) Investment Completed (10 000 yuan)	#国家投资 State Investment	森林管护面积 (公顷) Area of Management and Protection of Forests (hectare)	#国有林 State-owned forests
全 国 National Total	**10444566**	**2186318**	**1710230**	**114093967**	**70416435**
北 京 Beijing					
天 津 Tianjin					
河 北 Hebei					
山 西 Shanxi	28238	50053	43944	5163348	1635808
内蒙古 Inner Mongolia	1346771	327526	284788	20362741	13654844
辽 宁 Liaoning					
吉 林 Jilin	1477349	142531	113967	3856259	3856259
黑龙江 Heilongjiang	1311277	548871	548871	8667334	8667334
上 海 Shanghai					
江 苏 Jiangsu					
浙 江 Zhejiang					
安 徽 Anhui					
福 建 Fujian					
江 西 Jiangxi					
山 东 Shandong					
河 南 Henan	117360	13386	13386	1689959	195366
湖 北 Hubei	301696	34841	31415	3320237	782998
湖 南 Hunan					
广 东 Guangdong					
广 西 Guangxi					
海 南 Hainan		14374	8404	459000	459000
重 庆 Chongqing	165547	53956	36784	3120056	407073
四 川 Sichuan	2461712	242879	213797	17710333	12168333
贵 州 Guizhou	1919314	63419	49045	4486740	320860
云 南 Yunnan	469228	132162	84111	10179032	4330366
西 藏 Tibet		31105		1276667	1276667
陕 西 Shaanxi	41433	141009	106651	11857244	3660133
甘 肃 Gansu	18511	107840	88079	4795331	3395843
青 海 Qinghai		44952	34094	3678170	2816970
宁 夏 Ningxia		17230	17154	1138266	455331
新 疆 Xinjiang	926	41157	35740	4336280	4336280
大兴安岭 Daxinganling	785204	179027		7996970	7996970

8-4 续表 continued

单位：公顷 (hectare)

地 区	Region	当年造林面积 Area of Afforestation in the Year	按造林方式分 by Approach 人工造林 Plantation Establishment	飞播造林 Aerial Seeding	无林地和疏林地新封山育林 Area without Forest or of Sparse Forest
全 国	**National Total**	**485203**	**137938**	**59739**	**287526**
北 京	Beijing				
天 津	Tianjin				
河 北	Hebei				
山 西	Shanxi	40180	13338		26842
内蒙古	Inner Mongolia	116496	28627	26404	61465
辽 宁	Liaoning				
吉 林	Jilin				
黑龙江	Heilongjiang				
上 海	Shanghai				
江 苏	Jiangsu				
浙 江	Zhejiang				
安 徽	Anhui				
福 建	Fujian				
江 西	Jiangxi				
山 东	Shandong				
河 南	Henan	4667	4667		
湖 北	Hubei	23300	4195		19105
湖 南	Hunan				
广 东	Guangdong				
广 西	Guangxi				
海 南	Hainan				
重 庆	Chongqing	24669	8001		16668
四 川	Sichuan	51997	5333		46664
贵 州	Guizhou	19333	12666		6667
云 南	Yunnan	40491	20637		19854
西 藏	Tibet	3333			3333
陕 西	Shaanxi	74930	19865	33335	21730
甘 肃	Gansu	44474	14609		29865
青 海	Qinghai	22664	1333		21331
宁 夏	Ningxia	18669	4667		14002
新 疆	Xinjiang				
大兴安岭	Daxinganling				

8-5 各地区退耕还林情况(2012年)

The Conversion of Cropland to Forest Program by Region (2012)

地区	Region	当年造林面积(公顷) Area of Afforestation in the Year (hectare)	退耕地造林面积 Area of Cropland Converted to Forest	荒山荒地造林面积 Area of Plantation of Barren Mountains & Wasteland	无林地和疏林地新封山育林 Area without Forest or of Sparse Forest	林业投资完成额(万元) Investment Completed (10 000 yuan)	#国家投资 State Investment
全国	**National Total**	**655271**		**447185**	**208086**	**1977649**	**1545329**
北京	Beijing						
天津	Tianjin						
河北	Hebei	15038		9371	5667	50676	34769
山西	Shanxi	49168		41837	7331	79171	54099
内蒙古	Inner Mongolia	39972		30305	9667	81829	58367
辽宁	Liaoning	24663		9997	14666	55449	55449
吉林	Jilin	7266		6933	333	50154	49808
黑龙江	Heilong-jiang	37041		6707	30334	51268	40824
上海	Shanghai						
江苏	Jiangsu						
浙江	Zhejiang						
安徽	Anhui	21233		14236	6997	62921	30559
福建	Fujian						
江西	Jiangxi	18772		10107	8665	60164	44939
山东	Shandong						
河南	Henan	24845		24845		62796	52168
湖北	Hubei	32850		26252	6598	99844	52524
湖南	Hunan	23987		11995	11992	137574	131685
广东	Guangdong						
广西	Guangxi	17532		14532	3000	62168	50379
海南	Hainan	1400		1400		5328	2136
重庆	Chongqing	23002		10335	12667	163832	115857
四川	Sichuan	16334		9667	6667	243027	243027
贵州	Guizhou	15333		10000	5333	95504	88577
云南	Yunnan	125036		117433	7603	83134	70299
西藏	Tibet	8057		3092	4965	8358	888
陕西	Shaanxi	47764		32829	14935	181629	122596
甘肃	Gansu	20937		10071	10866	175044	112584
青海	Qinghai	16200		5533	10667	40950	29855
宁夏	Ningxia	8333		7667	666	56299	56092
新疆	Xinjiang	47175		18708	28467	70530	47848
大兴安岭	Daxinganling						

注：全国合计造林面积中包括军事管理区13333公顷荒山荒地造林。
Note: Total area of afforestation include 13333 hectares plantation of barren mountains and wasteland.

8-6 三北、长江流域等重点防护林体系工程建设情况(2012年)

Key Shelterbelt Programs in North China and Changjiang River Basin (2012)

单位：公顷 (hectare)

地 区	Region	当年造林面积 Area of Afforestation in the Year	人工造林 Plantation Establish-ment	飞播造林 Aerial Seeding	无林地和疏林地新封山育林 Area without Forest or of Sparse Forest	林业投资完成额(万元) Investment Completed (10 000 yuan)	#国家投资 State Investment
全 国	**National Total**	**1071768**	**658485**	**6666**	**406617**	**630274**	**380467**
北 京	Beijing	2053	1553		500	15245	150
天 津	Tianjin	5357	5357			44474	39787
河 北	Hebei	70260	38793		31467	40907	15471
山 西	Shanxi	66639	37548		29091	18114	17216
内蒙古	Inner Mongolia	122916	64717	6666	51533	35030	30706
辽 宁	Liaoning	93307	48445		44862	23932	23932
吉 林	Jilin	13813	13813			9237	8896
黑龙江	Heilongjiang	74744	52405		22339	34222	23912
上 海	Shanghai						
江 苏	Jiangsu	16582	16582			57030	4907
浙 江	Zhejiang	12800	11015		1785	12274	9861
安 徽	Anhui	16089	11462		4627	8586	5760
福 建	Fujian	17475	17475			13396	9012
江 西	Jiangxi	13422	12889		533	6952	5537
山 东	Shandong	46110	46110			75210	42930
河 南	Henan	35660	13336		22324	8297	6109
湖 北	Hubei	30436	11368		19068	8677	5880
湖 南	Hunan	28498	9314		19184	6108	4305
广 东	Guangdong	38827	27127		11700	23550	19359
广 西	Guangxi	23049	13434		9615	13157	8717
海 南	Hainan	2117	2117			3438	3350
重 庆	Chongqing						
四 川	Sichuan						
贵 州	Guizhou	6667	6667			3000	3000
云 南	Yunnan	9160	5686		3474	5164	3377
西 藏	Tibet	8886	3073		5813	1043	1043
陕 西	Shaanxi	70471	41604		28867	29567	18948
甘 肃	Gansu	57010	31269		25741	18708	15663
青 海	Qinghai	42847	21320		21527	8100	8100
宁 夏	Ningxia	18001	12667		5334	7774	5000
新 疆	Xinjiang	128572	81339		47233	99082	39539

8-7 京津风沙源治理工程建设情况(2012年) Desertification Control Program in the Vicinity of Beijing and Tianjin (2012)

单位：公顷 (hectare)

地 区	Region	当年造林面积 Area of Afforestation in the Year	人工造林 Plantation Establishment	飞播造林 Aerial Seeding	无林地和疏林地新封山育林 Area without Forest or of Sparse Forest
全 国	**National Total**	**541690**	**227605**	**54336**	**259749**
北 京	Beijing	17177	4096		13081
天 津	Tianjin				
河 北	Hebei	79970	54633	20002	5335
山 西	Shanxi	22985	9318	2333	11334
内蒙古	Inner Mongolia	421558	159558	32001	229999

8-7 续表 continued

单位：公顷 (hectare)

地 区	Region	草地治理面积 Improved Area of Grass Land	小流域治理面积 Improved Area of Small Drainage Areas	水利设施(处) Water Conservancy Facilities (unit)	投资完成额(万元) Investment Completed (10000 yuan)	#国家投资 State Investment
全 国	**National Total**	**17996**	**41840**	**9188**	**356646**	**321863**
北 京	Beijing	9000	10650		23644	4944
天 津	Tianjin					
河 北	Hebei	1350	17890	1760	121283	112791
山 西	Shanxi	313	7100	7422	26227	26227
内蒙古	Inner Mongolia	7333	6200	6	185492	177901

8-8 各地区林业系统野生动植物保护及自然保护区工程建设情况(2012年)
Wildlife Conservation and Nature Reserve Program of Forestry Establishments by Region(2012)

单位：个，万公顷 (unit,10 000 hectares)

地 区	Region	自然保护区个数 Nature Reserves	#国家级 National Reserves	自然保护区面积 Nature Reserves Area	#国家级 National Reserves	禁猎(采)区个数 Number of Preserves	禁猎(采)区面积 Area of Preserves	野生动物种源繁育基地数 Breeding Base of Wild Fauna
全 国	**National Total**	**2150**	**286**	**12486.5**	**7713.8**	**1940**	**5350.1**	**4137**
北 京	Beijing	16	2	12.7	2.6	15	4.7	49
天 津	Tianjin	5	1	5.8	0.5			6
河 北	Hebei	33	9	62.2	21.3	3	3.1	45
山 西	Shanxi	45	6	109.8	10.7			331
内蒙古	Inner Mongolia	140	20	1063.5	297.5	56	2929.9	150
辽 宁	Liaoning	73	9	115.0	16.5	26	45.8	7
吉 林	Jilin	33	11	234.5	88.7			12
黑龙江	Heilongjiang	119	20	395.6	160.3	43	26.9	2
上 海	Shanghai	1	1	2.4	2.4			1
江 苏	Jiangsu	22	1	37.1	7.8			362
浙 江	Zhejiang	17	6	9.5	7.4	38	4.9	837
安 徽	Anhui	98	5	43.7	9.5	20	5.7	123
福 建	Fujian	89	11	52.0	18.4			94
江 西	Jiangxi	218	11	119.4	18.4	46	60.9	229
山 东	Shandong	58	5	88.9	17.6			198
河 南	Henan	25	9	50.6	32.6	33	20.4	50
湖 北	Hubei	50	8	89.9	29.5	286	67.4	51
湖 南	Hunan	115	17	130.2	52.9	114	62.2	358
广 东	Guangdong	270	6	123.1	13.1	668	288.9	14
广 西	Guangxi	63	13	131.5	27.6	9	11.7	68
海 南	Hainan	30	6	24.0	8.7	1	340.0	109
重 庆	Chongqing	52	5	69.1	23.1	12	7.1	97
四 川	Sichuan	125	20	785.6	251.0	189	436.7	200
贵 州	Guizhou	105	7	90.4	23.1	292	0.3	27
云 南	Yunnan	126	17	263.2	137.7	27	43.9	586
西 藏	Tibet	61	8	4100.5	3701.3	7	0.3	7
陕 西	Shaanxi	47	15	107.4	51.5	19	3.6	74
甘 肃	Gansu	50	15	878.6	402.4	28	74.6	15
青 海	Qinghai	10	5	2168.7	2025.3			
宁 夏	Ningxia	6	5	49.1	46.7	2	26.1	8
新 疆	Xinjiang	28	7	915.2	135.5	5	49.9	27
大兴安岭	Daxinganling	20	5	157.1	72.0	1	835.1	

8-8 续表 continued

地区 Region	国际重要湿地 International Important Wetland 个数(个) Number (unit)	面积(万公顷) Area (10 000 hectares)	野生植物种源培育基地(个) Breeding Base of Rare Wild Flora (unit)	野生动物观赏展演单位(个) Number of Wild Animal Zoos (unit)	植物园(个) Arboretums (unit)	狩猎场(个) Hunting Fields (unit)	林业投资完成额(万元) Investment Completed (10 000 yuan)	#国家投资 State Investment
全　国 National Total	**41**	**371.0**	**976**	**342**	**117**	**154**	**132938**	**92227**
北　京 Beijing				4			1862	1116
天　津 Tianjin							1382	1382
河　北 Hebei				2	1	2	5027	4705
山　西 Shanxi				12	1	24	1638	1451
内蒙古 Inner Mongolia	2	74.8	3	3	3	1	4173	4113
辽　宁 Liaoning	2	14.0	2	30	2	18	3053	3053
吉　林 Jilin	1	10.5	16	7	2	2	4303	4240
黑龙江 Heilongjiang	7	91.3		1		5	7233	5722
上　海 Shanghai	2	3.6		1	2		1153	1153
江　苏 Jiangsu	2	53.1	1	16	2		5017	
浙　江 Zhejiang	1	0.0	15	7	1	2	1377	800
安　徽 Anhui			9	7	4	2	4115	1496
福　建 Fujian	1	0.2	208	19	2		4594	1781
江　西 Jiangxi	1	2.2	326	9	12	3	11873	3899
山　东 Shandong			1	39	4		2066	2066
河　南 Henan			4	84	4	3	3208	2375
湖　北 Hubei	1	4.3	13	18	2	4	7025	4376
湖　南 Hunan	3	39.3	255	12	12	2	8155	4791
广　东 Guangdong	3	3.2	8	22	14	8	3859	1934
广　西 Guangxi	2	0.7	7	8	5		13276	7801
海　南 Hainan	1	0.5	55	7	10		1434	1107
重　庆 Chongqing			11	4	7	33	1683	1677
四　川 Sichuan	1	16.7	2	5	2	10	7565	5950
贵　州 Guizhou			5	2	4	10	1100	930
云　南 Yunnan	4	1.4	15	11	12		4157	2590
西　藏 Tibet	2	11.7		1	2		1836	1632
陕　西 Shaanxi			13	7	2	8	2858	2605
甘　肃 Gansu	1	24.7	4	1		3	3384	3174
青　海 Qinghai	3	18.4					10507	10507
宁　夏 Ningxia				1			770	750
新　疆 Xinjiang			2	2	5	14	2555	2351
大兴安岭 Daxinganling			1				700	700

注：国际重要湿地个数中，全国合计包括香港特别行政区1处。
Note: Number of international important wetland includes one of Hong Kong SAR.

九、自然灾害及突发事件

Natural Disasters & Environmental Accidents

9-1 全国自然灾害情况(2000-2012年)

Natural Disasters (2000-2012)

年 份 Year	地质灾害 Geological Disasters			地震灾害 Earthquake Disasters		
	灾害起数(处) Number of Geological Disasters (unit)	人员伤亡(人) Casualties (person)	直接经济损失(万元) Direct Economic Loss (10 000 yuan)	灾害次数(次) Number of Earthquake Disasters (time)	人员伤亡(人) Casualties (person)	直接经济损失(万元) Direct Economic Loss (10 000 yuan)
2000	19653	27697	494201	10	2855	142244
2001	5793	1675	348699	12		
2002	40246	2759	509740	5	362	13100
2003	15489	1333	504325	21	7465	466040
2004	13555	1407	408828	11	696	94959
2005	17751	1223	357678	13	882	262811
2006	102804	1227	431590	10	229	79962
2007	25364	1123	247528	3	422	201922
2008	26580	1598	326936	17	446293	85949594
2009	10580	845	190109	8	407	273782
2010	30670	3445	638509	12	13795	2361077
2011	15804	410	413151	18	540	6020873
2012	14675	636	625253	12	1279	828757

9-1 续表 continued

年 份 Year	海洋灾害 Marine Disasters			森林火灾 Geological Disasters		
	发生次数(次) Number of Marine Disasters (time)	死亡、失踪人数(人) Deaths and Missing People (person)	直接经济损失(亿元) Direct Economic Loss (100 million yuan)	灾害次数(次) Number of Forest Fires (time)	人员伤亡(人) Casualties (person)	其他损失折款(万元) Economic Loss (10 000 yuan)
2000		79	120.8	5934	178	3069
2001		401	100.1	4933	58	7409
2002	126	124	65.9	7527	98	3610
2003	172	128	80.5	10463	142	37000
2004	155	140	54.2	13466	252	20213
2005	176	371	332.4	11542	152	15029
2006	180	492	218.5	8170	102	5375
2007	163	161	88.4	9260	94	12416
2008	128	152	206.1	14144	174	12594
2009	132	95	100.2	8859	110	14511
2010		137	132.8	7723	108	11611
2011	114	76	62.1	5550	91	20173
2012	138	68	155.0	3966	21	10802

9-2 各地区自然灾害损失情况(2012年)

Loss Caused by Natural Disasters by Region (2012)

单位：千公顷 (1 000 hectares)

地 区	Region	合 计 Total		旱 灾 Drought	
		受灾 Area Affected	绝收 Total Crop Failure	受灾 Area Affected	绝收 Total Crop Failure
全 国	**National Total**	**24962.0**	**1826.3**	**9339.8**	**374.0**
北 京	Beijing	71.2	6.0		
天 津	Tianjin	133.6	13.9		
河 北	Hebei	1329.0	123.0	430.3	25.0
山 西	Shanxi	931.0	70.1	403.9	5.4
内蒙古	Inner Mongolia	2060.7	378.0	453.6	10.5
辽 宁	Liaoning	355.4	27.0		
吉 林	Jilin	632.8	15.8	303.8	9.3
黑龙江	Heilongjiang	2429.4	134.9	1200.0	63.2
上 海	Shanghai	14.7	1.9		
江 苏	Jiangsu	697.5	43.4	366.7	9.3
浙 江	Zhejiang	554.2	42.0		
安 徽	Anhui	1152.5	59.2	616.1	21.5
福 建	Fujian	159.3	11.4		
江 西	Jiangxi	673.5	47.5		
山 东	Shandong	1822.6	89.8	673.3	7.4
河 南	Henan	1388.8	22.6	1001.5	2.7
湖 北	Hubei	1718.7	112.3	939.2	39.5
湖 南	Hunan	1233.9	65.6		
广 东	Guangdong	417.2	22.1		
广 西	Guangxi	575.0	22.6	77.1	2.5
海 南	Hainan	60.5	12.0		
重 庆	Chongqing	405.4	45.4	61.9	1.0
四 川	Sichuan	943.9	47.5	222.0	16.7
贵 州	Guizhou	542.1	42.6	132.5	1.7
云 南	Yunnan	1578.3	142.4	1072.7	106.7
西 藏	Tibet	14.4	2.5		
陕 西	Shaanxi	508.9	39.9	227.6	6.5
甘 肃	Gansu	1016.5	69.9	498.1	15.6
青 海	Qinghai	154.9	7.8	33.3	1.1
宁 夏	Ningxia	260.3	10.1	101.0	
新 疆	Xinjiang	1125.8	97.1	522.2	28.4

资料来源：民政部。

注：死亡人口(含失踪)和直接经济损失含森林、海洋等灾害。

Source:Ministry of Civil Affairs.

Note: Deaths (including missing) and direct economic loss include forest disasters and sea disasters.

9-2 续表 1 continued 1

单位：千公顷 (1 000 hectares)

地区	Region	洪涝、山体滑坡、泥石流和台风 Flood, Waterlogging, Landslides and Debris flow, Typhoon		风雹灾害 Wind and Hail	
		受灾 Area Affected	绝收 Total Crop Failure	受灾 Area Affected	绝收 Total Crop Failure
全 国	**National Total**	**11220.4**	**1095.3**	**2780.8**	**213.4**
北 京	Beijing	57.6	4.8	13.4	1.2
天 津	Tianjin	117.5	13.9	16.1	
河 北	Hebei	375.6	49.2	268.7	11.5
山 西	Shanxi	261.4	48.4	123.4	11.7
内蒙古	Inner Mongolia	965.5	283.6	243.5	20.7
辽 宁	Liaoning	323.3	27.0	32.1	
吉 林	Jilin	270.4	2.5	51.7	3.6
黑龙江	Heilongjiang	1042.9	33.3	186.5	38.4
上 海	Shanghai	14.7	1.9		
江 苏	Jiangsu	296.6	34.1	34.2	
浙 江	Zhejiang	523.5	41.4	0.6	0.1
安 徽	Anhui	513.2	36.7	21.9	1.0
福 建	Fujian	141.5	11.3	17.1	0.1
江 西	Jiangxi	448.4	37.1	84.1	2.2
山 东	Shandong	934.2	75.3	215.1	7.1
河 南	Henan	367.1	19.4	20.2	0.5
湖 北	Hubei	667.2	63.6	38.2	5.1
湖 南	Hunan	757.7	55.0	335.9	9.3
广 东	Guangdong	387.7	21.8	29.3	0.3
广 西	Guangxi	489.5	19.4	7.4	0.7
海 南	Hainan	47.6	12.0	12.9	
重 庆	Chongqing	329.0	43.0	14.5	1.4
四 川	Sichuan	644.4	24.5	47.1	6.1
贵 州	Guizhou	301.0	31.2	88.2	9.7
云 南	Yunnan	390.5	26.2	72.5	7.8
西 藏	Tibet	6.5	1.1	6.8	1.4
陕 西	Shaanxi	209.3	28.1	62.7	4.5
甘 肃	Gansu	195.4	33.9	220.3	17.0
青 海	Qinghai	36.0	2.1	49.4	4.6
宁 夏	Ningxia	60.5	4.7	35.5	5.1
新 疆	Xinjiang	44.7	8.8	431.5	42.3

9-2 续表 2 continued 2

地 区	Region	低温冷冻和雪灾(千公顷) Low-temperature, Freezing and Snow Disaster (1 000 hectares)		人口受灾 Population		直接经济损失(亿元) Direct Economic Loss (100 million yuan)
		受灾 Area Affected	绝收 Total Crop Failure	受灾人口(万人次) Population Affected (10 000 person-times)	死亡人口(含失踪)(人) Deaths (including missing) (person)	
全 国	**National Total**	**1617.8**	**142.9**	**29421.7**	**1530**	**4185.5**
北 京	Beijing	0.2		95.2	79	171.1
天 津	Tianjin			88.4		32.5
河 北	Hebei	254.4	37.3	2112.1	72	397.2
山 西	Shanxi	142.3	4.6	546.7	42	64.9
内蒙古	Inner Mongolia	398.1	63.2	668.9	64	152.8
辽 宁	Liaoning			569.1	19	206.6
吉 林	Jilin	6.9	0.4	712.4	5	52.1
黑龙江	Heilongjiang			796.2		69.9
上 海	Shanghai			42.0	4	5.2
江 苏	Jiangsu			1492.9	10	107.8
浙 江	Zhejiang	30.1	0.5	1126.7	10	309.9
安 徽	Anhui	1.3		2206.3	26	87.2
福 建	Fujian	0.7		225.6	4	47.3
江 西	Jiangxi	141	8.2	775.9	41	113.3
山 东	Shandong			1940.3	16	244.8
河 南	Henan			1232.1	14	26.8
湖 北	Hubei	74.1	4.1	1703.6	64	131.7
湖 南	Hunan	140.3	1.3	1622.8	62	149.1
广 东	Guangdong	0.2		499.5	52	75.7
广 西	Guangxi	1		844.1	44	45.6
海 南	Hainan			197.5	7	15.5
重 庆	Chongqing			795.4	36	56.0
四 川	Sichuan	30.4	0.2	3655.1	222	402.4
贵 州	Guizhou	20.4		1194.8	51	65.8
云 南	Yunnan	40.2	1	1760.0	242	164.2
西 藏	Tibet	1.1		49.0	23	2.9
陕 西	Shaanxi	9.3	0.8	733.2	58	86.4
甘 肃	Gansu	102.7	3.4	1185.2	126	134.0
青 海	Qinghai	36.2		172.7	13	15.1
宁 夏	Ningxia	60.3	0.3	144.6	12	8.3
新 疆	Xinjiang	126.6	17.6	233.4	66	91.3
新疆兵团	Xinjiang Production & Construction Corps					

9-3 地质灾害及防治情况(2012年)

Occurrence and Prevention of Geological Disasters(2012)

地区	Region	发生地质灾害起数(处) Geological Disasters (unit)	#滑坡 Land-slide	#崩塌 Collapse	#泥石流 Mud-rock Flow	#地面塌陷 Land Subside	直接经济损失(万元) Direct Economic Loss (10 000 yuan)
全国	**National Total**	**14675**	**11112**	**2152**	**952**	**364**	**625253**
北京	Beijing	18	3	12		2	
天津	Tianjin	15	4	9	2		
河北	Hebei	36	6	10	10	6	430
山西	Shanxi	18	9	7		2	345
内蒙古	Inner Mongolia	3	1	1		1	612
辽宁	Liaoning	2970	2853	9	74	32	235235
吉林	Jilin	19	2	9	7	1	429
黑龙江	Heilongjiang	2	1	1			
上海	Shanghai						
江苏	Jiangsu	25	20	2		3	642
浙江	Zhejiang	747	490	191	61	5	11361
安徽	Anhui	350	170	157	13	10	4601
福建	Fujian	130	82	43	1	4	364
江西	Jiangxi	636	358	246	3	29	3035
山东	Shandong	31	7	6	6	11	591
河南	Henan	50	16	7	1	26	898
湖北	Hubei	573	416	99	18	35	9275
湖南	Hunan	3407	3037	262	35	56	41697
广东	Guangdong	231	101	103	7	20	4308
广西	Guangxi	396	103	238	4	49	10044
海南	Hainan	7	2	5			13
重庆	Chongqing	588	449	116	13	10	13571
四川	Sichuan	3149	2267	403	466	11	125017
贵州	Guizhou	181	117	45	6	10	5564
云南	Yunnan	571	318	70	102	33	29282
西藏	Tibet	59	13	11	35		2459
陕西	Shaanxi	240	170	42	21	2	6516
甘肃	Gansu	144	70	29	36	5	15241
青海	Qinghai	30	18	10	2		55
宁夏	Ningxia	5	2	2			28
新疆	Xinjiang	44	7	7	29	1	103639

资料来源：国土资源部。
Source:Ministry of Land and Resources.

9-3 续表 continued

地 区	Region	人员伤亡 (人) Casualties (person)	#死亡人数 Deaths	地质灾害防治项目数 (个) Number of Projects of Prevention of Geological Disasters (unit)	地质灾害防治投资 (万元) Investment in Projects of Prevention of Geological Disasters (10 000 yuan)
全 国	**National Total**	**636**	**293**	**26882**	**1024183**
北 京	Beijing	5	3	7	4222
天 津	Tianjin			9	1243
河 北	Hebei	1		123	16833
山 西	Shanxi	14	12	120	38753
内蒙古	Inner Mongolia			26	5589
辽 宁	Liaoning			83	26916
吉 林	Jilin			10	8009
黑龙江	Heilongjiang			10	2850
上 海	Shanghai			1	6319
江 苏	Jiangsu			117	23864
浙 江	Zhejiang	1	1	1123	44954
安 徽	Anhui	5	3	524	26370
福 建	Fujian	6	5	1043	50792
江 西	Jiangxi	5	3	101	44815
山 东	Shandong			108	22190
河 南	Henan			5	7852
湖 北	Hubei	21	12	287	38883
湖 南	Hunan	42	19	536	37226
广 东	Guangdong	33	21	7146	82293
广 西	Guangxi	44	11	1231	37992
海 南	Hainan			76	2959
重 庆	Chongqing	28	21	761	59341
四 川	Sichuan	197	78	9062	192232
贵 州	Guizhou	25	12	1445	42189
云 南	Yunnan	145	46	2418	107618
西 藏	Tibet			14	10683
陕 西	Shaanxi	13	8	210	24469
甘 肃	Gansu	12	7	256	34911
青 海	Qinghai	5	3	15	17340
宁 夏	Ningxia			1	2097
新 疆	Xinjiang	34	28	14	2378

9-4 地震灾害情况(2012年)
Earthquake Disasters (2012)

地 区 Region	地震灾害次数(次) Number of Earthquakes (time)	5.0级以下 Below 5.0 Richter Scale	5.0-5.9级 5.0-5.9 Richter Scale	6.0-6.9级 6.0-6.9 Richter Scale	7.0级以上 Over 7.0 Richter Scale	人员伤亡(人) Casualties (person)	#死亡人数 Deaths	经济损失(万元) Direct Economic Loss (10 000 yuan)
全 国 National Total	**12**	**1**	**8**	**3**		**1279**	**86**	**828757**
江 苏 Jiangsu	1		1			3	1	1543
云 南 Yunnan	3		3			1276	85	554258
甘 肃 Gansu	1		1					862
新 疆 Xinjiang	7	1	3	3				272095

资料来源：中国地震局。
Source: China Seismological Administration.

9-5 海洋灾害情况(2012年)
Marine Disasters (2012)

灾 种 Disaster Categories	发生次数(次) Number of Disasters (time)	死亡、失踪人数(人) Deaths and Missing People (person)	直接经济损失(亿元) Direct Economic Loss (100 million yuan)
合 计 Total	**138**	**68**	**154.95**
风暴潮 Stormy Tides	24	9	126.29
赤 潮 Red Tides	73		20.15
海 浪 Sea Wave	41	59	6.96
海 冰 Sea Ice			1.55

资料来源：国家海洋局。
Source:State Oceanic Administration.

9-6 各地区森林火灾情况(2012年)
Forest Fires by Region(2012)

地 区 Region		森林火灾次数(次) Forest Fires (time)	一般火灾 Ordinary Fires	较大火灾 Major Fires	重大火灾 Severe Fires	特别重大火灾 Especially Severe Fires	火场总面积(公顷) Total Fire-affected Area (hectare)
全 国	**National Total**	**3966**	**2397**	**1568**	**1**		**43171**
北 京	Beijing	1	1				3
天 津	Tianjin	11	11				46
河 北	Hebei	83	73	10			2112
山 西	Shanxi	20	10	10			480
内蒙古	Inner Mongolia	57	26	31			4464
辽 宁	Liaoning	51	27	24			374
吉 林	Jilin	41	26	15			178
黑龙江	Heilongjiang	49	40	9			1046
上 海	Shanghai						
江 苏	Jiangsu	30	30				6
浙 江	Zhejiang	139	14	125			2091
安 徽	Anhui	81	57	24			307
福 建	Fujian	92	6	86			1078
江 西	Jiangxi	46	12	34			1154
山 东	Shandong	8	6	2			15
河 南	Henan	328	286	42			738
湖 北	Hubei	385	356	29			1205
湖 南	Hunan	922	416	506			8079
广 东	Guangdong	65	25	40			821
广 西	Guangxi	289	147	142			4329
海 南	Hainan	23	14	9			57
重 庆	Chongqing	38	29	9			236
四 川	Sichuan	486	394	92			3082
贵 州	Guizhou	275	210	65			2557
云 南	Yunnan	299	83	216			7902
西 藏	Tibet	13	6	6	1		182
陕 西	Shaanxi	67	30	37			390
甘 肃	Gansu	11	7	4			85
青 海	Qinghai	6	6				131
宁 夏	Ningxia	9	9				4
新 疆	Xinjiang	41	40	1			19

资料来源：国家林业局(下表同)。
Source:State Forestry Administration (the same as in the following table).

9-6 续表 continued

地 区 Region	受害森林面积（公顷）Destructed Forest Area (hectare)	#天然林 Natural Forest	#人工林 Artifical Forest	伤亡人数（人）Casualties (person)	#死亡人数 Deaths	其他损失折款（万元）Economic Loss (10 000 yuan)
全 国 National Total	**13948**	**1138**	**11306**	**21**	**13**	**10801.5**
北 京 Beijing	1		1			
天 津 Tianjin	6		6			2.0
河 北 Hebei	221	6	215			50.6
山 西 Shanxi	95		95			102.1
内蒙古 Inner Mongolia	650	84	236			92.6
辽 宁 Liaoning	120	3	116			37.6
吉 林 Jilin	58	8	42	1	1	207.9
黑龙江 Heilongjiang	235	132	103			
上 海 Shanghai						
江 苏 Jiangsu	1		1			3.4
浙 江 Zhejiang	906		748			
安 徽 Anhui	86		86	1	1	20.1
福 建 Fujian	700	33	668			5077.9
江 西 Jiangxi	412	6	406			248.1
山 东 Shandong	8		8			2.4
河 南 Henan	192		192			39.2
湖 北 Hubei	236	7	229			1.2
湖 南 Hunan	4653	105	4547	5	3	1142.1
广 东 Guangdong	361	16	345	3	2	439.0
广 西 Guangxi	780	2	778			363.0
海 南 Hainan	29		29			1.8
重 庆 Chongqing	95		95	3	1	28.9
四 川 Sichuan	815	323	490	7	4	468.0
贵 州 Guizhou	502	112	390			199.7
云 南 Yunnan	2501	295	1444			2194.2
西 藏 Tibet	135			1	1	7.7
陕 西 Shaanxi	16	…	15			3.4
甘 肃 Gansu	8	1	7			0.4
青 海 Qinghai	108					22.3
宁 夏 Ningxia	4		4			
新 疆 Xinjiang	17	5	13			45.9

9-7 各地区森林病虫鼠害防治情况(2012年)

Prevention of Forest Diseases, Pests and Rats by Region (2012)

单位：公顷，% (hectare, %)

地 区	Region	合 计 Total			森林病害 Forest Diseases		
		发生面积 Area of Occurrence	防治面积 Area of Prevention	防治率 Prevention Rate	发生面积 Area of Occurrence	防治面积 Area of Prevention	防治率 Prevention Rate
全 国	**National Total**	**11768988**	**7825928**	**66.5**	**1311633**	**842550**	**64.2**
北 京	Beijing	40259	40259	100.0	2400	2400	100.0
天 津	Tianjin	49582	49582	100.0	7094	7094	100.0
河 北	Hebei	536035	416275	77.7	29783	27184	91.3
山 西	Shanxi	239185	149727	62.6	3433	2232	65.0
内蒙古	Inner Mongolia	1203280	621517	51.7	145793	32422	22.2
辽 宁	Liaoning	666876	588469	88.2	64777	51348	79.3
吉 林	Jilin	263205	209080	79.4	19142	18286	95.5
黑龙江	Heilongjiang	437544	386516	88.3	43913	35862	81.7
上 海	Shanghai	5461	5354	98.0	892	878	98.4
江 苏	Jiangsu	116735	86600	74.2	10338	8823	85.3
浙 江	Zhejiang	63381	52681	83.1	12663	10806	85.3
安 徽	Anhui	388206	315839	81.4	52104	35622	68.4
福 建	Fujian	199023	105122	52.8	11338	8518	75.1
江 西	Jiangxi	305300	255771	83.8	56881	44327	77.9
山 东	Shandong	521381	476447	91.4	109131	95854	87.8
河 南	Henan	538355	447961	83.2	110470	94527	85.6
湖 北	Hubei	325197	211798	65.1	31643	21315	67.4
湖 南	Hunan	290025	146905	50.7	47505	14248	30.0
广 东	Guangdong	337265	129479	38.4	14312	11702	81.8
广 西	Guangxi	363132	55356	15.2	29254	1093	3.7
海 南	Hainan	9414	5578	59.3	40	26	65.0
重 庆	Chongqing	282418	178716	63.3	20974	20806	99.2
四 川	Sichuan	726973	558158	76.8	95933	58031	60.5
贵 州	Guizhou	208223	144578	69.4	16087	11633	72.3
云 南	Yunnan	299459	269196	89.9	42936	39794	92.7
西 藏	Tibet	273224	153753	56.3	76132	46373	60.9
陕 西	Shaanxi	413886	284566	68.8	34885	21005	60.2
甘 肃	Gansu	299656	145726	48.6	62292	40639	65.2
青 海	Qinghai	278673	163566	58.7	37618	13014	34.6
宁 夏	Ningxia	322805	123020	38.1	94		
新 疆	Xinjiang	1644384	1012578	61.6	101616	63828	62.8
大兴安岭	Daxinganling	120446	35755	29.7	20160	2860	14.2

9-7 续表 continued

单位：公顷，% (hectare, %)

地区 Region	森林虫害 Forest Pest Plague 发生面积 Area of Occurrence	森林虫害 防治面积 Area of Prevention	森林虫害 防治率 Prevention Rate	森林鼠害 Forest Rat Plague 发生面积 Area of Occurrence	森林鼠害 防治面积 Area of Prevention	森林鼠害 防治率 Prevention Rate
全国 National Total	**8462864**	**5729317**	**67.7**	**1994491**	**1254061**	**62.9**
北京 Beijing	37859	37859	100.0			
天津 Tianjin	42488	42488	100.0			
河北 Hebei	494898	380358	76.9	11354	8733	76.9
山西 Shanxi	190002	126123	66.4	45750	21372	46.7
内蒙古 Inner Mongolia	754480	426658	56.5	303007	162437	53.6
辽宁 Liaoning	599079	534114	89.2	3020	3007	99.6
吉林 Jilin	217817	172502	79.2	26246	18292	69.7
黑龙江 Heilongjiang	176415	159444	90.4	217216	191210	88.0
上海 Shanghai	4569	4476	98.0			
江苏 Jiangsu	106397	77777	73.1			
浙江 Zhejiang	50718	41875	82.6			
安徽 Anhui	336102	280217	83.4			
福建 Fujian	187685	96604	51.5			
江西 Jiangxi	248419	211444	85.1			
山东 Shandong	412250	380593	92.3			
河南 Henan	427885	353434	82.6			
湖北 Hubei	290720	189782	65.3	2834	701	24.7
湖南 Hunan	242187	132324	54.6	333	333	100.0
广东 Guangdong	322953	117777	36.5			
广西 Guangxi	333878	54263	16.3			
海南 Hainan	9374	5552	59.2			
重庆 Chongqing	214634	128455	59.8	46810	29455	62.9
四川 Sichuan	588033	466312	79.3	43007	33815	78.6
贵州 Guizhou	183140	126757	69.2	8996	6188	68.8
云南 Yunnan	254812	227751	89.4	1711	1651	96.5
西藏 Tibet	146778	86267	58.8	50314	21113	42.0
陕西 Shaanxi	270100	181887	67.3	108901	81674	75.0
甘肃 Gansu	157546	54580	34.6	79818	50507	63.3
青海 Qinghai	107669	71566	66.5	133386	78986	59.2
宁夏 Ningxia	148804	26927	18.1	173907	96093	55.3
新疆 Xinjiang	872341	521548	59.8	670427	427202	63.7
大兴安岭 Daxinganling	32832	11603	35.3	67454	21292	31.6

9-8 各地区草原灾害情况(2012年)
Grassland Disasters by Region (2012)

单位: 千公顷 (1 000 hectares)

地 区	Region	草原鼠害 Rodent Pests in Grassland 危害面积 Area Harmed	草原鼠害 治理面积 Area Treated	草原虫害 Insect Pests in Grassland 危害面积 Area Harmed	草原虫害 治理面积 Area Treated	草原火灾受害面积 Area Affected by Fire
全 国	**National Total**	**36914.9**	**7223.3**	**17396.3**	**5080.2**	**127.1**
北 京	Beijing					
天 津	Tianjin					
河 北	Hebei	459.6	208.0	470.2	258.0	
山 西	Shanxi	462.6	132.0	371.2	97.3	
内蒙古	Inner Mongolia	5700.2	1286.0	7552.7	1996.7	121.5
辽 宁	Liaoning	287.0	216.7	299.6	172.0	
吉 林	Jilin	409.3	332.0	395.3	105.5	1.6
黑龙江	Heilongjiang	668.7	109.3	597.3	116.7	…
上 海	Shanghai					
江 苏	Jiangsu					
浙 江	Zhejiang					
安 徽	Anhui					
福 建	Fujian					
江 西	Jiangxi					
山 东	Shandong					
河 南	Henan					
湖 北	Hubei					
湖 南	Hunan					
广 东	Guangdong					
广 西	Guangxi					
海 南	Hainan					
重 庆	Chongqing					
四 川	Sichuan	3039.8	904.0	834.7	370.7	2.7
贵 州	Guizhou					
云 南	Yunnan					
西 藏	Tibet	5933.3	228.0	31.4	14.0	
陕 西	Shaanxi	630.7	191.3	374.0	68.0	…
甘 肃	Gansu	4873.3	494.0	1335.9	322.7	…
青 海	Qinghai	8628.2	1162.0	1996.1	316.7	0.5
宁 夏	Ningxia	364.0	550.0	651.1	100.0	
新 疆	Xinjiang	5167.3	1235.3	2064.5	966.0	0.7
新疆兵团	Xinjiang Production & Construction Corps	290.8	174.7	422.1	176.0	0.1

资料来源：农业部。
Source: Ministry of Agriculture.

9-9 各地区突发环境事件情况(2012年)
Environmental Emergencies by Region (2012)

单位：次 (time)

地 区	Region	突发环境事件次数 Number of Environmental Emergencies	特别重大环境事件 Extraordinarily Serious Environmental Emergencies	重大环境事件 Serious Environmental Emergencies	较大环境事件 Comparatively Serious Environmental Emergencies	一般环境事件 Ordinary Environmental Emergencies
全 国	**National Total**	**542**		**5**	**5**	**532**
北 京	Beijing	21				21
天 津	Tianjin	5				5
河 北	Hebei	10				10
山 西	Shanxi					
内蒙古	Inner Mongolia	10				10
辽 宁	Liaoning	15		1	1	13
吉 林	Jilin	1				1
黑龙江	Heilongjiang					
上 海	Shanghai	192				192
江 苏	Jiangsu	77				77
浙 江	Zhejiang	23				23
安 徽	Anhui	20				20
福 建	Fujian	4				4
江 西	Jiangxi	1				1
山 东	Shandong	3				3
河 南	Henan	14				14
湖 北	Hubei	4				4
湖 南	Hunan	3		1	1	1
广 东	Guangdong	23		1		22
广 西	Guangxi	20		1	3	16
海 南	Hainan	2				2
重 庆	Chongqing	25				25
四 川	Sichuan	16				16
贵 州	Guizhou	4		1		3
云 南	Yunnan	1				1
西 藏	Tibet					
陕 西	Shaanxi	23				23
甘 肃	Gansu	8				8
青 海	Qinghai	4				4
宁 夏	Ningxia					
新 疆	Xinjiang	13				13

资料来源：环境保护部。
Source:Ministry of Environmental Protection.

十、环境投资

Environmental Investment

10-1 全国环境污染治理投资情况(2001-2012年)

Investment in the Treatment of Environmental Pollution (2001-2012)

单位：亿元 (100 million yuan)

年 份 Year	环境污染治理投资总额 Total Investment in Treatment of Environmental Pollution	城镇环境基础设施建设投资 Investment in Urban Environment Infrastructure Facilities	燃气 Gas Supply	集中供热 Central Heating	排水 Sewerage Projects	园林绿化 Gardening & Greening	市容环境卫生 Sanitation
2001	1166.7	655.8	81.7	90.3	244.9	181.4	57.5
2002	1456.5	878.4	98.9	134.6	308.0	261.5	75.4
2003	1750.1	1194.8	147.4	164.3	419.8	352.4	110.9
2004	2057.5	1288.9	163.4	197.7	404.8	400.5	122.5
2005	2565.2	1466.9	164.3	250.0	431.5	456.3	164.8
2006	2779.5	1528.4	179.2	252.5	403.6	475.2	217.9
2007	3668.8	1749.0	187.0	272.4	517.1	601.6	171.0
2008	4937.0	2247.7	199.2	328.2	637.2	823.9	259.2
2009	5258.4	3245.1	219.2	441.5	1035.5	1137.6	411.2
2010	7612.2	5182.2	357.9	557.5	1172.7	2670.6	423.5
2011	7114.0	4557.2	444.1	593.3	971.6	1991.9	556.2
2012	8253.5	5062.7	551.8	798.1	934.1	2380.0	398.6

10-1 续表 continued

单位：亿元 (100 million yuan)

年 份 Year	工业污染源治理投资 Investment in Treatment of Industrial Pollution Sources	治理废水 Treatment of Waste water	治理废气 Treatment of Waste Gas	治理固体废物 Treatment of Solid Waste	治理噪声 Treatment of Noise Pollution	治理其他 Treatment of Other Pollution	当年完成环保验收项目环保投资 Environmental Protection Investment in the Environmental Protection Acceptance Projects in the Year	环境污染治理投资占GDP比重(%) Investment in Anti-pollution Projects as Percentage of GDP (%)
2001	174.5	72.9	65.8	18.7	0.6	16.5	336.4	1.06
2002	188.4	71.5	69.8	16.1	1.0	29.9	389.7	1.21
2003	221.8	87.4	92.1	16.2	1.0	25.1	333.5	1.29
2004	308.1	105.6	142.8	22.6	1.3	35.7	460.5	1.29
2005	458.2	133.7	213.0	27.4	3.1	81.0	640.1	1.39
2006	483.9	151.1	233.3	18.3	3.0	78.3	767.2	1.28
2007	552.4	196.1	275.3	18.3	1.8	60.7	1367.4	1.38
2008	542.6	194.6	265.7	19.7	2.8	59.8	2146.7	1.57
2009	442.6	149.5	232.5	21.9	1.4	37.4	1570.7	1.54
2010	397.0	129.6	188.2	14.3	1.4	62.0	2033.0	1.90
2011	444.4	157.7	211.7	31.4	2.2	41.4	2112.4	1.50
2012	500.5	140.3	257.7	24.7	1.2	76.5	2690.4	1.59

10-2 各地区环境污染治理投资情况(2012年)

Investment in the Treatment of Environmental Pollution by Region (2012)

单位：亿元 (100 million yuan)

地 区	Region	环境污染治理投资总额 Total Investment in Treatment of Environmental Pollution	城镇环境基础设施建设投资 Investment in Urban Environment Infrastructure Facilities	工业污染源治理投资 Investment in Treatment of Industrial Pollution Sources	当年完成环保验收项目环保投资 Environmental Protection Investment in the Environmental Protection Acceptance Projects in the Year	环境污染治理投资占GDP比重(%) Investment in Anti-pollution Projects as Percentage of GDP (%)
全 国	**National Total**	**8253.5**	**5062.7**	**500.5**	**2690.4**	**1.59**
北 京	Beijing	342.6	312.9	3.3	26.4	1.92
天 津	Tianjin	157.5	105.0	12.6	39.9	1.22
河 北	Hebei	486.1	369.5	23.6	93.0	1.83
山 西	Shanxi	328.2	240.0	32.3	55.8	2.71
内蒙古	Inner Mongolia	445.1	343.9	19.0	82.2	2.80
辽 宁	Liaoning	683.4	339.6	11.9	331.9	2.75
吉 林	Jilin	103.4	60.6	5.7	37.1	0.87
黑龙江	Heilongjiang	218.1	163.2	3.9	51.0	1.59
上 海	Shanghai	134.1	65.2	11.6	57.3	0.66
江 苏	Jiangsu	657.1	380.3	39.0	237.9	1.22
浙 江	Zhejiang	375.4	163.6	28.3	183.4	1.08
安 徽	Anhui	330.2	251.0	12.7	66.5	1.92
福 建	Fujian	222.5	122.3	23.8	76.5	1.13
江 西	Jiangxi	316.1	273.5	3.9	38.6	2.44
山 东	Shandong	739.1	446.5	67.1	225.6	1.48
河 南	Henan	209.5	139.8	14.8	54.8	0.71
湖 北	Hubei	285.5	189.8	14.9	80.8	1.28
湖 南	Hunan	190.3	130.2	18.0	42.1	0.86
广 东	Guangdong	260.2	103.0	28.1	129.1	0.46
广 西	Guangxi	190.5	109.7	8.6	72.3	1.46
海 南	Hainan	44.7	23.5	4.8	16.4	1.57
重 庆	Chongqing	186.9	126.5	3.8	56.6	1.64
四 川	Sichuan	178.3	100.3	11.1	66.9	0.75
贵 州	Guizhou	68.9	35.7	12.5	20.7	1.01
云 南	Yunnan	132.4	48.7	19.7	64.0	1.28
西 藏	Tibet	4.0	0.7	0.2	3.0	0.57
陕 西	Shaanxi	180.6	123.3	27.1	30.2	1.25
甘 肃	Gansu	121.4	70.0	21.1	30.3	2.15
青 海	Qinghai	24.1	12.3	2.2	9.6	1.27
宁 夏	Ningxia	55.7	16.8	6.9	31.9	2.38
新 疆	Xinjiang	255.1	195.1	7.9	52.0	3.40

资料来源：环境保护部、住房和城乡建设部。
注：城镇环境基础设施建设投资统计范围包括设市城市和县城。
Source:Ministry of Environmental Protection，Ministry of Housing and Urban-Rural Development.
Note: Scope of Investment in Urban Environment Infrastructure Facilities included cities officially designated and county seats.

10-3 各地区城镇环境基础设施建设投资情况(2012年)
Investment in Urban Environment Infrastructure by Region (2012)

单位：亿元 (100 million yuan)

地 区 Region	投资总额 Total Investment	燃气 Gas Supply	集中供热 Central Heating	排水 Sewerage Projects	#污水处理 Waste Water Treatment	园林绿化 Gardening & Greening	市容环境卫生 Sanitation	#垃圾处理 Garbage Treatment
全 国 National Total	**5062.65**	**551.81**	**798.07**	**934.08**	**340.54**	**2380.04**	**398.64**	**170.66**
北 京 Beijing	312.90	25.34	69.14	40.08	7.39	153.80	24.53	2.80
天 津 Tianjin	105.05	16.28	5.87	9.77	0.14	64.59	8.53	8.24
河 北 Hebei	369.51	59.15	77.74	49.01	21.42	163.06	20.55	4.27
山 西 Shanxi	240.05	40.34	104.58	12.01	6.15	71.29	11.84	9.46
内蒙古 Inner Mongolia	343.94	14.52	89.24	44.43	12.84	184.47	11.29	5.30
辽 宁 Liaoning	339.60	21.60	97.89	71.24	21.29	126.50	22.37	2.16
吉 林 Jilin	60.58	10.15	23.22	7.04	4.96	15.58	4.58	2.52
黑龙江 Heilongjiang	163.18	15.44	84.52	21.70	12.96	30.36	11.16	5.09
上 海 Shanghai	65.24	13.87		17.08	0.06	19.30	14.98	11.73
江 苏 Jiangsu	380.26	27.53	0.98	81.26	32.25	247.59	22.90	3.96
浙 江 Zhejiang	163.63	19.30	1.38	36.26	16.50	88.16	18.54	9.72
安 徽 Anhui	250.97	20.54	2.03	53.93	17.50	155.38	19.09	10.77
福 建 Fujian	122.27	6.30		27.05	12.54	66.49	22.44	9.72
江 西 Jiangxi	273.53	82.01		31.70	13.92	147.08	12.74	5.47
山 东 Shandong	446.46	51.48	81.71	69.60	27.00	217.81	25.86	8.25
河 南 Henan	139.82	18.66	11.84	34.03	14.67	67.54	7.74	4.76
湖 北 Hubei	189.79	10.12	0.66	97.97	14.16	60.13	20.91	6.96
湖 南 Hunan	130.20	8.66		27.79	12.42	56.97	36.78	16.23
广 东 Guangdong	102.99	15.71		27.11	19.63	44.59	15.58	6.62
广 西 Guangxi	109.65	6.24		22.51	9.43	70.71	10.19	3.51
海 南 Hainan	23.48	0.23		12.63	2.52	7.55	3.08	0.90
重 庆 Chongqing	126.48	4.75		19.41	8.45	98.10	4.22	1.00
四 川 Sichuan	100.31	7.73	0.65	31.30	7.94	50.70	9.93	6.45
贵 州 Guizhou	35.73	5.71		7.40	3.24	17.69	4.93	2.76
云 南 Yunnan	48.73	1.15	1.01	19.04	11.90	17.66	9.87	8.01
西 藏 Tibet	0.75		0.02	0.13		0.16	0.44	0.27
陕 西 Shaanxi	123.35	19.40	17.37	24.36	12.01	50.20	12.02	7.48
甘 肃 Gansu	69.97	2.58	16.52	12.76	10.92	35.91	2.20	0.83
青 海 Qinghai	12.29	1.46	3.70	4.70	0.54	2.20	0.23	0.16
宁 夏 Ningxia	16.81	2.74	7.26	0.97	0.12	5.26	0.60	
新 疆 Xinjiang	195.15	22.84	100.75	19.84	5.66	43.21	8.52	5.26

资料来源：住房和城乡建设部。
Source: Ministry of Housing and Urban-Rural Development.

10-4 各地区工业污染治理投资完成情况(2012年)

Completed Investment in Treatment of Industrial Pollution by Region (2012)

单位：万元 (10 000 yuan)

地 区	Region	污染治理项目本年完成投资 Investment Completed in Pollution Treatment Projects	治理废水 Treatment of Waste water	治理废气 Treatment of Waste Gas	治理固体废物 Treatment of Solid Waste	治理噪声 Treatment of Noise Pollution	治理其他 Treatment of Other Pollution
全 国	**National Total**	**5004573**	**1403448**	**2577139**	**247499**	**11627**	**764860**
北 京	Beijing	32840	3012	24652	1011	40	4125
天 津	Tianjin	125559	11306	42459	1301	1208	69284
河 北	Hebei	236290	52178	181167	86		2858
山 西	Shanxi	323269	30523	170665	40201	239	81642
内蒙古	Inner Mongolia	189715	38699	123391	18197	5	9424
辽 宁	Liaoning	119447	27777	56168	2354	111	33038
吉 林	Jilin	57269	14702	30422	1095	350	10700
黑龙江	Heilongjiang	39287	7350	27661	2501		1776
上 海	Shanghai	115915	5336	55455	432	560	54131
江 苏	Jiangsu	390144	73572	265739	12989	323	37521
浙 江	Zhejiang	283023	101840	138422	1457	1405	39899
安 徽	Anhui	127350	21476	100711	2335	183	2645
福 建	Fujian	237635	102883	107725	7576	382	19069
江 西	Jiangxi	39478	16575	17576	1624	16	3688
山 东	Shandong	670633	263797	303865	35350	1306	66316
河 南	Henan	148347	30452	77995	3952	425	35522
湖 北	Hubei	148964	35376	75490	1476	1114	35508
湖 南	Hunan	179561	48312	78513	4157	280	48298
广 东	Guangdong	280996	57889	190207	17348	755	14797
广 西	Guangxi	85644	43969	25546	8782	2	7344
海 南	Hainan	48279	25043	21207	180		1850
重 庆	Chongqing	38226	17510	16531	1471	309	2405
四 川	Sichuan	110608	53646	48615	2892	474	4980
贵 州	Guizhou	124663	21041	67346	2363	1034	32879
云 南	Yunnan	197259	101066	56598	5733	575	33287
西 藏	Tibet	1775	922	174	615		64
陕 西	Shaanxi	271266	112221	112464	11406	480	34695
甘 肃	Gansu	210984	29510	62220	53499	51	65706
青 海	Qinghai	21880	3263	14130	1514		2974
宁 夏	Ningxia	69160	14298	43543	3601		7717
新 疆	Xinjiang	79106	37905	40483			718

10-5 各地区环保验收项目情况(2012年)
Environmental Protection Acceptance Projects by Region (2012)

地 区	Region	当年完成环保验收项目数(项) Number of Environmental Protection Acceptance Projects in the Year (unit)	当年完成环保验收项目总投资(亿元) Total Investment in the Environmental Protection Acceptance Projects in the Year (100 million yuan)	当年完成环保验收项目环保投资(亿元) Environmental Protection Investment in the Environmental Protection Acceptance Projects in the Year (100 million yuan)
全 国	**National Total**	**132310**	**98720.9**	**2690.4**
北 京	Beijing	3578	913.0	26.4
天 津	Tianjin	1319	1152.5	39.9
河 北	Hebei	7334	1763.5	93.0
山 西	Shanxi	1525	860.3	55.8
内蒙古	Inner Mongolia	2040	1275.6	82.2
辽 宁	Liaoning	1619	1765.2	331.9
吉 林	Jilin	3474	1057.5	37.1
黑龙江	Heilongjiang	2356	732.6	51.0
上 海	Shanghai	4505	2465.5	57.3
江 苏	Jiangsu	9548	38234.0	237.9
浙 江	Zhejiang	12245	4020.5	183.4
安 徽	Anhui	3757	2052.6	66.5
福 建	Fujian	5532	2074.7	76.5
江 西	Jiangxi	1921	862.8	38.6
山 东	Shandong	13792	3749.7	225.6
河 南	Henan	4254	1208.2	54.8
湖 北	Hubei	3057	1438.1	80.8
湖 南	Hunan	3328	596.4	42.1
广 东	Guangdong	15980	4036.6	129.1
广 西	Guangxi	5948	1314.9	72.3
海 南	Hainan	718	357.6	16.4
重 庆	Chongqing	2290	1545.7	56.6
四 川	Sichuan	4172	1471.5	66.9
贵 州	Guizhou	3089	333.4	20.7
云 南	Yunnan	4882	940.1	64.0
西 藏	Tibet	125	137.2	3.0
陕 西	Shaanxi	1392	564.9	30.2
甘 肃	Gansu	1456	608.1	30.3
青 海	Qinghai	516	287.8	9.6
宁 夏	Ningxia	567	539.4	31.9
新 疆	Xinjiang	5770	803.7	52.0

注：全国合计数据中包含环境保护部验收的项目情况。
Note: National total data included the Projects checked and accepted by Ministry of Environmental Protection.

10-6 各地区林业投资资金来源情况(2012年)

Source of Funds of Investment for Forestry by Region(2012)

单位：万元 (10 000 yuan)

地 区	Region	合 计 Source of Funds	上年末结余资金 Surplus Funds from last Year	本年资金来源 Source of Funds in the Year	国家预算资金 State Budgetary Appropriations	国内贷款 Domestic Loans
全 国	**National Total**	**33664456**	**655239**	**33009217**	**15563528**	**3283945**
北 京	Beijing	1369070	157168	1211902	1175681	
天 津	Tianjin	53355		53355	49288	
河 北	Hebei	663921	7223	656698	446878	89171
山 西	Shanxi	1025047		1025047	417841	
内蒙古	Inner Mongolia	1355222	5119	1350103	1230701	
辽 宁	Liaoning	1442337	1145	1441192	902002	4500
吉 林	Jilin	783681	69602	714079	500952	1342
黑龙江	Heilongjiang	1746785	6128	1740657	1287388	305
上 海	Shanghai	80214		80214	74944	
江 苏	Jiangsu	854958	1939	853019	222871	1420
浙 江	Zhejiang	791731	4246	787485	491026	151538
安 徽	Anhui	410617	3053	407564	186821	35214
福 建	Fujian	2434145	794	2433351	262356	1951870
江 西	Jiangxi	763176		763176	499087	32856
山 东	Shandong	2468838	5838	2463000	918060	39009
河 南	Henan	976351		976351	159521	230000
湖 北	Hubei	538442	7997	530445	292634	15468
湖 南	Hunan	1227186	8839	1218347	482910	134894
广 东	Guangdong	733679	21872	711807	630765	4047
广 西	Guangxi	6615642	30434	6585208	348398	293860
海 南	Hainan	184249	37176	147073	123429	
重 庆	Chongqing	502771	1499	501272	465261	13608
四 川	Sichuan	1845707	32597	1813110	874793	106365
贵 州	Guizhou	380000		380000	380000	
云 南	Yunnan	1132476	77927	1054549	826543	48857
西 藏	Tibet	165894		165894	165894	
陕 西	Shaanxi	680481	6230	674251	514598	1300
甘 肃	Gansu	756920	2240	754680	596809	93695
青 海	Qinghai	221647		221647	193614	15198
宁 夏	Ningxia	143679	260	143419	131674	
新 疆	Xinjiang	797767	75657	722110	437421	19428
大兴安岭	Daxinganling	372334	15489	356845	224510	

注：全国合计数包括国家林业局直属单位数据。
资料来源：国家林业局(下表同)。
Note:Data of national total include the units directly under State Forestry Administration.
Source: State Forestry Administration (the same as in the following table).

10-6 续表 continued

单位：万元 (10 000 yuan)

地 区	Region	债券 Bonds	利用外资 Foreign Capital	自筹资金 Enterprise Fundraising	其他资金 Other Funds
全 国	**National Total**	**32549**	**316427**	**10648742**	**3164026**
北 京	Beijing	670	531	19905	15115
天 津	Tianjin				4067
河 北	Hebei		3924	88951	27774
山 西	Shanxi		192	607014	
内蒙古	Inner Mongolia		400	102528	16474
辽 宁	Liaoning		2185	479289	53216
吉 林	Jilin	1101	3639	122322	84723
黑龙江	Heilongjiang			444070	8894
上 海	Shanghai			25	5245
江 苏	Jiangsu			600666	28062
浙 江	Zhejiang		4284	131096	9541
安 徽	Anhui		3843	139018	42668
福 建	Fujian		124512	89404	5209
江 西	Jiangxi		12119	141008	78106
山 东	Shandong		7800	1321404	176727
河 南	Henan		1100	337260	248470
湖 北	Hubei		4370	162501	55472
湖 南	Hunan		2216	533072	65255
广 东	Guangdong		6182	33015	37798
广 西	Guangxi	29050	116235	4249680	1547985
海 南	Hainan	620		13191	9833
重 庆	Chongqing	9		18677	3717
四 川	Sichuan		5251	435424	391277
贵 州	Guizhou				
云 南	Yunnan	1099		73211	104839
西 藏	Tibet				
陕 西	Shaanxi			82524	75829
甘 肃	Gansu		16572	31349	16255
青 海	Qinghai		984	316	11535
宁 夏	Ningxia			320	11425
新 疆	Xinjiang		88	256972	8201
大兴安岭	Daxinganling			132335	

10-7 各地区林业投资完成情况(2012年)
Completed Investment for Forestry by Region(2012)

单位：万元 (10 000 yuan)

地区 Region	本年完成投资 Completed Investment During the Year	#国家投资 State Investment	林业投资 Investment for Forestry				
			生态建设与保护 Ecological Construction and Protection	林业支撑与保障 Forestry Bracing and Indemnification	林业产业发展 Forestry Industry Development	林业民生工程 Livelihood Projects of Forestry	其他 Others
全国 National Total	**33420880**	**12454012**	**16041174**	**2228758**	**8207093**	**2454630**	**4489225**
北京 Beijing	1470847	860020	1119355	49784	79473	4475	217760
天津 Tianjin	53355	49288	42385	2423			8547
河北 Hebei	663921	446878	398888	46342	124393	41307	52991
山西 Shanxi	1025047	417841	721516	29928	9487	14095	250021
内蒙古 Inner Mongolia	1333975	1159659	871280	150936	390	119803	191566
辽宁 Liaoning	1456896	759411	1219579	68256	107788	23248	38025
吉林 Jilin	714638	414206	262790	79066	30367	265713	76702
黑龙江 Heilongjiang	1742134	1229763	712293	45921	5247	916943	61730
上海 Shanghai	96870	42635	87941	5437	496		2996
江苏 Jiangsu	928670	87742	748529	75847	78950	16201	9143
浙江 Zhejiang	807782	401387	480940	59974	144507	47304	75057
安徽 Anhui	452501	138449	309546	28474	52014	25978	36489
福建 Fujian	2215019	263150	665809	4290	1232902		312018
江西 Jiangxi	760416	269660	335116	67889	131026	50814	175571
山东 Shandong	2513677	343542	1270794	509902	620178	22900	89903
河南 Henan	976351	74038	624222	19771	203383	32665	96310
湖北 Hubei	533859	292634	294476	37834	89877	45657	66015
湖南 Hunan	1279005	392645	635021	48980	370813	93760	130431
广东 Guangdong	636673	300712	380195	85521	25825	37707	107425
广西 Guangxi	6903848	499059	1089122	390249	3761113	189131	1474233
海南 Hainan	142492	107637	74891	12034	14730	25013	15824
重庆 Chongqing	516676	392342	386252	28966	22085	23326	56047
四川 Sichuan	1773551	945631	676745	48765	676222	50500	321319
贵州 Guizhou	380000	315000	337116	9353	800	5019	27712
云南 Yunnan	850074	358996	456436	66697	74562	70428	181951
西藏 Tibet	165894	135486	137169	8707	9466	2686	7866
陕西 Shaanxi	749288	400645	518325	56733	60306	51098	62826
甘肃 Gansu	756920	423219	375675	46857	101114	63823	169451
青海 Qinghai	227158	193614	152390	10686	39213	2263	22606
宁夏 Ningxia	138955	114771	115963	8744	4313	9727	208
新疆 Xinjiang	663078	323014	366027	46409	132125	28430	90087
大兴安岭 Daxinganling	395075	229927	144351	58448	3039	174384	14853

注：全国合计数包括国家林业局直属单位数据。
Note:Data of national total include the units directly under State Forestry Administration.

十一、 城市环境

Urban Environment

11-1 全国城市环境情况(2000-2012年)

Urban Environment (2000-2012)

年 份 Year	城市个数 (个) Number of Cities (unit)	城区面积 (万平方公里) Urban Area (10 000 sq.km)	建设用地面积 (万平方公里) Area of Land Used for Urban Construction (10 000 sq.km)	人均日生活用水量 (升) Daily Household Water Consumption per Capita (liter)	城市用水普及率 (%) Water Access Rate (%)	城市污水排放量 (亿立方米) Waste Water Discharged (100 million cu.m)	城市污水处理率 (%) Waste Water Treatment Rate (%)
2000	663	87.8	2.2	220.2	63.9	331.8	34.3
2001	662	60.8	2.4	216.0	72.3	328.6	36.4
2002	660	46.7	2.7	213.0	77.9	337.6	40.0
2003	660	39.9	2.9	210.9	86.2	349.2	42.1
2004	661	39.5	3.1	210.8	88.9	356.5	45.7
2005	661	41.3		204.1	91.1	359.5	52.0
2006	656	16.7	3.2	188.3	86.1	362.5	55.7
2007	655	17.6	3.6	178.4	93.8	361.0	62.9
2008	655	17.8	3.9	178.2	94.7	364.9	70.2
2009	655	17.5	3.9	176.6	96.1	371.2	75.3
2010	657	17.9	4.0	171.4	96.7	378.7	82.3
2011	657	18.4	4.2	170.9	97.0	403.7	83.6
2012	657	18.3	4.6	171.8	97.2	416.8	87.3

注：2006年起住房和城乡建设部《城市建设统计制度》修订，统计范围、口径及部分指标计算方法都有所调整，故不能与2005年直接比较。

Note:Urban Construction Statistical System had been amended by Ministry of Housing and Urban-Rural Development in 2006. Scope, caliber and calculated method of some indicators are adjusted,so it can not be directly compared with data of 2005.

11-1 续表 continued

年 份 Year	城市燃气普及率 (%) Gas Access Rate (%)	城市生活垃圾清运量 (万吨) Volume of Garbage Disposal (10 000 tons)	城市生活垃圾无害化处理率 (%) Proportion of Harmless Treated Garbage (%)	供热面积 (万平方米) Heated Area (10 000 sq.m)	建成区绿化覆盖率 (%) Green Covered Area as % of Completed Area (%)	人均公园绿地面积 (平方米) Park Green Land per Capita (sq.m)
2000	45.4	11819		110766	28.2	3.7
2001	59.7	13470	58.2	146329	28.4	4.6
2002	67.2	13650	54.2	155567	29.8	5.4
2003	76.7	14857	50.8	188956	31.2	6.5
2004	81.5	15509	52.1	216266	31.7	7.4
2005	82.1	15577	51.7	252056	32.5	7.9
2006	79.1	14841	52.2	265853	35.1	8.3
2007	87.4	15215	62.0	300591	35.3	9.0
2008	89.6	15438	66.8	348948	37.4	9.7
2009	91.4	15734	71.4	379574	38.2	10.7
2010	92.0	15805	77.9	435668	38.6	11.2
2011	92.4	16395	79.7	473784	39.2	11.8
2012	93.2	17081	84.8	518368	39.6	12.3

11-2 主要城市空气质量指标(2012年)

Ambient Air Quality in Major Cities (2012)

单位：毫克/立方米,天,%

(milligram/cu.m, day, %)

城市	City	可吸入颗粒物 (PM_{10}) Paticulate Matters	二氧化硫 (SO_2) Sulphur Dioxide	二氧化氮 (NO_2) Nitrogen Dioxide	空气质量达到二级以上的天数 Days of Air Quality Equal to or Above Grade II	空气质量达到二级以上天数占全年比重 Proportion of Days of Air Quality Equal to or Above Grade II in the Whole Year
北京	Beijing	0.109	0.029	0.052	281	76.8
天津	Tianjin	0.105	0.048	0.042	305	83.3
石家庄	Shijiazhuang	0.098	0.058	0.040	322	88.0
太原	Taiyuan	0.080	0.056	0.026	324	88.5
呼和浩特	Hohhot	0.091	0.051	0.037	348	95.1
沈阳	Shenyang	0.092	0.058	0.036	329	89.9
长春	Dalian	0.087	0.030	0.044	339	92.6
哈尔滨	Harbin	0.094	0.036	0.047	319	87.2
上海	Shanghai	0.071	0.023	0.046	343	93.7
南京	Nanjing	0.102	0.033	0.051	317	86.6
杭州	Hangzhou	0.087	0.035	0.053	336	91.8
合肥	Hefei	0.098	0.019	0.027	331	90.4
福州	Fuzhou	0.060	0.008	0.035	364	99.5
南昌	Nanchang	0.088	0.045	0.039	330	90.2
济南	Jinan	0.104	0.055	0.041	324	88.5
郑州	Zhengzhou	0.105	0.051	0.046	319	87.2
武汉	Wuhan	0.097	0.030	0.054	321	87.7
长沙	Changsha	0.088	0.028	0.044	332	90.7
广州	Guangzhou	0.069	0.022	0.049	360	98.4
南宁	Nanning	0.069	0.019	0.033	352	96.2
海口	Haikou	0.034	0.006	0.019	366	100.0
重庆	Chongqing	0.090	0.037	0.035	340	92.9
成都	Chengdu	0.119	0.033	0.051	293	80.1
贵阳	Guiyang	0.073	0.031	0.028	351	95.9
昆明	Kunming	0.067	0.034	0.036	365	99.7
拉萨	Lhasa	0.049	0.008	0.024	364	99.5
西安	Xi'an	0.118	0.040	0.042	306	83.6
兰州	Lanzhou	0.136	0.041	0.039	270	73.8
西宁	Xining	0.105	0.035	0.026	315	86.1
银川	Yinchuan	0.099	0.044	0.037	329	89.9
乌鲁木齐	Urumqi	0.145	0.058	0.068	292	79.8

资料来源：环境保护部。
Source:Ministry of Environmental Protection.

11-3 各地区城市面积和建设用地情况(2012年)
Basic Statistics on Urban Area and Land Used for Construction by Region(2012)

单位:平方公里 (sq.km)

地区	Region	城区面积 Urban Area	#建成区面积 Area of Built Districts	城市建设用地面积 Area of Land Used for Urban Construction			
				小计 Sub-total	居住用地 Residential Area	公共管理与公共服务设施用地 Area for Public Management & Service Facilities	商业服务业设施用地 Area for Commercial Services Facilities
全国	**National Total**	**183039.4**	**45565.8**	**45750.7**	**14283.4**	**4481.8**	**3084.8**
北京	Beijing	12187.0	1261.1	1445.0			
天津	Tianjin	2334.5	722.1	722.1	194.8	49.4	40.0
河北	Hebei	6611.2	1738.9	1609.3	558.5	167.6	99.4
山西	Shanxi	3427.2	1013.8	944.1	309.9	121.4	40.1
内蒙古	Inner Mongolia	8501.0	1132.8	1198.8	386.1	115.7	80.8
辽宁	Liaoning	13966.5	2329.1	2261.3	783.9	178.0	150.4
吉林	Jilin	3956.6	1293.8	1209.8	428.7	100.7	80.1
黑龙江	Heilongjiang	2718.3	1725.5	1747.7	624.5	162.7	141.8
上海	Shanghai	6340.5	998.8	2904.3	1065.6	160.2	135.2
江苏	Jiangsu	13957.0	3655.1	3701.9	1143.8	305.7	300.4
浙江	Zhejiang	10515.2	2296.3	2246.7	627.0	195.8	176.9
安徽	Anhui	5569.1	1696.0	1682.0	542.8	164.1	142.4
福建	Fujian	4500.9	1203.1	1126.1	359.6	143.6	73.5
江西	Jiangxi	1949.6	1077.6	1034.3	320.7	94.3	88.7
山东	Shandong	21421.5	3927.0	3854.4	1143.4	435.6	276.4
河南	Henan	4628.0	2219.1	2083.4	612.0	242.9	131.0
湖北	Hubei	9052.3	1889.6	2126.7	652.4	271.4	106.9
湖南	Hunan	4623.5	1465.1	1430.2	507.6	195.1	85.2
广东	Guangdong	15984.1	5026.4	4083.4	1279.3	413.5	310.7
广西	Guangxi	6067.4	1083.6	1029.8	322.5	116.7	54.3
海南	Hainan	1149.1	265.6	253.4	91.4	31.4	5.1
重庆	Chongqing	6105.7	1051.7	859.5	277.6	79.9	52.1
四川	Sichuan	6205.0	1901.7	1855.6	587.8	213.6	125.2
贵州	Guizhou	1816.6	586.1	555.5	169.6	64.9	33.3
云南	Yunnan	2143.8	859.9	846.6	348.4	93.6	109.8
西藏	Tibet	337.0	119.7	111.0	40.3	10.5	11.7
陕西	Shaanxi	1504.4	863.5	776.2	210.9	130.0	100.6
甘肃	Gansu	1292.4	681.6	642.7	184.6	72.0	49.1
青海	Qinghai	512.3	122.1	122.0	53.4	13.6	4.2
宁夏	Ningxia	2103.2	399.6	332.9	114.2	47.1	15.9
新疆	Xinjiang	1558.5	959.6	954.1	342.5	90.8	63.5

资料来源：住房和城乡建设部(以下各表同)。
Source: Ministry of Housing and Urban-Rural Development(the same as in the following tables).

11-3 续表 continued

单位:平方公里 (sq.km)

地 区	Region	城市建设用地面积 Area of Land Used for Urban Construction					本年征用土地面积 Area of Land Requisition of the Year	
		工业用地 Area for Industrial	物流仓储用地 Area for Logistics & Storage	道路交通设施用地 Area for Road Traffic Facilities	公共设施用地 Area for Public Facilities	绿地与广场用地 Green Land & Square Land		#耕地 Arable Land
全 国	**National Total**	**8712.4**	**1378.5**	**5462.7**	**2130.2**	**4771.2**	**2161.5**	**992.2**
北 京	Beijing						42.2	7.1
天 津	Tianjin	165.1	53.0	116.3	20.9	82.6	55.7	25.5
河 北	Hebei	244.2	57.5	199.4	85.3	197.5	19.7	7.2
山 西	Shanxi	184.7	36.7	74.2	78.6	98.5	26.8	13.3
内蒙古	Inner Mongolia	213.6	39.3	139.9	73.6	149.9	17.9	3.3
辽 宁	Liaoning	518.5	76.2	256.4	67.6	230.3	194.8	102.3
吉 林	Jilin	250.1	35.6	155.6	61.8	97.1	56.0	35.4
黑龙江	Heilongjiang	272.6	74.0	201.1	75.7	195.4	39.7	8.8
上 海	Shanghai	736.8	86.3	414.5	117.9	187.9	42.0	25.5
江 苏	Jiangsu	839.5	101.9	411.3	159.8	439.5	245.9	104.3
浙 江	Zhejiang	541.3	52.9	324.4	107.0	221.3	115.2	65.4
安 徽	Anhui	301.4	49.6	198.1	76.2	207.5	128.6	52.4
福 建	Fujian	235.2	31.0	116.8	49.4	117.0	72.5	19.9
江 西	Jiangxi	198.0	29.5	126.7	51.1	125.3	65.9	29.0
山 东	Shandong	819.5	120.5	444.5	180.2	434.4	150.7	67.0
河 南	Henan	305.9	72.7	323.0	98.1	297.9	44.7	19.2
湖 北	Hubei	485.5	65.3	254.9	104.8	185.6	34.3	5.1
湖 南	Hunan	227.2	43.1	110.1	127.3	134.6	69.1	31.0
广 东	Guangdong	950.1	93.6	512.8	128.4	394.9	286.3	161.7
广 西	Guangxi	162.7	38.4	174.1	48.7	112.3	88.9	38.5
海 南	Hainan	17.6	4.3	49.2	11.8	42.6	11.2	1.2
重 庆	Chongqing	183.2	19.1	138.9	25.3	83.4	75.3	35.5
四 川	Sichuan	350.5	37.0	214.5	135.0	191.6	71.1	35.0
贵 州	Guizhou	86.7	22.7	70.4	25.8	82.1	17.1	7.1
云 南	Yunnan	47.3	28.8	72.7	61.1	84.9	62.5	22.3
西 藏	Tibet	12.1	1.5	7.1	11.9	15.9		
陕 西	Shaanxi	79.9	21.1	99.0	35.2	99.4	28.7	17.5
甘 肃	Gansu	96.7	22.9	82.8	26.8	107.8	52.9	28.1
青 海	Qinghai	10.5	14.9	7.9	9.2	8.3	2.9	0.3
宁 夏	Ningxia	32.7	11.6	52.1	16.0	43.5	10.7	8.8
新 疆	Xinjiang	143.2	37.7	114.0	60.0	102.4	32.4	14.6

11-4 各地区城市市政设施情况(2012年)
Urban Municipal Facilities by Region (2012)

地 区	Region	道路长度(公里) Length of Roads (km)	道路面积(万平方米) Area of Roads (10 000 sq.m)	城市桥梁(座) Number of Bridges (unit)	#立交桥数 Inter-section Bridges
全 国	**National Total**	**327081**	**607449**	**57601**	**4048**
北 京	Beijing	7894	13509	2885	424
天 津	Tianjin	6462	11611	736	89
河 北	Hebei	12419	28433	1286	161
山 西	Shanxi	6382	12233	520	107
内蒙古	Inner Mongolia	7299	15502	354	68
辽 宁	Liaoning	15513	26200	1612	247
吉 林	Jilin	8056	14362	696	142
黑龙江	Heilongjiang	11128	16252	876	182
上 海	Shanghai	4775	9717	2151	54
江 苏	Jiangsu	34966	62438	12922	290
浙 江	Zhejiang	17672	33575	8984	153
安 徽	Anhui	11571	24693	1311	173
福 建	Fujian	8210	15183	1689	87
江 西	Jiangxi	6477	13630	550	54
山 东	Shandong	36566	71390	4660	272
河 南	Henan	10798	25458	1215	121
湖 北	Hubei	17461	28755	1822	95
湖 南	Hunan	10367	18902	718	79
广 东	Guangdong	41388	62787	6044	420
广 西	Guangxi	7021	13662	668	80
海 南	Hainan	2104	4504	143	7
重 庆	Chongqing	5956	11936	1201	255
四 川	Sichuan	11287	22628	1798	212
贵 州	Guizhou	2521	4103	436	26
云 南	Yunnan	4855	10297	639	44
西 藏	Tibet	396	793	13	1
陕 西	Shaanxi	5422	12137	618	117
甘 肃	Gansu	3580	7093	385	31
青 海	Qinghai	773	1529	85	4
宁 夏	Ningxia	1948	4619	148	6
新 疆	Xinjiang	5813	9517	436	47

11-4 续表 continued

地 区	Region	城市道路照明灯 (千盏) Number of Road Lamps (1 000 unit)	排水管道长度 (公里) Length of Drainage Pipes (km)	#污水管道 Sewers	防洪堤长度 (公里) Length of Flood Control Dikes (km)
全 国	**National Total**	**20622.2**	**439080**	**177995**	**33926**
北 京	Beijing	237.0	12665	5735	
天 津	Tianjin	282.1	17756	8632	2017
河 北	Hebei	646.1	15787	6085	858
山 西	Shanxi	459.6	6530	1900	314
内蒙古	Inner Mongolia	753.5	10012	5894	618
辽 宁	Liaoning	1487.2	15945	3340	1526
吉 林	Jilin	604.0	8910	3203	746
黑龙江	Heilongjiang	559.6	9376	2816	790
上 海	Shanghai	497.6	18191	7244	1129
江 苏	Jiangsu	2727.1	56887	27525	6852
浙 江	Zhejiang	1255.9	29786	14143	1707
安 徽	Anhui	722.0	19885	7639	1363
福 建	Fujian	618.8	11483	6274	475
江 西	Jiangxi	467.2	9484	4169	628
山 东	Shandong	1629.1	43357	16309	2583
河 南	Henan	769.4	17292	6436	812
湖 北	Hubei	383.1	18634	4918	1604
湖 南	Hunan	574.8	11402	4903	689
广 东	Guangdong	1858.4	41056	13769	5056
广 西	Guangxi	564.1	7726	1910	343
海 南	Hainan	162.8	3015	1121	5
重 庆	Chongqing	305.8	8851	4588	240
四 川	Sichuan	836.5	18753	8260	1388
贵 州	Guizhou	271.0	3648	1751	227
云 南	Yunnan	352.7	5276	2223	607
西 藏	Tibet	20.4	355	22	7
陕 西	Shaanxi	585.8	6383	2964	289
甘 肃	Gansu	225.8	3282	1277	580
青 海	Qinghai	103.4	1155	610	50
宁 夏	Ningxia	249.3	1242	264	146
新 疆	Xinjiang	412.3	4956	2073	277

11-5 各地区城市供水和用水情况(2012年)

Urban Water Supply and Use by Region (2012)

单位：万立方米 (10 000 cu.m)

地区	Region	供水总量 Total Water Supply	售水量按用途分 Water for Sale Classify by Purpose				
			合计 Total	生产运营用水 Production & Operation	公共服务用水 Public Service	居民家庭用水 Household Use	其他用水 Other
全国	**National Total**	**5230326**	**4421863**	**1592723**	**711109**	**1848188**	**269842**
北京	Beijing	159646	139914	22317	47056	64684	5857
天津	Tianjin	77218	67923	30549	9009	23448	4918
河北	Hebei	172396	152811	64757	23121	49840	15093
山西	Shanxi	82438	74927	30996	6906	33998	3027
内蒙古	Inner Mongolia	64870	54367	23028	9477	18078	3784
辽宁	Liaoning	274953	210476	97403	38975	65204	8895
吉林	Jilin	106530	79268	33603	15325	27262	3078
黑龙江	Heilongjiang	152154	124889	60562	18041	41037	5249
上海	Shanghai	309704	243523	53826	62483	99597	27616
江苏	Jiangsu	492791	433178	200532	61464	153553	17628
浙江	Zhejiang	281165	243541	100338	30778	103229	9197
安徽	Anhui	156888	130299	47010	19443	59439	4406
福建	Fujian	146328	123209	42843	14224	54912	11230
江西	Jiangxi	94595	76330	15907	16039	40513	3871
山东	Shandong	327449	290717	143546	42710	95224	9237
河南	Henan	188538	161577	73651	20188	59228	8509
湖北	Hubei	259049	212548	61772	32661	107360	10755
湖南	Hunan	186471	145263	35229	20113	82806	7114
广东	Guangdong	817348	691227	216227	116880	293811	64310
广西	Guangxi	156785	139180	58547	15636	63373	1623
海南	Hainan	39045	32114	3071	4784	15423	8836
重庆	Chongqing	95903	83399	22842	9912	46894	3750
四川	Sichuan	190304	164140	42246	27602	88919	5374
贵州	Guizhou	48886	40027	8106	5173	24162	2587
云南	Yunnan	59717	53764	15600	5600	29456	3107
西藏	Tibet	13043	10510	4966	323	1570	3651
陕西	Shaanxi	84703	74272	20146	14518	36020	3588
甘肃	Gansu	54243	49943	18995	6812	20708	3428
青海	Qinghai	22946	19674	9289	1615	7653	1117
宁夏	Ningxia	28369	25768	10125	3866	9972	1805
新疆	Xinjiang	85851	73085	24695	10374	30814	7201

11-5 续表 continued

地 区	Region	用水人口（万人） Population with Access to Water Supply (10 000 persons)	人均日生活用水量（升） Daily Household Water Consumption per Capita (liter)	用水普及率(%) Water Access Rate (%)
全 国	**National Total**	**41026.5**	**171.8**	**97.2**
北 京	Beijing	1783.7	171.8	100.0
天 津	Tianjin	649.4	134.1	100.0
河 北	Hebei	1593.4	126.2	100.0
山 西	Shanxi	1013.4	110.9	97.6
内蒙古	Inner Mongolia	828.6	91.1	94.4
辽 宁	Liaoning	2233.4	128.1	98.5
吉 林	Jilin	1052.0	111.6	92.4
黑龙江	Heilongjiang	1293.4	125.5	94.1
上 海	Shanghai	2380.4	186.5	100.0
江 苏	Jiangsu	2785.1	215.4	99.7
浙 江	Zhejiang	1876.0	195.8	99.9
安 徽	Anhui	1310.5	165.5	98.0
福 建	Fujian	1065.4	178.4	99.1
江 西	Jiangxi	887.9	175.7	97.7
山 东	Shandong	2886.5	131.6	99.9
河 南	Henan	2108.2	104.1	91.8
湖 北	Hubei	1782.3	215.7	98.2
湖 南	Hunan	1350.9	212.8	96.4
广 东	Guangdong	4567.7	246.7	97.6
广 西	Guangxi	883.3	248.1	95.3
海 南	Hainan	233.6	237.2	97.7
重 庆	Chongqing	1049.4	148.8	93.8
四 川	Sichuan	1636.7	195.6	92.0
贵 州	Guizhou	555.9	144.9	92.1
云 南	Yunnan	814.7	118.3	94.3
西 藏	Tibet	42.0	127.7	75.4
陕 西	Shaanxi	793.1	174.7	96.2
甘 肃	Gansu	523.8	144.0	92.8
青 海	Qinghai	136.8	194.2	99.9
宁 夏	Ningxia	242.8	156.5	92.3
新 疆	Xinjiang	666.2	171.0	99.1

11-6 各地区城市节约用水情况(2012年)
Urban Water Saving by Region (2012)

地区	Region	实际用水量(万立方米) Actual Quantity of Water Used (10 000 cu.m)					
		合计 Total	#工业 Industry	新水取用量 New Water Source Used	#工业 Industry	重复利用量 Recycled Use	#工业 Industry
全国	**National Total**	**9226491**	**7771534**	**1838306**	**858143**	**7388185**	**6913391**
北京	Beijing	258101	37833	182758	23056	75343	14777
天津	Tianjin	438088	434158	17418	14446	420670	419712
河北	Hebei	748758	572744	45594	32855	703164	539889
山西	Shanxi	231935	209616	26560	11845	205375	197771
内蒙古	Inner Mongolia	225047	211068	42321	30990	182726	180078
辽宁	Liaoning	1379271	1266648	175509	95290	1203762	1171358
吉林	Jilin	154119	132664	50837	30859	103282	101805
黑龙江	Heilongjiang	264021	230895	120632	95915	143389	134980
上海	Shanghai	86930	37171	86930	37171		
江苏	Jiangsu	1222229	1044218	235285	148289	986944	895929
浙江	Zhejiang	218891	189051	64701	42471	154190	146580
安徽	Anhui	330972	311187	30296	12936	300676	298251
福建	Fujian	120752	66924	62665	9292	58087	57632
江西	Jiangxi	28451	17011	5643	1480	22808	15531
山东	Shandong	1319872	1163470	185670	87060	1134202	1076410
河南	Henan	423655	387954	56612	26023	367043	361931
湖北	Hubei	330246	289449	72045	37523	258201	251926
湖南	Hunan	42211	24589	32685	15906	9526	8683
广东	Guangdong	225113	163772	77602	16261	147511	147511
广西	Guangxi	416838	365910	73601	24811	343237	341099
海南	Hainan	24683	8287	14641	1561	10042	6726
重庆	Chongqing	740	130	550	90	190	40
四川	Sichuan	96120	59256	43554	11276	52566	47980
贵州	Guizhou	31388	24549	10505	4464	20883	20085
云南	Yunnan	14732	1371	14343	982	389	389
西藏	Tibet						
陕西	Shaanxi	239471	208418	45422	16971	194049	191447
甘肃	Gansu	234251	217778	30676	15783	203575	201995
青海	Qinghai	3160	995	1722	516	1438	479
宁夏	Ningxia	95172	89120	12456	7304	82716	81816
新疆	Xinjiang	21274	5298	19073	4717	2201	581

11-6 续表 continued

地　区	Region	节约用水量(万立方米) Water Saved (10 000 cu.m)	#工　业 Industry	重复利用率(%) Reuse Rate (%)	#工业用水重复利用率 Reuse Rate for Industrial Purpose
全　国	**National Total**	**400806**	**290712**	**80.1**	**89.0**
北　京	Beijing	11310	3411	29.2	39.1
天　津	Tianjin	386	201	96.0	96.7
河　北	Hebei	22166	20557	93.9	94.3
山　西	Shanxi	11229	8503	88.6	94.4
内蒙古	Inner Mongolia	13685	11036	81.2	85.3
辽　宁	Liaoning	35820	27287	87.3	92.5
吉　林	Jilin	13388	12048	67.0	76.7
黑龙江	Heilongjiang	9477	7797	54.3	58.5
上　海	Shanghai	19770	12229		
江　苏	Jiangsu	31073	25259	80.8	85.8
浙　江	Zhejiang	12458	8308	70.4	77.5
安　徽	Anhui	21016	16934	90.9	95.8
福　建	Fujian	4066	2600	48.1	86.1
江　西	Jiangxi	1851	1166	80.2	91.3
山　东	Shandong	89979	79744	85.9	92.5
河　南	Henan	12398	7656	86.6	93.3
湖　北	Hubei	11931	6954	78.2	87.0
湖　南	Hunan	7828	6280	22.6	35.3
广　东	Guangdong	12495	2467	65.5	90.1
广　西	Guangxi	7301	5032	82.3	93.2
海　南	Hainan	2091	289	40.7	81.2
重　庆	Chongqing	145	25	25.7	30.8
四　川	Sichuan	7296	2513	54.7	81.0
贵　州	Guizhou	4871	4568	66.5	81.8
云　南	Yunnan	2687	63	2.6	28.4
西　藏	Tibet				
陕　西	Shaanxi	16792	12337	81.0	91.9
甘　肃	Gansu	7921	3352	86.9	92.8
青　海	Qinghai	205	205	45.5	48.1
宁　夏	Ningxia	2397	1183	86.9	91.8
新　疆	Xinjiang	6774	708	10.4	11.0

11-7 各地区城市污水排放和处理情况(2012年)
Urban Waste Water Discharged and Treated by Region (2012)

地 区	Region	城市污水排放量(万立方米) Waste Water Discharged (10 000 cu.m)	污水处理厂(座) Waste Water Treatment Plants (unit)	#二、三级处理 Secondary & Tertiary Treatment	污水处理厂污水处理能力(万立方米/日) Treatment Capacity (10 000 cu.m/day)	#二、三级处理 Secondary & Tertiary Treatment	污水处理厂污水处理量(万立方米) Volume of Waste Water Treated (10 000 cu.m)
全 国	**National Total**	**4167602**	**1670**	**1413**	**11733.1**	**10306.3**	**3437868**
北 京	Beijing	152010	43	43	388.5	388.5	124655
天 津	Tianjin	74473	36	36	254.6	254.6	65093
河 北	Hebei	148329	73	49	511.5	281.2	138756
山 西	Shanxi	61355	35	21	184.2	108.7	52061
内蒙古	Inner Mongolia	50488	37	31	167.4	141.9	43204
辽 宁	Liaoning	220454	74	57	606.0	503.4	180537
吉 林	Jilin	81629	36	21	243.3	202.2	66643
黑龙江	Heilongjiang	121945	46	35	288.2	258.5	70336
上 海	Shanghai	236803	49	49	701.3	701.3	216166
江 苏	Jiangsu	388975	183	168	1048.2	993.1	288619
浙 江	Zhejiang	221437	73	67	634.6	605.2	186435
安 徽	Anhui	131535	53	36	370.0	249.0	113636
福 建	Fujian	111913	51	51	304.2	304.2	91687
江 西	Jiangxi	75575	33	33	212.0	212.0	62843
山 东	Shandong	277438	137	102	816.6	623.3	258276
河 南	Henan	164967	63	52	515.3	421.7	142400
湖 北	Hubei	171706	68	56	482.1	425.1	141161
湖 南	Hunan	159155	55	51	384.2	353.2	117779
广 东	Guangdong	615166	204	193	1695.5	1636.3	541926
广 西	Guangxi	121395	34	25	254.0	228.5	71935
海 南	Hainan	25625	18	16	73.9	69.4	19301
重 庆	Chongqing	76782	39	38	234.5	231.5	68341
四 川	Sichuan	149029	71	61	357.9	330.4	113435
贵 州	Guizhou	40107	28	21	124.8	107.8	36654
云 南	Yunnan	68307	30	24	207.9	182.4	61520
西 藏	Tibet	7831	1		5.0		5
陕 西	Shaanxi	71442	29	15	225.2	102.2	62610
甘 肃	Gansu	40073	21	19	133.1	128.6	25895
青 海	Qinghai	16198	6	6	32.1	32.1	9777
宁 夏	Ningxia	29143	11	9	69.5	50.5	19797
新 疆	Xinjiang	56317	33	28	207.5	179.5	46385

11-7 续表 continued

地区 Region	其他污水处理设施 Other Waste Water Treatment Equipments 处理能力（万立方米/日） Treatment Capacity (10 000 cu.m/day)	处理量（万吨） Volume of Treatment (10 000 tons)	污水处理总能力（万立方米/日） Total Treatment Capacity (10 000 cu.m/day)	污水处理总量（万吨） Total Volume of Waste Water Treated (10 000 tons)	污水再生利用量（万吨） Total Volume of Waste Water Recycled & Reused (10 000 tons)	城市污水处理率（%） Waste Water Treatment Rate (%)	#污水处理厂集中处理率 Waste Water Treatment Concentration Rate
全 国 National Total	**1959.8**	**200370**	**13692.9**	**3638238**	**320796**	**87.3**	**82.5**
北 京 Beijing	12.0	1756	400.5	126411	75003	83.2	82.0
天 津 Tianjin	2.6	619	257.2	65712	1879	88.2	87.4
河 北 Hebei	11.3	1066	522.8	139822	33076	94.3	93.6
山 西 Shanxi	5.9	1919	190.1	53980	7216	88.0	84.9
内蒙古 Inner Mongolia			167.4	43204	7587	85.6	85.6
辽 宁 Liaoning	64.9	5938	670.9	186475	21978	84.6	81.9
吉 林 Jilin	4.5	579	247.8	67222	776	82.4	81.6
黑龙江 Heilongjiang	35.0	3775	323.2	74111	3962	60.8	57.7
上 海 Shanghai			701.3	216166		91.3	91.3
江 苏 Jiangsu	516.3	64140	1564.5	352759	33525	90.7	74.2
浙 江 Zhejiang	56.5	7316	691.1	193751	10580	87.5	84.2
安 徽 Anhui	141.4	10702	511.4	124338	1129	94.5	86.4
福 建 Fujian	87.9	4108	392.1	95795	46	85.6	81.9
江 西 Jiangxi	14.0	828	226.0	63671	796	84.3	83.2
山 东 Shandong	137.4	3139	954.0	261415	38595	94.2	93.1
河 南 Henan	12.5	2482	527.8	144882	5785	87.8	86.3
湖 北 Hubei	74.9	8423	557.0	149584	15569	87.1	82.2
湖 南 Hunan	191.1	18837	575.3	136616	332	85.8	74.0
广 东 Guangdong	9.8	1468	1705.3	543394	3653	88.3	88.1
广 西 Guangxi	466.2	34628	720.2	106563		87.8	59.3
海 南 Hainan			73.9	19301	554	75.3	75.3
重 庆 Chongqing	3.9	814	238.4	69155	395	90.1	89.0
四 川 Sichuan	45.2	11195	403.1	124630	22	83.6	76.1
贵 州 Guizhou			124.8	36654	18100	91.4	91.4
云 南 Yunnan	21.8	3196	229.7	64716	25389	94.7	90.1
西 藏 Tibet			5.0	5		0.1	0.1
陕 西 Shaanxi	2.0	611	227.2	63221	3966	88.5	87.6
甘 肃 Gansu	26.0	4312	159.1	30207	1265	75.4	64.6
青 海 Qinghai			32.1	9777	45	60.4	60.4
宁 夏 Ningxia	10.0	7410	79.5	27207	1453	93.4	67.9
新 疆 Xinjiang	6.7	1110	214.2	47495	8120	84.3	82.4

11-8 各地区城市市容环境卫生情况（2012年）
Urban Environmental Sanitation by Region (2012)

地区 Region	道路清扫保洁面积（万平方米） Area under Cleaning Program (10 000 sq.m)	生活垃圾清运量（万吨） Volume of Garbage Disposal (10 000 tons)	无害化处理厂（座） Number of Harmless Treatment Plants/Grounds (unit)	卫生填埋 Sanitary Landfill	焚烧 Incineration	其他 Others
全国 National Total	**573507**	**17080.9**	**701**	**540**	**138**	**23**
北京 Beijing	14346	648.3	20	13	3	4
天津 Tianjin	8723	185.8	9	6	3	
河北 Hebei	23128	577.4	31	23	4	4
山西 Shanxi	12637	392.4	18	13	4	1
内蒙古 Inner Mongolia	12755	385.9	21	20		1
辽宁 Liaoning	33403	929.9	27	25	1	1
吉林 Jilin	13287	508.6	11	8	3	
黑龙江 Heilongjiang	18320	710.0	21	19	2	
上海 Shanghai	17294	716.0	10	4	2	4
江苏 Jiangsu	48098	1210.1	47	26	21	
浙江 Zhejiang	30973	1055.0	53	27	26	
安徽 Anhui	22229	442.1	22	18	4	
福建 Fujian	12696	493.8	27	14	12	1
江西 Jiangxi	11964	327.2	15	15		
山东 Shandong	56109	1062.4	58	47	9	2
河南 Henan	23569	795.8	42	38	3	1
湖北 Hubei	21086	716.6	28	21	7	
湖南 Hunan	16216	565.4	30	29	1	
广东 Guangdong	71791	2136.9	55	37	18	
广西 Guangxi	11601	266.2	21	18	2	1
海南 Hainan	6384	110.2	9	6	3	
重庆 Chongqing	10311	335.3	14	12	2	
四川 Sichuan	19318	702.8	29	26	3	
贵州 Guizhou	4910	235.7	13	13		
云南 Yunnan	15643	306.7	19	14	5	
西藏 Tibet	678	25.6				
陕西 Shaanxi	12267	433.1	13	11		2
甘肃 Gansu	6235	270.5	12	12		
青海 Qinghai	2070	66.3	4	4		
宁夏 Ningxia	5021	116.2	4	4		
新疆 Xinjiang	10445	352.7	18	17		1

11-8 续表 1 continued 1

单位: 万吨 (10 000 tons)

地 区	Region	无害化处理量 Amount of Harmless Treated	卫生填埋 Sanitary Landfill	焚烧 Incineration	其他 Others	市容环卫专用车辆设备(台) City Sanitation Special Vehicles (unit)
全 国	**National Total**	**14489.5**	**10512.5**	**3584.1**	**393.0**	**112157**
北 京	Beijing	633.1	443.2	94.7	95.3	9384
天 津	Tianjin	185.4	103.1	82.3		2453
河 北	Hebei	470.0	310.4	114.3	45.3	3889
山 西	Shanxi	314.9	203.1	105.3	6.5	3986
内蒙古	Inner Mongolia	352.0	335.2		16.8	2093
辽 宁	Liaoning	810.6	773.7	29.6	7.3	5323
吉 林	Jilin	232.9	176.5	56.4		4759
黑龙江	Heilongjiang	337.8	328.6	9.2		5749
上 海	Shanghai	598.5	377.5	103.6	117.4	5102
江 苏	Jiangsu	1160.9	493.3	667.6		8709
浙 江	Zhejiang	1044.1	469.6	574.5		5607
安 徽	Anhui	402.9	314.8	88.1		2320
福 建	Fujian	476.1	238.1	218.0	20.0	2222
江 西	Jiangxi	291.3	291.3			1184
山 东	Shandong	1041.7	719.4	295.9	26.5	8598
河 南	Henan	687.6	588.3	91.0	8.3	3614
湖 北	Hubei	512.4	302.3	210.2		4091
湖 南	Hunan	537.2	514.5	22.7		2810
广 东	Guangdong	1690.6	1195.9	494.7		9066
广 西	Guangxi	260.9	244.6	7.6	8.6	2022
海 南	Hainan	110.1	48.5	61.6		1824
重 庆	Chongqing	332.9	237.8	95.0		1807
四 川	Sichuan	620.4	603.3	17.1		3797
贵 州	Guizhou	216.6	216.6			1681
云 南	Yunnan	253.7	109.0	144.7		2102
西 藏	Tibet					38
陕 西	Shaanxi	383.2	356.5		26.8	2072
甘 肃	Gansu	112.8	112.8			1499
青 海	Qinghai	59.1	59.1			319
宁 夏	Ningxia	82.1	82.1			672
新 疆	Xinjiang	277.7	263.5		14.3	3365

11-8 续表 2 continued 2

地 区	Region	无害化处理能力(吨/日) Harmless Treatment Capacity (ton/day)	卫生填埋 Sanitary Landfill	焚烧 Incineration	其他 Others	生活垃圾无害化处理率(%) Proportion of Harmless Treated Garbage (%)
全 国	**National Total**	**446268**	**310927**	**122649**	**12692**	**84.8**
北 京	Beijing	16830	11380	2800	2650	99.1
天 津	Tianjin	9500	6200	3300		99.8
河 北	Hebei	13629	8917	2850	1862	81.4
山 西	Shanxi	9936	6166	3620	150	80.3
内蒙古	Inner Mongolia	9868	9028		840	91.2
辽 宁	Liaoning	21304	19487	1537	280	87.2
吉 林	Jilin	8773	5933	2840		45.8
黑龙江	Heilongjiang	11807	11307	500		47.6
上 海	Shanghai	11732	6232	2500	3000	83.6
江 苏	Jiangsu	43113	21844	21269		95.9
浙 江	Zhejiang	37161	14796	22365		99.0
安 徽	Anhui	12426	9876	2550		91.1
福 建	Fujian	16425	6375	9550	500	96.4
江 西	Jiangxi	9193	9193			89.1
山 东	Shandong	35795	26535	8200	1060	98.1
河 南	Henan	21790	18490	2900	400	86.4
湖 北	Hubei	17040	9028	8012		71.5
湖 南	Hunan	16704	16104	600		95.0
广 东	Guangdong	43197	27362	15835		79.1
广 西	Guangxi	8271	7271	600	400	98.0
海 南	Hainan	4167	2517	1650		99.9
重 庆	Chongqing	8154	4554	3600		99.3
四 川	Sichuan	17296	16685	611		88.3
贵 州	Guizhou	6296	6296			91.9
云 南	Yunnan	9995	5035	4960		82.7
西 藏	Tibet					
陕 西	Shaanxi	11212	10262		950	88.5
甘 肃	Gansu	3178	3178			41.7
青 海	Qinghai	2006	2006			89.2
宁 夏	Ningxia	2160	2160			70.6
新 疆	Xinjiang	7310	6710		600	78.7

11-8 续表 3 continued 3

地 区	Region	粪便(万吨) Night Soil (10 000 tons) 清运量 Amount Disposed	无害化处理量 Amount Harmless Treated	公厕数 (座) Number of Public Lavatories (unit)	#三类以上 Better than Grade Ⅲ	每万人拥有公厕(座) Number of Public Lavatories per 10 000 Population (unit)
全 国	**National Total**	**1811.8**	**801.4**	**121941**	**85314**	**2.89**
北 京	Beijing	207.2	183.4	5773	5773	3.24
天 津	Tianjin	32.1	13.2	1192	754	1.84
河 北	Hebei	85.7	29.5	6661	3846	4.18
山 西	Shanxi	79.5	0.9	3206	1141	3.09
内蒙古	Inner Mongolia	106.0	27.7	4459	1510	5.08
辽 宁	Liaoning	113.4	26.4	5582	1713	2.46
吉 林	Jilin	88.8	58.2	4184	1074	3.67
黑龙江	Heilongjiang	151.1	44.7	7058	1695	5.14
上 海	Shanghai	200.0	64.6	6340	4404	2.66
江 苏	Jiangsu	72.9	45.5	10035	8031	3.59
浙 江	Zhejiang	84.2	64.9	7852	6172	4.18
安 徽	Anhui	27.2	8.2	3096	2603	2.32
福 建	Fujian	4.1	2.9	2890	2850	2.69
江 西	Jiangxi	44.6	8.9	2041	1532	2.25
山 东	Shandong	120.6	59.6	5745	4717	1.99
河 南	Henan	66.4	15.5	7162	6188	3.12
湖 北	Hubei	37.2	7.1	4702	3417	2.59
湖 南	Hunan	4.9	1.7	3280	2729	2.34
广 东	Guangdong	99.4	57.7	9648	9137	2.06
广 西	Guangxi	13.4	9.1	2159	1522	2.33
海 南	Hainan	22.2		459	336	1.92
重 庆	Chongqing	63.9	18.7	1992	1586	1.78
四 川	Sichuan	19.7	10.0	5147	3928	2.89
贵 州	Guizhou	4.9	3.8	1262	1064	2.09
云 南	Yunnan	17.7	11.4	2409	2002	2.79
西 藏	Tibet			43		0.77
陕 西	Shaanxi	22.9	8.3	2872	2620	3.48
甘 肃	Gansu	17.1	16.9	1334	949	2.36
青 海	Qinghai	1.3		592	257	4.32
宁 夏	Ningxia	3.1	1.9	604	502	2.30
新 疆	Xinjiang	0.4	1.0	2162	1262	3.22

11-9 各地区城市燃气情况(2012年)

Basic Statistics on Supply of Gas in Cities by Region (2012)

地 区	Region	人工煤气 Coal Gas				
		生产能力 (万立方米/日) Production Capacity (10 000 cu.m/day)	管道长度 (公里) Length of Pipeline (km)	供气总量 (万立方米) Total Gas Supply (10 000 cu.m)	#家庭用量 Domestic Consumption	用气人口 (万人) Population Covered (10 000 persons)
全 国	**National Total**	**2656.2**	**33538**	**769686**	**215069**	**2442.3**
北 京	Beijing					
天 津	Tianjin					
河 北	Hebei	88.1	3224	89595	14538	187.6
山 西	Shanxi	92.2	4713	87787	21281	236.6
内蒙古	Inner Mongolia	164.0	507	2786	2603	46.2
辽 宁	Liaoning	254.6	5465	59736	40325	556.7
吉 林	Jilin	80.0	1814	17086	9174	188.5
黑龙江	Heilongjiang	121.9	709	8185	4476	80.9
上 海	Shanghai	567.4	3596	90438	39118	197.7
江 苏	Jiangsu	43.0	768	4889	3883	27.5
浙 江	Zhejiang	1.8	112	463	454	4.3
安 徽	Anhui					
福 建	Fujian	8.0	305	3080	2479	19.4
江 西	Jiangxi	157.3	1755	48497	8516	80.3
山 东	Shandong	58.1	1429	21316	6865	88.3
河 南	Henan	226.1	1394	85359	11036	120.5
湖 北	Hubei		275	5100	1974	12.4
湖 南	Hunan		425	2707	2157	30.7
广 东	Guangdong	14.6	8	2509		
广 西	Guangxi	10.6	425	4423	3788	45.6
海 南	Hainan					
重 庆	Chongqing					
四 川	Sichuan	511.0	550	159925	5568	48.7
贵 州	Guizhou	187.0	2903	34167	14259	176.1
云 南	Yunnan	13.6	2656	37653	18727	265.2
西 藏	Tibet					
陕 西	Shaanxi					
甘 肃	Gansu	10.8	393	1658	1553	18.6
青 海	Qinghai					
宁 夏	Ningxia		42	137	105	3.6
新 疆	Xinjiang	46.0	71	2190	2190	7.0

11-9 续表 1 continued 1

地 区	Region	天然气 Natural Gas			
		管道长度（公里）Length of Pipeline (km)	供气总量（万立方米）Total Gas Supply (10 000 cu.m)	#家庭用量 Domestic Consumption	用气人口（万人）Population Covered (10 000 persons)
全 国	**National Total**	**342752**	**7950377**	**1558311**	**21207.5**
北 京	Beijing	18656	924763	115401	1366.9
天 津	Tianjin	13627	256241	28000	637.2
河 北	Hebei	10250	214451	49317	981.6
山 西	Shanxi	5107	213502	43680	584.1
内蒙古	Inner Mongolia	5437	113040	17325	347.1
辽 宁	Liaoning	10160	85701	42724	956.6
吉 林	Jilin	5170	69697	19276	387.2
黑龙江	Heilongjiang	6651	88191	30206	637.6
上 海	Shanghai	21283	631126	99281	1320.9
江 苏	Jiangsu	43799	691763	121988	1743.6
浙 江	Zhejiang	18151	191322	52961	703.8
安 徽	Anhui	13192	171251	53131	911.8
福 建	Fujian	6328	95325	7778	294.6
江 西	Jiangxi	6479	41910	10822	322.0
山 东	Shandong	31146	518344	119685	1865.6
河 南	Henan	15442	241272	65289	1095.1
湖 北	Hubei	15244	240807	54578	945.0
湖 南	Hunan	9111	161274	44037	562.2
广 东	Guangdong	17421	1174509	64886	1154.7
广 西	Guangxi	5094	16904	7591	186.8
海 南	Hainan	1725	17664	4230	104.9
重 庆	Chongqing	12674	324965	117964	934.0
四 川	Sichuan	25896	568317	177643	1382.7
贵 州	Guizhou	486	9853	1084	54.8
云 南	Yunnan	672	1207	506	33.0
西 藏	Tibet				
陕 西	Shaanxi	7842	221162	54997	644.3
甘 肃	Gansu	1701	112098	22183	252.0
青 海	Qinghai	949	111917	15404	108.4
宁 夏	Ningxia	3089	179132	53913	141.3
新 疆	Xinjiang	9972	262670	62431	547.7

11-9 续表 2 continued 2

地 区	Region	液化石油气 Liquefied Petroleum Gas 管道长度(公里) Length of Pipeline (km)	供气总量(吨) Total Gas Supply (ton)	#家庭用量 Domestic Consumption	用气人口(万人) Population Covered (10 000 persons)	燃气普及率(%) Gas Access Rate (%)
全 国	**National Total**	**12651**	**11148032**	**6081312**	**15682.9**	**93.2**
北 京	Beijing	414	418156	190975	416.9	100.0
天 津	Tianjin	184	49105	22664	12.2	100.0
河 北	Hebei	346	205388	122089	421.5	99.8
山 西	Shanxi	412	90534	75706	167.2	95.2
内蒙古	Inner Mongolia	176	98496	89889	347.2	84.4
辽 宁	Liaoning	690	516426	249960	665.0	96.0
吉 林	Jilin	108	220874	107060	443.1	89.5
黑龙江	Heilongjiang	26	206057	114990	427.2	83.4
上 海	Shanghai	516	392514	214172	861.8	100.0
江 苏	Jiangsu	821	735757	502258	1006.5	99.4
浙 江	Zhejiang	2668	776396	518156	1160.6	99.5
安 徽	Anhui	254	537160	143506	353.1	94.6
福 建	Fujian	437	288978	168761	745.7	98.6
江 西	Jiangxi	465	204258	163772	455.9	94.4
山 东	Shandong	817	511489	354765	921.8	99.5
河 南	Henan	19	234450	197610	575.0	77.9
湖 北	Hubei	643	386152	222311	768.0	95.1
湖 南	Hunan	20	201279	171614	686.6	91.3
广 东	Guangdong	2809	3872441	1692766	3287.4	94.9
广 西	Guangxi	76	326110	262661	632.0	93.3
海 南	Hainan	18	55344	43546	115.3	92.2
重 庆	Chongqing		93315	31468	109.6	93.3
四 川	Sichuan	201	180447	102157	132.8	88.0
贵 州	Guizhou	135	66101	60873	200.0	71.4
云 南	Yunnan	214	174936	74920	275.9	66.5
西 藏	Tibet	103	25918	8445	16.6	29.8
陕 西	Shaanxi		31516	29433	131.9	94.1
甘 肃	Gansu		151392	70372	168.8	77.8
青 海	Qinghai		6834	6783	18.5	92.7
宁 夏	Ningxia		17086	10936	64.7	79.7
新 疆	Xinjiang	81	73123	56695	94.6	96.6

11-10 各地区城市集中供热情况(2012年)

Basic Statistics on Central Heating in Cities by Region (2012)

地 区	Region	供热能力 Heating Capacity		供热总量 Total Heating Supply	
		蒸 汽 (吨/小时) Steam (ton/hour)	热 水 (兆瓦) Hot Water (megawatts)	蒸 汽 (万吉焦) Steam (10 000 gigajoules)	热 水 (万吉焦) Hot Water (10 000 gigajoules)
全 国	**National Total**	**86452**	**365278**	**51609**	**243818**
北 京	Beijing	450	38298	289	35222
天 津	Tianjin	3463	21063	1757	10244
河 北	Hebei	9244	26129	6490	16197
山 西	Shanxi	2639	20706	1767	12295
内蒙古	Inner Mongolia	1135	29489	778	19145
辽 宁	Liaoning	13038	62826	6320	42748
吉 林	Jilin	1537	36536	420	20189
黑龙江	Heilongjiang	4789	38743	2454	27815
上 海	Shanghai				
江 苏	Jiangsu				
浙 江	Zhejiang	5442	75	5713	
安 徽	Anhui	3846	182	2868	43
福 建	Fujian				
江 西	Jiangxi				
山 东	Shandong	24678	33450	14759	24018
河 南	Henan	5856	6204	3053	3139
湖 北	Hubei	1816	278	891	43
湖 南	Hunan				
广 东	Guangdong				
广 西	Guangxi				
海 南	Hainan				
重 庆	Chongqing				
四 川	Sichuan				
贵 州	Guizhou				
云 南	Yunnan				
西 藏	Tibet				
陕 西	Shaanxi	5795	6682	2293	3165
甘 肃	Gansu	384	12758	305	7569
青 海	Qinghai		258		199
宁 夏	Ningxia	381	7927	151	4794
新 疆	Xinjiang	1959	23675	1302	16691

11-10 续表 continued

地 区	Region	管道长度(公里) Length of Pipelines (km) 蒸 汽 Steam	热 水 Hot Water	供热面积(万平方米) Heated Area (10 000 sq.m)	#住 宅 Housing
全 国	**National Total**	**12690**	**147390**	**518368**	**376055**
北 京	Beijing	44	11031	52555	35104
天 津	Tianjin	564	16190	30000	23028
河 北	Hebei	1199	9092	44670	32208
山 西	Shanxi	342	6879	36056	25995
内蒙古	Inner Mongolia	158	6673	32921	22440
辽 宁	Liaoning	2259	24787	87108	67072
吉 林	Jilin	208	15019	38296	29095
黑龙江	Heilongjiang	370	15553	48336	33242
上 海	Shanghai				
江 苏	Jiangsu				
浙 江	Zhejiang	832		8575	84
安 徽	Anhui	511	15	2966	1068
福 建	Fujian				
江 西	Jiangxi				
山 东	Shandong	3982	24070	67423	53987
河 南	Henan	1187	3149	13006	10233
湖 北	Hubei	183	10	1682	1125
湖 南	Hunan				
广 东	Guangdong				
广 西	Guangxi				
海 南	Hainan				
重 庆	Chongqing				
四 川	Sichuan				
贵 州	Guizhou				
云 南	Yunnan				
西 藏	Tibet				
陕 西	Shaanxi	546	918	12308	10072
甘 肃	Gansu	125	3825	12943	9847
青 海	Qinghai		114	304	212
宁 夏	Ningxia	25	2690	7373	5752
新 疆	Xinjiang	155	7376	21844	15491

11-11 各地区城市园林绿化情况(2012年)
Area of Parks & Green Land in Cities by Region (2012)

单位：公顷 (hectare)

地 区	Region	绿化覆盖面积 Green Covered Area	#建成区 Completed Area	绿地面积 Area of Green Land	#建成区 Completed Area	公园绿地面积 Park Green Land
全 国	**National Total**	**2747866**	**1812488**	**2367842**	**1635240**	**517815**
北 京	Beijing	68204	68204	65540	65540	21178
天 津	Tianjin	26875	25191	22319	22319	6846
河 北	Hebei	83775	71257	73517	64762	22320
山 西	Shanxi	41512	39133	35653	34595	11224
内蒙古	Inner Mongolia	49723	40978	46727	37718	13618
辽 宁	Liaoning	192045	93550	118297	87098	24710
吉 林	Jilin	45108	43906	38781	38170	12486
黑龙江	Heilongjiang	82945	62083	73820	56701	16142
上 海	Shanghai	134405	38242	124204	33716	16848
江 苏	Jiangsu	277481	154135	247001	141542	38069
浙 江	Zhejiang	138877	91525	122723	82853	23420
安 徽	Anhui	95952	65806	79592	58891	15941
福 建	Fujian	62054	50569	54544	45931	13004
江 西	Jiangxi	50752	49517	46874	46053	12817
山 东	Shandong	199899	165409	176342	148400	47318
河 南	Henan	88232	81880	77038	71718	21202
湖 北	Hubei	91713	73427	68803	62875	19042
湖 南	Hunan	60071	54219	51822	49624	12366
广 东	Guangdong	465408	207219	401669	186813	74029
广 西	Guangxi	72785	40631	66964	35254	10585
海 南	Hainan	52470	10939	50668	9818	2871
重 庆	Chongqing	51689	45157	47156	41948	20275
四 川	Sichuan	92255	73577	83179	65781	19188
贵 州	Guizhou	38873	19221	32948	16563	5666
云 南	Yunnan	39210	33796	35313	30347	9007
西 藏	Tibet	4398	3880	3432	3432	524
陕 西	Shaanxi	38668	34848	30990	28935	9552
甘 肃	Gansu	23069	20462	18548	17979	5373
青 海	Qinghai	4121	3968	4033	3865	1344
宁 夏	Ningxia	21969	15331	19833	14644	4132
新 疆	Xinjiang	53328	34428	49512	31355	6718

注：公园绿地面积包括综合公园、社区公园、专类公园、带状公园和街旁绿地。
Note: Area of park green areas includes comprehensive park, community park, topic park, belt-shaped park and green area nearby street.

11-11 续表 continued

地 区	Region	人均公园绿地面积(平方米) Park Green Land per Capita (sq.m)	建成区绿化覆盖率(%) Green Covered Area as % of Completed Area	建成区绿地率(%) Parks & Green Land as % of Completed Area	公园个数(个) Number of Parks (unit)	公园面积(公顷) Area of Parks (hectare)
全 国	**National Total**	**12.3**	**39.6**	**35.7**	**11604**	**306245**
北 京	Beijing	11.9	46.2	45.0	236	11356
天 津	Tianjin	10.5	34.9	30.9	84	1801
河 北	Hebei	14.0	41.0	37.2	446	14966
山 西	Shanxi	10.8	38.6	34.1	258	7831
内蒙古	Inner Mongolia	15.5	36.2	33.3	200	10440
辽 宁	Liaoning	10.9	40.2	37.4	338	12222
吉 林	Jilin	11.0	33.9	29.5	161	5093
黑龙江	Heilongjiang	11.8	36.0	32.9	304	9372
上 海	Shanghai	7.1	38.3	33.8	157	2217
江 苏	Jiangsu	13.6	42.2	38.7	783	16465
浙 江	Zhejiang	12.5	39.9	36.1	1015	14803
安 徽	Anhui	11.9	38.8	34.7	287	9881
福 建	Fujian	12.1	42.0	38.2	495	10256
江 西	Jiangxi	14.1	46.0	42.7	285	8104
山 东	Shandong	16.4	42.1	37.8	686	25023
河 南	Henan	9.2	36.9	32.3	280	11083
湖 北	Hubei	10.5	38.9	33.3	295	10356
湖 南	Hunan	8.8	37.0	33.9	190	9251
广 东	Guangdong	15.8	41.2	37.2	3032	61787
广 西	Guangxi	11.4	37.5	32.5	179	7481
海 南	Hainan	12.0	41.2	37.0	48	1824
重 庆	Chongqing	18.1	42.9	39.9	276	9973
四 川	Sichuan	10.8	38.7	34.6	408	10630
贵 州	Guizhou	9.4	32.8	28.3	59	4112
云 南	Yunnan	10.4	39.3	35.3	564	6434
西 藏	Tibet	9.4	32.4	28.7	64	681
陕 西	Shaanxi	11.6	40.4	33.5	152	3488
甘 肃	Gansu	9.5	30.0	26.4	97	2629
青 海	Qinghai	9.8	32.5	31.7	26	895
宁 夏	Ningxia	15.7	38.4	36.7	60	2110
新 疆	Xinjiang	10.0	35.9	32.7	139	3681

11-12 各地区城市公共交通情况(2012年)
Urban Public Transportation by Region (2012)

地 区	Region	年末公共交通运营数(辆) Number of Public Transport Vehicles (year-end figure,unit)	公共汽、电车 Buses & Trolleybus	轨道交通 Subways, Light Rail, Streetcar	标准运营车数(标台) Standard Operating Motor Vehicles (standard unit)	运营线路总长度(公里) Length of Operating Routes (km)	出租汽车数(辆) Number of Taxies (unit)
全 国	**National Total**	**432021**	**419410**	**12611**	**512951**	**551794**	**1026678**
北 京	Beijing	25831	22146	3685	41798	19989	66646
天 津	Tianjin	9031	8405	626	11259	12871	31940
河 北	Hebei	16493	16493		17991	18812	49130
山 西	Shanxi	7851	7851		8793	13369	29700
内蒙古	Inner Mongolia	5586	5586		6185	10650	37778
辽 宁	Liaoning	20968	20500	468	25212	21521	79868
吉 林	Jilin	10912	10532	380	11103	11255	55457
黑龙江	Heilongjiang	14364	14364		15472	15087	62651
上 海	Shanghai	19825	16695	3130	28356	23658	50683
江 苏	Jiangsu	30956	30380	576	37316	49903	47269
浙 江	Zhejiang	23060	22892	168	26217	40606	34165
安 徽	Anhui	11992	11992		13552	10535	37142
福 建	Fujian	11823	11823		13068	15627	18325
江 西	Jiangxi	7852	7852		9099	11648	11998
山 东	Shandong	32869	32869		36883	44682	58758
河 南	Henan	18137	18137		19757	18337	45518
湖 北	Hubei	16982	16670	312	20420	17354	33520
湖 南	Hunan	13148	13148		14539	14132	24031
广 东	Guangdong	53089	50729	2360	62814	87797	62243
广 西	Guangxi	7430	7430		8505	9323	15015
海 南	Hainan	2614	2614		2771	5600	4998
重 庆	Chongqing	8540	7982	558	10061	8959	15520
四 川	Sichuan	19628	19388	240	23715	19180	31818
贵 州	Guizhou	5031	5031		5316	5305	13266
云 南	Yunnan	8187	8187		8851	16329	17302
西 藏	Tibet	396	396		479	834	1379
陕 西	Shaanxi	10948	10840	108	12850	9207	22657
甘 肃	Gansu	5214	5214		5671	4907	19324
青 海	Qinghai	2067	2067		2273	1937	7119
宁 夏	Ningxia	3042	3042		3279	4813	13107
新 疆	Xinjiang	8155	8155		9348	7568	28351

资料来源：交通运输部。
Source: Ministry of Transport.

11-12 续表 continued

地 区	Region	客运总量（万人次）Volume of Passenger Transport (10 000 persontimes)	公共汽、电车 Buses & Trolleybus	轨道交通 Subways, Light Rail, Streetcar	每万人拥有公交车辆（标台）Motor Vehicles for Public Transport per 10 000 Population (standard unit)	轮 渡 Ferry 运营船数（艘）Number of Operating Vessels (unit)	客运总量（万人次）Volume of Passengers Transport (10 000 persontimes)
全 国	**National Total**	**7887914**	**7014989**	**872925**	**12.1**	**529**	**12551**
北 京	Beijing	761578	515416	246162	23.4		
天 津	Tianjin	129951	118721	11230	17.3		
河 北	Hebei	203954	203954		11.3		
山 西	Shanxi	124838	124838		8.5		
内蒙古	Inner Mongolia	96349	96349		7.0		
辽 宁	Liaoning	428367	401457	26910	11.1		
吉 林	Jilin	170561	165336	5225	9.7		
黑龙江	Heilongjiang	223956	223956		11.3	119	364
上 海	Shanghai	507933	280360	227573	11.9	54	1905
江 苏	Jiangsu	470233	427578	42655	13.4	19	1004
浙 江	Zhejiang	311024	310463	561	14.0	6	488
安 徽	Anhui	212719	212719		10.1	7	284
福 建	Fujian	224703	224703		12.2	25	2843
江 西	Jiangxi	127961	127961		10.0		
山 东	Shandong	398268	398268		12.8	38	221
河 南	Henan	263718	263718		8.6		
湖 北	Hubei	338901	330613	8288	11.3	57	1595
湖 南	Hunan	272165	272165		10.4	16	135
广 东	Guangdong	1003098	739359	263739	13.4	154	3363
广 西	Guangxi	142505	142505		9.2		
海 南	Hainan	43306	43306		11.6	18	164
重 庆	Chongqing	201331	176968	24363	9.0	16	186
四 川	Sichuan	357333	347025	10308	13.3		
贵 州	Guizhou	132200	132200		8.8		
云 南	Yunnan	148409	148409		10.2		
西 藏	Tibet	7139	7139		8.6		
陕 西	Shaanxi	254599	248687	5912	15.6		
甘 肃	Gansu	102846	102846		10.0		
青 海	Qinghai	39135	39135		16.6		
宁 夏	Ningxia	37441	37441		12.5		
新 疆	Xinjiang	151397	151397		13.9		

11-13 环保重点城市道路交通噪声监测情况(2012年)
Monitoring of Urban Road Traffic Noise in Main Environmental Protection Cities (2012)

城 市	City	路段总长度(米) Total Length of Roads (m)	超标路段(米) Roads with Excess Noise (m)	路段超标率(%) Percentage of Roads with Excess Noise (%)	路段平均路宽(米) Average Width of Roads (m)	平均车流量(辆/小时) Average Traffic Volume (car/hour)	等效声级 dB(A) Average Noise Value dB(A)
北 京	Beijing	962670	386240	40.1	36.5	4942	69.2
天 津	Tianjin	496590	80520	16.2	32.6	2758	67.9
石家庄	Shijiazhuang	388880	68890	17.7	20.2	2033	68.3
唐 山	Tangshan	223490			32.8	2154	65.2
秦皇岛	Qinhuangdao	99430			31.9	769	66.1
邯 郸	Handan	135740	30200	22.3	29.3	737	68.4
保 定	Baoding	202380	45650	22.6	48.2	1792	67.9
太 原	Taiyuan	137560	33150	24.1	23.0	3180	67.9
大 同	Datong	65580	1690	2.6	28.5	786	67.2
阳 泉	Yangquan	52040	820	1.6	23.0	898	66.0
长 治	Changzhi	50610	1790	3.5	26.6	2179	66.4
临 汾	Linfen	54130	12400	22.9	22.4	1373	67.8
呼和浩特	Hohhot	239940	82370	34.3	36.0	2358	69.3
包 头	Baotou	157020	1750	1.1	24.5	2456	65.6
赤 峰	Chifeng	80580	15870	19.7	25.7	1505	65.6
沈 阳	Shenyang	144000	62600	43.5	33.7	3110	70.0
大 连	Dalian	425780	158620	37.3	25.3	1740	67.9
鞍 山	Anshan	132560	14650	11.1	28.1	1771	66.4
抚 顺	Fushun	143310	46860	32.7	21.0	1341	69.3
本 溪	Benxi	67720			18.3	1045	63.2
锦 州	Jinzhou	134200	47230	35.2	18.7	1427	69.0
长 春	Changchun	279750	76240	27.3	30.8	3392	68.6
吉 林	Jilin	117920	38600	32.7	36.2	2585	69.6
哈尔滨	Harbin	120200	26800	22.3	16.8	3526	67.8
齐齐哈尔	Qiqihar	77850	11700	15.0	41.6	357	66.1
牡丹江	Mudanjiang	90690	21570	23.8	21.9	1068	66.6
上 海	Shanghai	211810	96960	45.8	28.4	1910	69.3
南 京	Nanjing	179250	33290	18.6	30.4	2069	68.4
无 锡	Wuxi	145640	38350	26.3	25.4	1592	68.7
徐 州	Xuzhou	226690	8950	4.0	35.3	1112	64.0
常 州	Changzhou	416800	79200	19.0	40.2	1406	67.5
苏 州	Suzhou	413730	30340	7.3	33.9	1289	66.2
南 通	Nantong	197540	59260	30.0	42.2	1317	68.0
连云港	Lianyungang	109420	1000	0.9	58.5	1771	67.2
扬 州	Yangzhou	132380			39.4	3809	67.3
镇 江	Zhenjiang	324500	36740	11.3	42.4	1090	66.5
杭 州	Hangzhou	484590	113890	23.5	34.3	1695	67.7
宁 波	Ningbo	103500	38060	36.8	17.6	2044	69.6

资料来源：环境保护部(以下各表同)。
Source:Ministry of Environmental Protection (the same as in the following tables).

11-13 续表 1 continued 1

城市	City	路段总长度（米） Total Length of Roads (m)	超标路段（米） Roads with Excess Noise (m)	路段超标率（%） Percentage of Roads with Excess Noise (%)	路段平均路宽（米） Average Width of Roads (m)	平均车流量（辆/小时） Average Traffic Volume (car/hour)	等效声级 dB(A) Average Noise Value dB(A)
温　州	Wenzhou	245090	89730	36.6	41.5	1892	68.9
湖　州	Huzhou	207590	97640	47.0	28.3	1421	69.5
绍　兴	Shaoxing	212500	60430	28.4	41.0	1565	69.4
合　肥	Hefei	591700	81000	13.7	53.7	2305	67.5
芜　湖	Wuhu	260540	30560	11.7	48.4	2113	67.1
马鞍山	Maanshan	77230	6270	8.1	40.8	1537	67.1
福　州	Fuzhou	185940	85000	45.7	29.6	2878	69.7
厦　门	Xiamen	159920	5750	3.6	41.5	2613	67.8
泉　州	Quanzhou	515000	93050	18.1	23.8	2518	68.2
南　昌	Nanchang	252120	40650	16.1	38.6	1938	66.9
九　江	Jiujiang	96790			33.2	2114	65.9
济　南	Jinan	149110	42200	28.3	52.7	2820	69.1
青　岛	Qingdao	214120	38480	18.0	19.6	2280	68.4
淄　博	Zibo	165630	14930	9.0	29.6	1746	67.4
枣　庄	Zaozhuang	19500	880	4.5	21.4	1000	67.8
烟　台	Yantai	134210	31540	23.5	27.1	2020	68.4
潍　坊	Weifang	145710	15010	10.3	45.6	1845	65.9
济　宁	Jinin	51970			35.3	1919	64.5
泰　安	Taian	686400	228050	33.2	26.7	2702	68.3
日　照	Rizhao	79800			34.7	1420	66.2
郑　州	Zhengzhou	116470	25930	22.3	43.6	2483	68.0
开　封	Kaifeng	73670	15200	20.6	26.5	1284	68.0
洛　阳	Luoyang	159800	31470	19.7	49.3	1671	67.9
平顶山	Pingdingshan	45970	7700	16.8	36.7	2823	67.7
安　阳	Anyang	69130			54.1	1715	67.1
焦　作	Jiaozuo	58000	8700	15.0	51.4	1578	66.7
三门峡	Sanmenxia	45690	3300	7.2	19.1	1706	66.0
武　汉	Wuhan	223270	77430	34.7	21.8	2613	69.3
宜　昌	Yichang	67850	39390	58.1	15.7	1330	70.0
荆　州	Jingzhou	59320	9580	16.2	35.6	1718	67.9
长　沙	Changsha	103450	58160	56.2	37.9	3978	70.1
株　洲	Zhuzhou	78940	5410	6.9	30.5	2597	64.3
湘　潭	Xiangtan	38730	6380	16.5	20.8	1693	66.8
岳　阳	Yueyang	76060	31940	42.0	20.2	1049	68.8
常　德	Changde	213640	34830	16.3	27.6	1078	67.2
张家界	Zhangjiajie	28070	23780	84.7	30.8	1777	71.3
广　州	Guangzhou	844560	221170	26.2	28.9	900	68.9
韶　关	Shaoguan	73500	1550	2.1	21.1	1995	64.8

11-13 续表 2 continued 2

城 市	City	路段总长度(米) Total Length of Roads (m)	超标路段(米) Roads with Excess Noise (m)	路段超标率(%) Percentage of Roads with Excess Noise (%)	路段平均路宽(米) Average Width of Roads (m)	平均车流量(辆/小时) Average Traffic Volume (car/hour)	等效声级dB(A) Average Noise Value dB(A)
深 圳	Shenzhen	395210	105710	26.8	58.6	3701	68.9
珠 海	Zhuhai	228720			33.2	578	66.7
汕 头	Shantou	293470	61600	21.0	40.9	839	68.1
湛 江	Zhanjiang	186500	12500	6.7	45.6	706	66.7
南 宁	Nanning	139750	56670	40.6	39.9	2906	69.6
柳 州	Liuzhou	206710	2900	1.4	31.8	1715	66.2
桂 林	Guilin	104700	18280	17.5	17.7	1684	67.9
北 海	Beihai	49220	1550	3.2	50.7	1847	65.2
海 口	Haikou	148690	30630	20.6	40.6	2873	68.0
重 庆	Chongqing	656440	154890	23.6	28.0	2085	67.2
成 都	Chengdu	429160	92820	21.6	42.9	3749	69.3
自 贡	Zigong	49650	15000	30.2	19.3	1442	67.7
攀枝花	Panzhihua	140	20	14.3	13.9	1315	68.2
泸 州	Luzhou	25350	3590	14.2	36.1	1537	67.7
德 阳	Deyang	33300			34.6	1665	69.0
绵 阳	Mianyang	79450	2800	3.5	41.5	2601	68.4
南 充	Nanchong	56410	11600	20.6	32.5	1385	64.1
宜 宾	Yibin	67660	28730	42.5	24.6	1004	67.6
贵 阳	Guiyang	55420	5170	9.3	35.7	4699	67.5
遵 义	Zunyi	67370	12070	17.9	24.2	1477	67.5
昆 明	Kunming	296350	17470	5.9	37.2	1712	68.4
曲 靖	Qujing	72130	14810	20.5	45.8	1126	66.8
玉 溪	Yuxi	38100			33.3	877	65.6
拉 萨	Lhasa	52950	20050	37.9	20.1	671	69.4
西 安	Xi'an	204020	48070	23.6	31.3	3195	68.2
铜 川	Tongchuan	39810	1500	3.8	12.1	1720	63.8
宝 鸡	Baoji	88930			16.3	1102	67.6
咸 阳	Xianyang	109600	5500	5.0	29.8	508	66.8
渭 南	Weinan	48200			18.7	871	64.3
延 安	Yan'an	7700			10.8	2198	61.9
兰 州	Lanzhou	125370	40820	32.6	19.7	2509	69.1
金 昌	Jinchang	39590	3410	8.6	22.4	932	67.1
西 宁	Xining	85680	41550	48.5	17.1	3379	69.8
银 川	Yinchuan	198800	52770	26.5	34.5	639	68.1
石嘴山	Shizuishan	52400	2250	4.3	15.1	862	65.8
乌鲁木齐	Urumqi	359510	60510	16.8	44.3	2568	67.4
克拉玛依	Karamay	524000	10600	2.0	17.1	548	65.2

11-14 环保重点城市区域环境噪声监测情况(2012年) Monitoring of Urban Area Environmental Noise in Main Environmental Protection Cities (2012)

城 市	City	等效声级 dB(A) Average Noise Value dB(A)	城 市	City	等效声级 dB(A) Average Noise Value dB(A)	城 市	City	等效声级 dB(A) Average Noise Value dB(A)
北 京	Beijing	54.0	温 州	Wenzhou	55.9	深 圳	Shenzhen	56.8
天 津	Tianjin	54.3	湖 州	Huzhou	54.4	珠 海	Zhuhai	53.2
石家庄	Shijiazhuang	52.2	绍 兴	Shaoxing	54.9	汕 头	Shantou	55.7
唐 山	Tangshan	52.1	合 肥	Hefei	54.8	湛 江	Zhanjiang	53.9
秦皇岛	Qinhuangdao	52.2	芜 湖	Wuhu	54.9	南 宁	Nanning	52.7
邯 郸	Handan	52.4	马鞍山	Maanshan	55.4	柳 州	Liuzhou	55.0
保 定	Baoding	55.2	福 州	Fuzhou	56.8	桂 林	Guilin	54.7
太 原	Taiyuan	53.3	厦 门	Xiamen	56.1	北 海	Beihai	56.0
大 同	Datong	53.5	泉 州	Quanzhou	54.6	海 口	Haikou	55.0
阳 泉	Yangquan	53.4	南 昌	Nanchang	53.5	重 庆	Chongqing	54.0
长 治	Changzhi	51.4	九 江	Jiujiang	53.4	成 都	Chengdu	53.9
临 汾	Linfen	52.0	济 南	Jinan	52.3	自 贡	Zigong	54.4
呼和浩特	Hohhot	54.5	青 岛	Qingdao	53.7	攀枝花	Panzhihua	51.5
包 头	Baotou	53.7	淄 博	Zibo	51.3	泸 州	Luzhou	54.1
赤 峰	Chifeng	55.3	枣 庄	Zaozhuang	56.8	德 阳	Deyang	51.2
沈 阳	Shenyang	54.2	烟 台	Yantai	53.8	绵 阳	Mianyang	53.3
大 连	Dalian	54.3	潍 坊	Weifang	53.2	南 充	Nanchong	54.4
鞍 山	Anshan	53.8	济 宁	Jinin	52.0	宜 宾	Yibin	54.5
抚 顺	Fushun	53.9	泰 安	Taian	55.0	贵 阳	Guiyang	55.5
本 溪	Benxi	54.7	日 照	Rizhao	54.6	遵 义	Zunyi	55.4
锦 州	Jinzhou	53.0	郑 州	Zhengzhou	54.8	昆 明	Kunming	53.0
长 春	Changchun	53.6	开 封	Kaifeng	51.3	曲 靖	Qujing	51.2
吉 林	Jilin	53.0	洛 阳	Luoyang	53.6	玉 溪	Yuxi	52.4
哈尔滨	Harbin	55.9	平顶山	Pingdingshan	53.4	拉 萨	Lhasa	47.6
齐齐哈尔	Qiqihar	52.8	安 阳	Anyang	54.7	西 安	Xi'an	55.3
牡丹江	Mudanjiang	55.3	焦 作	Jiaozuo	54.6	铜 川	Tongchuan	54.3
上 海	Shanghai	54.7	三门峡	Sanmenxia	54.8	宝 鸡	Baoji	53.9
南 京	Nanjing	55.1	武 汉	Wuhan	55.2	咸 阳	Xianyang	56.7
无 锡	Wuxi	56.9	宜 昌	Yichang	54.6	渭 南	Weinan	53.0
徐 州	Xuzhou	53.6	荆 州	Jingzhou	53.9	延 安	Yan'an	57.4
常 州	Changzhou	53.9	长 沙	Changsha	54.7	兰 州	Lanzhou	57.3
苏 州	Suzhou	53.9	株 洲	Zhuzhou	54.2	金 昌	Jinchang	53.7
南 通	Nantong	54.9	湘 潭	Xiangtan	50.9	西 宁	Xining	54.7
连云港	Lianyungang	53.7	岳 阳	Yueyang	51.1	银 川	Yinchuan	53.0
扬 州	Yangzhou	54.1	常 德	Changde	52.8	石嘴山	Shizuishan	53.1
镇 江	Zhenjiang	56.0	张家界	Zhangjiajie	55.2	乌鲁木齐	Urumqi	54.4
杭 州	Hangzhou	56.8	广 州	Guangzhou	55.0	克拉玛依	Karamay	53.2
宁 波	Ningbo	55.0	韶 关	Shaoguan	55.3			

11-15 主要城市区域环境噪声声源构成情况(2012年)

Composition of Environmental Noises by Sources in Major Cities (2012)

单位: %, dB(A) (%,dB(A))

城市	City	交通噪声 Traffic Noise		工业噪声 Industry Noise	
		所占比例 Percentage of Total	平均声级 Average Noise Value	所占比例 Percentage of Total	平均声级 Average Noise Value
北京	Beijing	21.1	57.0	7.0	55.8
天津	Tianjin	10.6	59.8	8.5	55.4
石家庄	Shijiazhuang	69.0	52.0	11.8	53.0
太原	Taiyuan	29.7	55.4	3.9	53.7
呼和浩特	Hohhot	11.6	61.7	1.6	60.8
沈阳	Shenyang	12.9	54.3	8.8	56.3
长春	Changchun	28.3	60.2	3.3	53.2
哈尔滨	Harbin	16.7	55.7	2.3	54.3
上海	Shanghai	7.2	58.4	18.5	56.7
南京	Nanjing	23.3	56.4	17.6	55.7
杭州	Hangzhou	22.8	61.0	1.3	58.5
合肥	Hefei	20.3	54.9	23.6	54.6
福州	Fuzhou	18.1	61.0	6.0	59.0
南昌	Nanchang	20.7	55.4	10.6	56.1
济南	Jinan	21.5	52.9	7.9	51.4
郑州	Zhengzhou	13.1	54.9	1.8	55.1
武汉	Wuhan	12.4	61.0	8.6	56.5
长沙	Changsha	36.8	58.1	1.0	58.0
广州	Guangzhou	4.9	51.9	69.8	54.4
南宁	Nanning	17.0	56.2	2.1	53.9
海口	Haikou	24.3	58.7	62.4	53.1
重庆	Chongqing	27.5	56.0	6.1	56.4
成都	Chengdu	13.6	57.4	5.8	54.7
贵阳	Guiyang	15.1	55.7	6.8	55.7
昆明	Kunming	26.3	56.9	7.5	52.4
拉萨	Lhasa				
西安	Xi'an	13.0	61.1	1.0	59.0
兰州	Lanzhou	25.9	58.1	3.3	58.6
西宁	Xining	0.4	52.7	0.4	49.7
银川	Yinchuan	47.4	53.9	10.8	55.5
乌鲁木齐	Urumqi	19.6	59.3	4.5	53.6

11-15 续表 continued

单位: %, dB(A) (%,dB(A))

城 市	City	施工噪声 Construction Noise		生活噪声 Household Noise		其他噪声 Other Noise	
		所占比例 Percentage of Total	平均声级 Average Noise Value	所占比例 Percentage of Total	平均声级 Average Noise Value	所占比例 Percentage of Total	平均声级 Average Noise Value
北 京	Beijing	3.2	52.7	68.1	53.0	0.5	58.1
天 津	Tianjin	0.6	55.1	80.3	53.5		
石家庄	Shijiazhuang	4.5	53.8	13.3	52.3	1.5	52.2
太 原	Taiyuan	3.9	53.9	59.9	52.3	2.6	52.3
呼和浩特	Hohhot	10.9	58.2	76.0	52.6		
沈 阳	Shenyang	5.4	55.5	72.9	53.8		
长 春	Changchun	2.5	52.0	63.3	51.1	2.5	45.0
哈尔滨	Harbin	1.4	57.0	55.1	56.3	24.5	55.3
上 海	Shanghai			67.9	53.7	6.4	55.9
南 京	Nanjing	1.2	55.5	36.4	54.9	21.5	53.8
杭 州	Hangzhou	1.3	60.8	74.5	55.3		
合 肥	Hefei	3.5	54.9	52.0	54.8	0.5	60.0
福 州	Fuzhou	1.7	58.4	70.3	55.6	3.9	55.8
南 昌	Nanchang	4.1	54.5	59.4	52.0	5.1	57.2
济 南	Jinan	0.5	51.3	70.1	52.2		
郑 州	Zhengzhou	3.6	55.2	60.9	54.7	20.6	55.1
武 汉	Wuhan	1.9	55.7	77.1	54.1		
长 沙	Changsha	0.7	53.3	46.5	52.4	14.9	53.8
广 州	Guangzhou	9.8	54.3	15.6	59.1		
南 宁	Nanning	13.3	52.8	58.1	52.0	9.5	50.5
海 口	Haikou	2.9	57.0	5.7	52.9	4.8	63.4
重 庆	Chongqing	1.9	54.3	58.1	52.9	6.5	53.0
成 都	Chengdu	0.5	57.7	66.8	52.9	13.3	54.9
贵 阳	Guiyang	1.4	59.3	49.8	55.2	26.9	55.8
昆 明	Kunming	3.1	55.7	58.8	51.3	4.4	51.0
拉 萨	Lhasa					100.0	47.6
西 安	Xi'an	0.5	55.4	82.0	54.2	3.5	57.9
兰 州	Lanzhou	0.5	61.0	42.9	56.5	27.4	57.4
西 宁	Xining			99.1	54.7		
银 川	Yinchuan	3.8	53.1	38.0	51.1		
乌鲁木齐	Urumqi	3.6	56.2	71.0	52.9	1.3	55.0

十二、农村环境

Rural Environment

12-1 全国农村环境情况(2000-2012年)

Rural Environment (2000-2012)

年 份 Year	农村改水累计受益人口(万人) Accumulative Benefiting Population from Drinking Water Improvement Projects (10 000 persons)	农村改水累计受益率(%) Proportion of Benefiting Population from Drinking Water Improvement (%)	累计使用卫生厕所户数(万户) Households with Access to Sanitation Lavatory (10 000 households)	卫生厕所普及率(%) Sanitation Lavatory Access Rate (%)	农村沼气池产气量(亿立方米) Production of Methane in Rural Areas (100 million cu.m)	太阳能热水器(万平方米) Water Heaters Using Solar Energy (10 000 sq.m)	太阳灶(台) Solar Kitchen Ranges (unit)
2000	88112	92.4	9572	44.8	25.9	1107.8	332390
2001	86113	91.0	11405	46.1	29.8	1319.4	388599
2002	86833	91.7	12062	48.7	37.0	1621.7	478426
2003	87387	92.7	12624	50.9	47.5	2464.8	526177
2004	88616	93.8	13192	53.1	55.7	2845.9	577625
2005	88893	94.1	13740	55.3	72.9	3205.6	685552
2006	86629	91.1	13873	55.0	83.6	3941.0	865238
2007	87859	92.1	14442	57.0	101.7	4286.4	1118763
2008	89447	93.6	15166	59.7	118.4	4758.7	1356755
2009	90251	94.3	16056	63.2	130.8	4997.1	1484271
2010	90834	94.9	17138	67.4	139.6	5488.9	1617233
2011	89971	94.2	18019	69.2	152.8	6231.9	2139454
2012	91208	95.3	18628	71.7	157.6	6801.8	2207246

12-2 各地区农村改水、改厕情况(2012年)

Drinking Water and Sanitation Lavatory Improvement in Rural Area by Region(2012)

单位：万人 (10 000 persons)

地区	Region	农村改水 Access to Drinking Water Improvement				
		农村总人口 Rural Population	累计已改水受益人口 Population of Benefiting from Drinking Water Improvement	自来水 Tap Water		
				厂、站（个） Factory Station (unit)	累计受益人口 Accumulative Benefiting Population	占农村总人口比重（%） % of all Rural Population
全 国	**National Total**	**95738.43**	**91208.39**	**572775**	**71417.19**	**74.60**
北 京	Beijing	268.30	268.30	3278	267.13	99.56
天 津	Tianjin	378.70	378.70	3693	370.28	97.78
河 北	Hebei	5444.32	5317.66	36679	4670.30	85.78
山 西	Shanxi	2379.80	2174.12	15738	1895.59	79.65
内蒙古	Inner Mongolia	1464.73	1448.26	9263	955.93	65.26
辽 宁	Liaoning	2196.39	2130.35	11260	1610.93	73.34
吉 林	Jilin	1542.12	1542.12	14915	1260.78	81.76
黑龙江	Heilongjiang	2105.64	2096.30	14100	1423.02	67.58
上 海	Shanghai	332.78	332.76	68	332.76	99.99
江 苏	Jiangsu	4918.03	4855.62	4649	4855.62	98.73
浙 江	Zhejiang	3593.76	3506.15	21925	3373.03	93.86
安 徽	Anhui	5392.96	5205.09	12116	2942.77	54.57
福 建	Fujian	2659.76	2597.32	16044	2382.59	89.58
江 西	Jiangxi	3383.02	3383.02	35311	2248.16	66.45
山 东	Shandong	6950.26	6925.18	30805	6408.33	92.20
河 南	Henan	8127.59	7738.39	44117	5056.65	62.22
湖 北	Hubei	4484.41	4456.79	6512	3287.75	73.32
湖 南	Hunan	5411.39	4948.35	50049	3747.89	69.26
广 东	Guangdong	6041.55	5969.78	27169	5238.57	86.71
广 西	Guangxi	4318.29	3449.93	39121	2632.37	60.96
海 南	Hainan	664.03	644.21	26306	525.22	79.10
重 庆	Chongqing	2570.86	2543.61	19597	2325.45	90.45
四 川	Sichuan	6873.76	6435.76	51632	4073.67	59.26
贵 州	Guizhou	3416.74	2743.62	21758	2244.46	65.69
云 南	Yunnan	3722.34	3407.63	29328	2526.82	67.88
西 藏	Tibet					
陕 西	Shaanxi	2875.20	2767.88	14297	1563.50	54.38
甘 肃	Gansu	2094.72	1973.35	7328	1324.16	63.21
青 海	Qinghai	370.56	324.93	995	295.95	79.87
宁 夏	Ningxia	406.66	388.41	569	324.46	79.79
新 疆	Xinjiang	1168.90	1079.70	2995	1079.70	92.37
新疆兵团	Xinjiang Production & Construction Corps	180.86	175.10	1158	173.35	95.85

资料来源：国家卫生和计划生育委员会（下表同）。
Source: National Health and Family Planning Commission (the same as in the following table).

12-2 续表 1 continued 1

单位：万人 (10 000 persons)

地 区	Region	农村改水 Access to Drinking Water Improvement					
		手压机井 Manually Operated Motor-pumped Wells			雨水收集 Rain Collection		
		数 量 (万台) Number (10 000 units)	累计受益人口 Accumulative Benefiting Population	占农村总人口(%) % of all Rural Population	水 窖 (个) Water Cellars (unit)	累计受益人口 Accumulative Benefiting Population	占农村总人口(%) % of all Rural Population
全 国	**National Total**	**3319.27**	**12882.71**	**13.46**	**2131757**	**1524.68**	**1.59**
北 京	Beijing						
天 津	Tianjin	3.68	8.42	2.22			
河 北	Hebei	198.14	591.43	10.86	14000	15.69	0.29
山 西	Shanxi	40.14	78.80	3.31	114180	92.32	3.88
内蒙古	Inner Mongolia	78.28	354.44	24.20	42846	7.46	0.51
辽 宁	Liaoning	109.03	283.14	12.89	1963	0.74	0.03
吉 林	Jilin	74.95	281.34	18.24			
黑龙江	Heilongjiang	174.90	649.25	30.83			
上 海	Shanghai						
江 苏	Jiangsu						
浙 江	Zhejiang	16.98	60.65	1.69	6555	2.68	0.07
安 徽	Anhui	551.72	2091.51	38.78	331	2.47	0.05
福 建	Fujian	13.46	61.28	2.30			
江 西	Jiangxi	162.96	770.67	22.78	62	0.15	
山 东	Shandong	217.36	497.83	7.16		18.36	0.26
河 南	Henan	590.01	2519.30	31.00	15990	24.08	0.30
湖 北	Hubei	128.81	619.30	13.81	130925	62.13	1.39
湖 南	Hunan	123.88	638.25	11.79	3704	3.22	0.06
广 东	Guangdong	150.50	604.47	10.01	24	0.78	0.01
广 西	Guangxi	109.92	549.41	12.72	156939	141.42	3.27
海 南	Hainan	12.53	99.30	14.95		0.27	0.04
重 庆	Chongqing	14.61	72.68	2.83	2014	13.18	0.51
四 川	Sichuan	329.75	1297.95	18.88	158904	85.61	1.25
贵 州	Guizhou	1.82	16.48	0.48	113425	193.74	5.67
云 南	Yunnan	8.82	79.09	2.12	358037	262.11	7.04
西 藏	Tibet						
陕 西	Shaanxi	153.70	460.26	16.01	63431	222.83	7.75
甘 肃	Gansu	23.88	169.33	8.08	754898	317.14	15.14
青 海	Qinghai	24.74	8.49	2.29	2734	14.67	3.96
宁 夏	Ningxia	4.41	18.42	4.53	190791	43.42	10.68
新 疆	Xinjiang						
新疆兵团	Xinjiang Production & Construction Corps	0.29	1.22	0.67	4	0.21	0.12

12-2 续表 2 continued 2

地 区 Region	农村改水 Access to Drinking Water Improvement 其他 Other 累计受益人口（万人） Accumulative Benefiting Population (10 000 persons)	农村改水 Access to Drinking Water Improvement 其他 Other 占农村总人口（%） % of all Rural Population	农村改厕（万户） Access to Sanitation Lavatory Improvement (10 000 households) 农村总户数 Total Rural Households	农村改厕（万户） 累计使用卫生厕所户数 Accumulative Households Sanitary Toilets	农村改厕（万户） 累计使用卫生公厕户数 Accumulative Households Using Sanitary Public Lavatories	卫生厕所普及率（%） Access Rate to Sanitary Toilets (%)	无害化卫生厕所普及率（%） Access Rate to Harmless Sanitary Toilets (%)
全 国 National Total	**5441.50**	**5.68**	**25977.19**	**18627.50**	**2896.55**	**71.71**	**49.74**
北 京 Beijing	1.17	0.44	118.84	115.24	23.68	96.96	96.62
天 津 Tianjin			123.44	115.21	13.88	93.33	93.33
河 北 Hebei	40.24	0.74	1503.59	838.40	45.99	55.76	29.46
山 西 Shanxi	107.41	4.51	670.92	349.91	84.33	52.15	27.29
内蒙古 Inner Mongolia	130.42	8.90	395.13	181.82	62.15	46.01	21.05
辽 宁 Liaoning	235.55	10.72	676.22	433.80	26.55	64.15	29.63
吉 林 Jilin			440.33	332.41	16.76	75.49	15.04
黑龙江 Heilongjiang	24.03	1.14	624.58	441.40	102.06	70.67	13.28
上 海 Shanghai			128.57	126.01	164.99	98.01	96.56
江 苏 Jiangsu			1571.34	1428.17	65.39	90.89	73.90
浙 江 Zhejiang	69.79	1.94	1209.23	1105.89	145.27	91.45	81.05
安 徽 Anhui	168.34	3.12	1434.76	849.56	155.51	59.21	32.28
福 建 Fujian	153.45	5.77	718.47	635.62	72.99	88.47	86.85
江 西 Jiangxi	421.75	12.47	841.28	709.85	107.34	84.38	58.92
山 东 Shandong	0.66	0.01	2093.10	1848.48	58.06	88.31	50.81
河 南 Henan	138.37	1.70	1890.58	1377.96	60.27	72.89	49.94
湖 北 Hubei	487.61	10.87	1052.50	807.13		76.69	52.20
湖 南 Hunan	558.98	10.33	1483.41	961.69	84.70	64.83	37.78
广 东 Guangdong	125.96	2.08	1492.22	1321.75	165.23	88.58	81.12
广 西 Guangxi	126.72	2.93	1053.78	767.26	61.04	72.81	66.53
海 南 Hainan	19.42	2.92	157.99	110.61	27.21	70.01	67.54
重 庆 Chongqing	132.30	5.15	726.86	441.89		60.79	60.79
四 川 Sichuan	978.53	14.24	2058.28	1387.98	830.24	67.43	51.18
贵 州 Guizhou	288.94	8.46	869.13	381.07	36.03	43.85	28.14
云 南 Yunnan	539.60	14.50	961.64	564.60	138.51	58.71	31.36
西 藏 Tibet							
陕 西 Shaanxi	521.29	18.13	711.65	366.69	100.69	51.53	41.90
甘 肃 Gansu	162.72	7.77	490.17	325.70	69.13	66.45	28.24
青 海 Qinghai	5.82	1.57	88.43	55.38	7.67	62.62	11.44
宁 夏 Ningxia	2.11	0.52	102.26	60.49	22.25	59.15	47.01
新 疆 Xinjiang			220.00	140.87	130.00	64.00	31.88
新疆兵团 Xinjiang Production & Construction Corps	0.32	0.18	68.49	44.66	18.63	65.21	63.36

12-3 各地区农村改水、改厕投资情况(2012年)

Investment of Drinking Water and Sanitation Lavatory Improvement in Rural Area by Region(2012)

单位：万元 (10 000 yuan)

地区	Region	农村改水 Access to Drinking Water Improvement			农村改厕 Access to Sanitation Lavatory Improvement		
		农村改水投资 Investment of Water Drinking Improvement	#国家投资 State Investment	国家投资占总投资比重(%) Proportion of State Investment in Total (%)	农村改厕投资 Investment of Sanitation Lavatory Improvement	#国家投资 State Investment	国家投资占总投资比重(%) Proportion of State Investment in Total (%)
全国	**National Total**	**3045389.4**	**2280374.0**	**74.9**	**997232.4**	**391813.1**	**39.3**
北京	Beijing	14266.2	8155.0	57.2	28.6		
天津	Tianjin	2873.5	1987.8	69.2	476.8		
河北	Hebei	24465.0	20231.2	82.7	19362.4	8517.5	44.0
山西	Shanxi	43647.2	38067.8	87.2	21643.5	7128.0	32.9
内蒙古	Inner Mongolia	54248.5	49561.0	91.4	9921.6	7784.2	78.5
辽宁	Liaoning	77469.8	62162.4	80.2	18445.3	7686.3	41.7
吉林	Jilin	53237.0	35488.0	66.7	3997.3	2250.0	56.3
黑龙江	Heilongjiang	15354.0	10983.9	71.5	9609.3	3347.7	34.8
上海	Shanghai	23618.0	10956.0	46.4	5449.6	1733.7	31.8
江苏	Jiangsu	400594.7	245956.7	61.4	99356.9	68040.3	68.5
浙江	Zhejiang	133814.7	76406.9	57.1	59229.5	20024.8	33.8
安徽	Anhui	141648.3	123654.5	87.3	34239.6	16755.0	48.9
福建	Fujian	80216.3	59157.4	73.7	44381.8	4359.3	9.8
江西	Jiangxi	83826.6	63909.6	76.2	41154.6	23509.8	57.1
山东	Shandong	198249.8	94537.4	47.7	85713.3	9924.8	11.6
河南	Henan	210517.8	173655.0	82.5	31749.3	17635.7	55.5
湖北	Hubei	102733.0	70037.0	68.2	16213.0	7890.0	48.7
湖南	Hunan	149016.5	106643.8	71.6	22767.4	11537.4	50.7
广东	Guangdong	150243.3	89911.0	59.8	58103.0	9457.6	16.3
广西	Guangxi	210831.9	165723.4	78.6	126603.4	25133.7	19.9
海南	Hainan	51559.1	48954.3	94.9	25968.8	6932.4	26.7
重庆	Chongqing	15210.9	13663.0	89.8	28196.8	18088.4	64.2
四川	Sichuan	203560.2	166879.2	82.0	106300.1	50432.2	47.4
贵州	Guizhou	141404.6	132707.4	93.8	28082.4	12092.0	43.1
云南	Yunnan	104937.2	82605.3	78.7	28467.3	12048.0	42.3
西藏	Tibet						
陕西	Shaanxi	177497.0	177497.0	100.0	17648.5	10263.5	58.2
甘肃	Gansu	76709.9	59739.0	77.9	15057.1	3943.0	26.2
青海	Qinghai	20104.4	17386.7	86.5	4474.9	2976.9	66.5
宁夏	Ningxia	26396.2	18811.4	71.3	6037.5	3011.9	49.9
新疆	Xinjiang	50884.0	50884.0	100.0	22361.3	17400.0	77.8
新疆兵团	Xinjiang Production & Construction Corps	6253.7	4061.0	64.9	6191.5	1908.9	30.8

12-4 各地区农村可再生能源利用情况(2012年)

Use of Renewable Energy in Rural Area by Region (2012)

地 区 Region	沼气池产气总量(万立方米) Total Production of Methane (10 000 cu.m)	#处理农业废弃物沼气工程 Methane Generating Projects of Disposing Agricultural Wastes	太阳能热水器(万平方米) Water Heaters Using Solar Energy (10 000 sq.m)	太阳房(万平方米) Solar Energy Houses (10 000 sq.m)	太阳灶(台) Solar Kitchen Ranges (unit)	生活污水净化沼气池(个) Household Waste Water Purification and Methane Generating Tanks(unit)
全 国 National Total	**1576147.0**	**198359.8**	**6801.8**	**2353.0**	**2207246**	**208551**
北 京 Beijing	2617.3	2400.0	78.8	93.1	1222	
天 津 Tianjin	3726.5	2261.9	35.2	0.9		8
河 北 Hebei	95207.9	7602.0	585.6	149.6	36059	159
山 西 Shanxi	19144.4	2137.4	403.9	0.2	18242	28
内 蒙 Inner Mongolia	13217.6	2878.7	56.8	101.2	45880	5
辽 宁 Liaoning	15775.3	1868.8	116.8	535.3	1039	
吉 林 Jilin	4065.9	545.7	51.5	289.4	1235	3
黑龙江 Heilongjiang	9659.4	4532.4	68.3	449.0	511	
上 海 Shanghai	799.4	799.4	78.2	5.0		
江 苏 Jiangsu	31245.7	9958.1	729.5	5.5		34866
浙 江 Zhejiang	19717.3	13053.3	554.9			75403
安 徽 Anhui	32158.2	7090.0	503.1			1505
福 建 Fujian	32307.5	9720.0	40.7			1111
江 西 Jiangxi	62846.3	7442.3	151.4			1947
山 东 Shandong	93713.5	16811.2	1055.3	17.5	6690	159
河 南 Henan	139053.3	29293.1	444.0	1.9	4	649
湖 北 Hubei	105506.3	5842.5	292.4			1287
湖 南 Hunan	96579.3	6343.0	164.0	6.7		2045
广 东 Guangdong	35202.6	15658.0	29.9	1.2	22	6445
广 西 Guangxi	158080.7	3037.1	67.1			354
海 南 Hainan	32595.1	9175.3	389.9			
重 庆 Chongqing	44987.4	2773.5	26.9			17186
四 川 Sichuan	225288.0	27824.5	122.0	2.2	121728	64756
贵 州 Guizhou	69224.0	2695.4	48.6			332
云 南 Yunnan	131599.4	409.8	261.8		264	139
西 藏 Tibet	6183.8	120.0	127.9		371615	
陕 西 Shaanxi	33380.3	1626.8	147.5	1.5	223836	123
甘 肃 Gansu	38324.3	1647.2	82.4	239.3	730301	34
青 海 Qinghai	3456.3	84.0	3.2	428.0	241318	
宁 夏 Ningxia	6520.4	1091.5	32.5	16.0	395471	7
新 疆 Xinjiang	13109.2	1200.9	51.4	9.4	11809	
新疆兵团 Xinjiang Production & Construction Corps	854.6	436.1	0.2			

资料来源：农业部。
Source: Ministry of Agriculture.

12-5 各地区农业有效灌溉和农用化肥施用情况(2012年)
Agriculture Irrigated Area and Use of Chemical Fertilizers by Region (2012)

地区	Region	有效灌溉面积(千公顷) Area Irrigated (1 000 hectares)	化肥施用量(万吨) Use of Chemical Fertilizers (10 000 tons)	氮肥 Nitrogenous Fertilizer	磷肥 Phosphate Fertilizer	钾肥 Potash Fertilizer	复合肥 Compound Fertilizer
全国	**National Total**	**63036.4**	**5838.8**	**2399.9**	**828.6**	**617.7**	**1990.0**
北京	Beijing	207.5	13.7	6.5	0.8	0.7	5.7
天津	Tianjin	337.0	24.5	11.1	4.0	1.7	7.7
河北	Hebei	4603.1	329.3	151.7	46.6	27.2	103.8
山西	Shanxi	1319.1	118.3	39.0	19.1	9.3	50.8
内蒙古	Inner Mongolia	3125.2	189.0	82.8	31.9	14.4	58.8
辽宁	Liaoning	1698.8	146.9	68.3	12.2	12.9	53.6
吉林	Jilin	1851.9	206.7	71.0	7.0	14.4	114.4
黑龙江	Heilongjiang	4776.5	240.3	86.0	51.1	35.7	67.5
上海	Shanghai	199.0	11.0	5.4	0.8	0.5	4.3
江苏	Jiangsu	3929.7	331.0	169.2	46.2	20.1	95.5
浙江	Zhejiang	1471.0	92.2	51.2	11.8	7.2	21.9
安徽	Anhui	3585.1	333.5	114.1	36.5	32.5	150.4
福建	Fujian	968.5	120.9	47.2	16.9	24.4	32.3
江西	Jiangxi	1907.1	141.3	42.9	22.7	21.1	54.6
山东	Shandong	5058.1	476.3	159.6	48.6	43.7	224.4
河南	Henan	5205.6	684.4	245.5	121.7	64.6	252.7
湖北	Hubei	2548.9	354.9	159.1	65.3	31.2	99.3
湖南	Hunan	2715.8	249.1	112.3	27.9	42.6	66.3
广东	Guangdong	1874.4	245.4	102.8	21.8	18.3	72.5
广西	Guangxi	1541.3	249.0	72.5	30.5	56.0	90.1
海南	Hainan	256.8	45.5	14.3	3.2	8.0	20.1
重庆	Chongqing	703.0	96.0	49.9	18.4	5.3	22.5
四川	Sichuan	2662.7	253.0	128.0	50.8	17.5	55.1
贵州	Guizhou	1214.6	98.2	52.3	11.3	9.1	25.4
云南	Yunnan	1677.9	210.2	106.8	30.6	22.0	50.8
西藏	Tibet	251.0	5.0	1.7	1.0	0.6	1.7
陕西	Shaanxi	1277.2	239.8	98.3	18.5	23.0	100.0
甘肃	Gansu	1297.6	92.1	39.7	17.1	7.8	27.5
青海	Qinghai	251.7	9.3	3.8	1.3	0.4	3.9
宁夏	Ningxia	491.4	39.4	18.2	4.4	2.2	14.7
新疆	Xinjiang	4029.1	192.7	88.9	48.9	13.2	41.7

资料来源：国家统计局(下表同)。
Source: National Bureau of Statistics (the same as in the following table).

12-6 各地区农用塑料薄膜和农药使用量情况(2012年)

Use of Agricultural Plastic Film and Pesticide by Region (2012)

地 区	Region	塑料薄膜使用量 (吨) Use of Agricultural Plastic Film (ton)	地膜使用量 (吨) Use of Plastic Film for Covering Plants (ton)	地膜覆盖面积 (公顷) Area Covered by Plastic Film (hectare)	农药使用量 (吨) Use of Pesticide (ton)
全 国	**National Total**	**2383002**	**1310822**	**17582456**	**1806057**
北 京	Beijing	12549	3447	303382	3879
天 津	Tianjin	12401	5355	85122	3808
河 北	Hebei	126941	68248	1159059	84831
山 西	Shanxi	45864	32330	551018	29810
内蒙古	Inner Mongolia	69234	55131	945317	29924
辽 宁	Liaoning	145054	40032	311489	59053
吉 林	Jilin	56700	28228	182362	51239
黑龙江	Heilongjiang	84590	33165	353067	80511
上 海	Shanghai	19300	5714	23397	5817
江 苏	Jiangsu	112550	44016	586547	83675
浙 江	Zhejiang	62287	28403	166380	62874
安 徽	Anhui	91171	40479	437245	116741
福 建	Fujian	58692	28157	132690	57846
江 西	Jiangxi	50275	29093	158657	100413
山 东	Shandong	318055	137006	2401509	161955
河 南	Henan	155169	73096	1050864	128289
湖 北	Hubei	65044	36838	411760	139524
湖 南	Hunan	79536	55313	701081	122980
广 东	Guangdong	44430	23241	129919	113878
广 西	Guangxi	39699	30293	404718	67784
海 南	Hainan	21394	11160	34054	39637
重 庆	Chongqing	40928	20916	310492	19480
四 川	Sichuan	126827	87788	987373	60317
贵 州	Guizhou	44062	29798	257862	14450
云 南	Yunnan	101280	81866	1015100	55326
西 藏	Tibet	1152	931	3405	923
陕 西	Shaanxi	39077	20535	435661	12952
甘 肃	Gansu	150374	87177	1223620	73748
青 海	Qinghai	5329	4308	51307	1805
宁 夏	Ningxia	15282	9366	185821	2740
新 疆	Xinjiang	187756	159392	2582178	19848

附录一、人口资源环境主要统计指标

APPENDIX Ⅰ. Main Indicators of Population, Resource & Environment Statistics

附录1 人口资源环境主要统计指标

Main Indicators of Population, Resources & Environment Statistics

指　标	Indicator	2010	2011	2012
1.人口构成	**Population Structure**			
总人口　(万人)	Population　(10 000 persons)	134091	134735	135404
#城镇	Urban	66978	69079	71182
乡村	Rural	67113	65656	64222
2.土地资源	**Land Resource**			
耕地面积　(万公顷)	Cultivated Land　(10 000 hectares)	12172	12172	12172
人均耕地面积　(亩)	Cultivated Land per Capita　(mu)	1.37	1.37	1.37
3.水资源	**Water Resource**			
水资源总量　(亿立方米)	Water Resources　(100 million cu.m)	30906.4	23256.7	29528.8
人均水资源量　(立方米/人)	Per Capita Water Resources　(cu.m/person)	2310.4	1730.2	2186.2
用水总量　(亿立方米)	Water Use　(100 million cu.m)	6022.0	6107.2	6131.2
#工业用水量	Industry	1447.3	1461.8	1380.7
人均用水量　(立方米/人)	Per Capita Water Use　(cu.m/person)	450.2	454.4	453.9
单位GDP用水量　(立方米/万元)	Water Use /GDP　(cu.m/10 000 yuan)	150.0	139.2	129.8
单位工业增加值用水量　(立方米/万元)	Water Use/Value Added of Industry　(cu.m/10 000 yuan)	90.0	82.4	72.3
4.森林资源	**Forest Resource**			
森林面积　(万公顷)	Forest Area　(10 000 hectares)	19545.2	19545.2	19545.2
森林覆盖率　(%)	Forest Coverage Rate　(%)	20.36	20.36	20.36
活立木总蓄积量　(亿立方米)	Standing Forest Stock　(100 million cu.m)	149.1	149.1	149.1
森林蓄积量　(亿立方米)	Stock Volume of Forest　(100 million cu.m)	137.2	137.2	137.2
人均森林面积　(公顷/人)	Per Capita Forest Area　(hectare/person)	0.15	0.15	0.15
5.能源	**Energy**			
能源生产总量　(万吨标准煤)	Energy Production　(10 000 tce)	296916	317987	331848
构成(能源生产总量=100)	Composition (Energy Production=100)			
原煤　(%)	Raw Coal　(%)	76.6	77.8	76.5
原油　(%)	Crude Oil　(%)	9.8	9.1	8.9
天然气　(%)	Natural Gas　(%)	4.2	4.3	4.3
电力　(%)	Power　(%)	9.4	8.8	10.3
人均能源生产量(千克标准煤/人)	Per Capita Energy Production　(kgce/person)	2220	2366	2457
能源消费总量　(万吨标准煤)	Total Energy Consumption　(10 000 tce)	324939	348002	361732
构成(能源生产总量=100)	Composition (Energy Consumption=100)			
煤炭　(%)	Coal　(%)	68.0	68.4	66.6
石油　(%)	Petroleum　(%)	19.0	18.6	18.8
天然气　(%)	Natural Gas　(%)	4.4	5.0	5.2
电力　(%)	Power　(%)	8.6	8.0	9.4

注：耕地面积为2008年底数据。
Note: Culitivated Land is the data at the end of 2008.

附录1　续表　continued

指　标	Indicator	2010	2011	2012
人均能源消费量(千克标准煤/人)	Per Capita Energy Consumption (kgce/person)	2429	2589	2678
能源生产弹性系数	Elasticity Ratio of Energy Production	0.78	0.76	0.57
能源消费弹性系数	Elasticity Ratio of Energy Consumption	0.58	0.76	0.51
电力生产弹性系数	Elasticity Ratio of Electric Power Production	1.28	1.29	0.75
电力消费弹性系数	Elasticity Ratio of Electric Power Consumption	1.27	1.30	0.77
单位GDP能耗 (吨标准煤/万元)	Energy Consumption/GDP (tce/10 000 yuan)	0.809	0.793	0.765
6.污染物排放	**Pollutant Discharge**			
废水排放量 (亿吨)	Waste Water Discharge (100 million tons)	627.5	659.2	684.8
化学需氧量排放量 (万吨)	COD Discharge (10 000 tons)	2551.7	2499.9	2423.7
氨氮排放量 (万吨)	Ammonia Nitrogen Discharge (10 000 tons)	264.4	260.4	253.6
二氧化硫排放量 (万吨)	Sulphur Dioxide Emission (10 000 tons)	2267.8	2217.9	2117.6
氮氧化物排放量 (万吨)	Nitrogen Oxides Emission (10 000 tons)	2273.6	2404.3	2337.8
一般工业固体废物倾倒丢弃量 (万吨)	Common Industry Solid Wastes Discharged (10 000 tons)		433.3	144.2
单位国内生产总值废水排放量 (吨/万元)	Waste Water Discharge/GDP (ton/10 000 yuan)	15.6	15.0	14.5
单位国内生产总值化学需氧量排放量 (千克/万元)	COD Discharge/GDP (kg/10 000 yuan)	6.4	5.7	5.1
单位国内生产总值氨氮排放量 (千克/万元)	Ammonia Nitrogen Discharge/GDP (kg/10 000 yuan)	0.7	0.6	0.5
单位国内生产总值二氧化硫排放量 (千克/万元)	Emission of SO2/GDP (kg/10 000 yuan)	5.6	5.1	4.5
单位国内生产总值氮氧化物排放量 (千克/万元)	Emission of Nitrogen Oxides/GDP (kg/10 000 yuan)	5.7	5.5	4.9
城市生活垃圾清运量 (万吨)	Urban Garbage Disposal (10 000 tons)	15805	16395	17081
7.污染治理投入	**Investment in Treatment of Environmental Pollution**			
环境污染治理投资 (亿元)	Investment in Anti-pollution Projects (100 milliom yuan)	7612	7114	8253
环境污染治理投资占GDP比重 (%)	Investment in Anti-pollution Projects as Percentage of GDP (%)	1.90	1.50	1.59

附录二、“十二五”时期主要环境保护指标

APPENDIX II. Main Environmental Indicators in 12th Five-year Plan Period

附录2-1 “十二五”时期资源环境主要指标

Indicators on Resources & Environment in the 12th Five-year Plan

指标	Item	2010	2015	年均增长(%) Annual Growth Rate (%)	属性 Attribute
耕地保有量（亿亩）	Total Cultivated Land (100 million mu)	18.18	18.18	[0]	约束性 Obligatory
单位工业增加值用水量降低 (%)	Reduction of Water Consumption per Unit Industrial Added Value (%)			[30]	约束性 Obligatory
农业灌溉用水有效利用系数	Efficient Utilization Coefficient of Agricultural Irrigation Water	0.50	0.53	[0.03]	预期性 Anticipated
非化石能源占一次能源消费比重 (%)	Proportion of Consumption on Non-fossil Energy to Primary Energy (%)	8.3	11.4	[3.1]	约束性 Obligatory
单位国内生产总值能源消耗降低 (%)	Reduction of Energy Consumption per Unit GDP (%)			[16]	约束性 Obligatory
单位国内生产总值二氧化碳排放降低 (%)	Reduction of CO_2 Emission per Unit GDP (%)			[17]	约束性 Obligatory
主要污染物排放总量减少 (%) Reduction of Total Major Pollutants Emission Volume (%)	化学需氧量 COD			[8]	约束性 Obligatory
	二氧化硫 SO_2			[8]	
	氨氮 Ammonia Nitrogen			[10]	
	氮氧化物 NO_x			[10]	
森林增长 Increase of Forest	森林覆盖率(%) Forest Coverage Rate (%)	20.36	21.66	[1.3]	约束性 Obligatory
	森林蓄积量（亿立方米） Stock Volume of Forest (100 million cu.m)	137	143	[6]	

注：国内生产总值按可比价格计算；[ ]内为五年累计数。

Note:Figures of GDP is of 2010 price; those in [ ] are accumulative figures in five years.

附录2-2 “十二五”时期环境保护主要指标

Indicators on Environmental Protection in the 12th Five-year Plan

指标	Item	2010	2015	2015年比2010年增长(%) Increase in 2015 over 2010(%)
化学需氧量排放总量（万吨）	Discharge of COD (10 000 tons)	2551.7	2347.6	-8%
氨氮排放总量（万吨）	Discharge of Ammonia Nitrogen (10 000 tons)	264.4	238.0	-10%
二氧化硫排放总量（万吨）	Emission of Sulphur Dioxide (10 000 tons)	2267.8	2086.4	-8%
氮氧化物排放总量（万吨）	Emission of Nitrogen Oxides (10 000 tons)	2273.6	2046.2	-10%
地表水国控断面劣Ⅴ类水质的比例 (%)	Proportion of Water Quality Worse than Grade Ⅴ in Surface Water Monitored Section (%)	17.7	<15	-2.7 percentage points
七大水系国控断面水质好于Ⅲ类的比例 (%)	Proportion of Water Quality better than Grade Ⅲ in Main Water System Monitored Section (%)	55	>60	5.0 percentage points
地级以上城市空气质量达到二级标准以上的比例 (%)	Proportion of Air Quality Equal above Grade Ⅱ in Prefecture level city (%)	72	≥80	8.0 percentage points

附录三、东中西部地区
主要环境指标

APPENDIX Ⅲ.
Main Environmental Indicators by Eastern, Central & Western

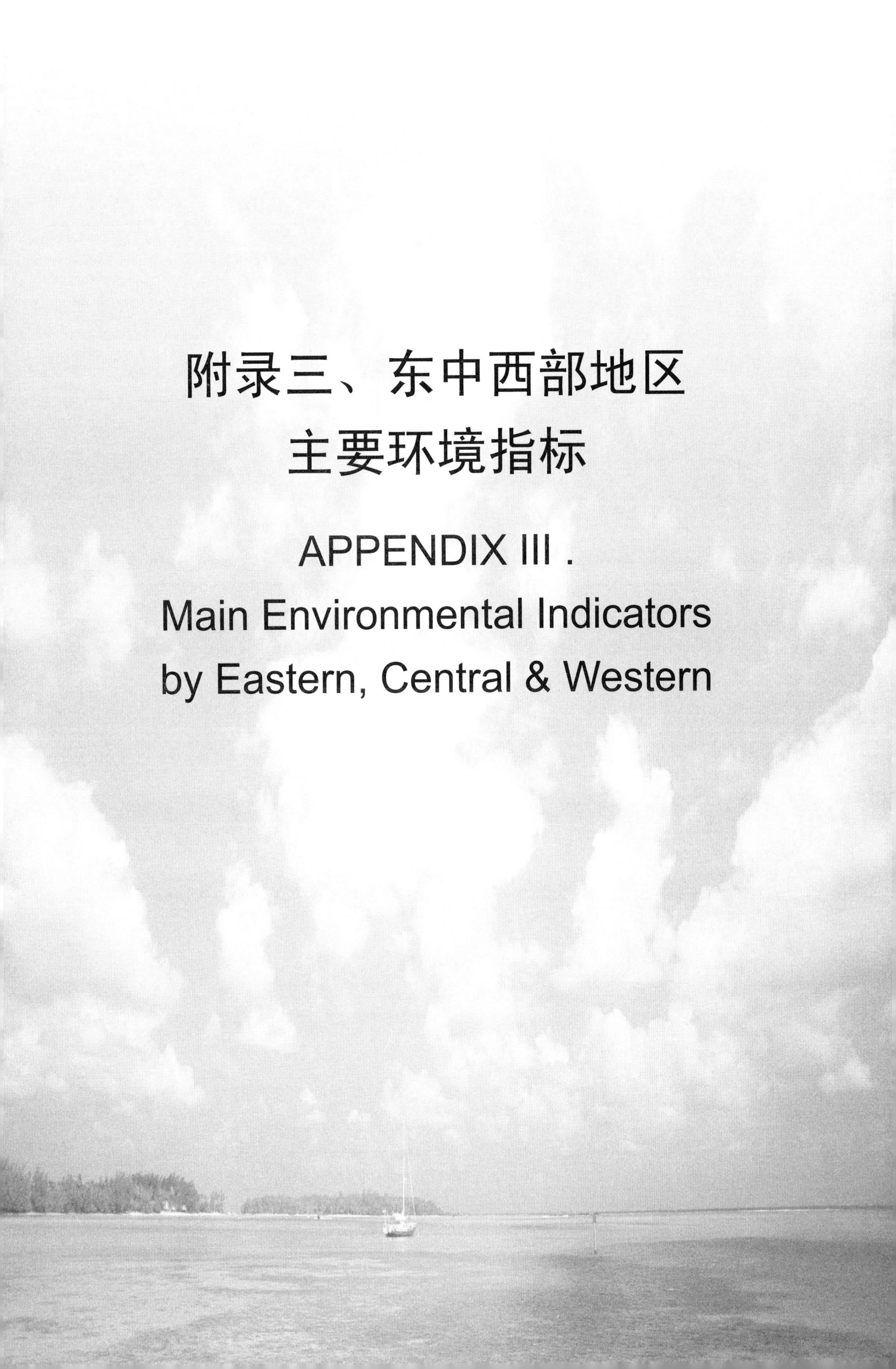

附录3-1　东中西部地区水资源情况(2012年)

Water Resources by Eastern,Central & Western (2012)

单位：亿立方米　　　　　　(100 million cu.m)

区　域 Area	地　区 Region	水资源总量 Total Amount of Water Resources	地表水 Surface Water Resources	地下水 Ground Water Resources	地表水与地下水重复量 Duplicated Measurement of Surface Water and Groundwater	降水量 Precipi-tation	人均水资源量 per Capita Water Resources
	全　国 National Total	**29528.8**	**28373.3**	**8296.4**	**7140.9**	**65150.1**	**2186.2**
东　部 Eastern	**东部小计 Eastern Total**	**6338.5**	**5967.8**	**1684.3**	**1313.5**	**12311.4**	**1236.5**
	北　京 Beijing	39.5	18.0	26.5	4.9	116.3	193.2
	天　津 Tianjin	32.9	26.5	7.6	1.2	101.4	238.0
	河　北 Hebei	235.5	117.8	164.8	47.1	1138.2	324.2
	上　海 Shanghai	33.9	27.4	9.7	3.2	80.9	143.4
	江　苏 Jiangsu	373.3	279.1	110.2	16.0	972.4	472.0
	浙　江 Zhejiang	1446.7	1429.1	273.5	255.8	2166.4	2644.8
	福　建 Fujian	1511.4	1510.1	349.3	347.9	2538.7	4047.8
	山　东 Shandong	274.3	182.2	164.2	72.1	1019.7	283.9
	广　东 Guangdong	2026.5	2017.5	485.8	476.7	3514.9	1921.0
	海　南 Hainan	364.3	360.2	92.6	88.5	662.6	4130.8
中　部 Central	**中部小计 Central Total**	**6050.0**	**5800.1**	**1552.5**	**1302.6**	**12578.5**	**1687.2**
	山　西 Shanxi	106.2	65.9	88.3	48.0	797.1	295.0
	安　徽 Anhui	701.0	640.6	159.3	99.0	1637.1	1172.6
	江　西 Jiangxi	2174.4	2155.8	462.3	443.7	3614.5	4836.0
	河　南 Heinan	265.5	172.7	161.8	68.9	1001.9	282.6
	湖　北 Hubei	813.9	783.8	262.8	232.7	1942.9	1411.0
	湖　南 Hunan	1988.9	1981.3	417.9	410.3	3584.9	3005.7
西　部 Western	**西部小计 Western Total**	**15291.1**	**15030.0**	**4475.5**	**4214.4**	**34750.7**	**4209.6**
	内蒙古 Inner Mongolia	510.3	349.2	258.4	97.4	3670.8	2052.7
	广　西 Guangxi	2087.4	2086.4	467.6	466.6	3953.2	4476.0
	重　庆 Chongqing	476.9	476.9	97.8	97.8	890.4	1626.5
	四　川 Sichuan	2892.4	2891.2	614.9	613.8	5003.1	3587.2
	贵　州 Guizhou	974.0	974.0	253.3	253.3	1967.9	2801.8
	云　南 Yunnan	1689.8	1689.8	583.2	583.2	4177.3	3637.9
	西　藏 Tibet	4196.4	4196.4	951.9	951.9	6673.3	137378.1
	陕　西 Shaanxi	390.5	368.0	130.2	107.7	1346.5	1041.9
	甘　肃 Gansu	267.0	259.0	139.1	131.1	1246.7	1038.4
	青　海 Qinghai	895.2	879.2	400.5	384.5	2653.0	15687.2
	宁　夏 Ningxia	10.8	8.5	21.6	19.2	175.6	168.0
	新　疆 Xinjiang	900.6	851.6	557.0	508.0	2992.9	4055.5
东　北 Northeast	**东北小计 Northeast Total**	**1849.2**	**1575.4**	**584.2**	**310.4**	**5509.6**	**1685.7**
	辽　宁 Liaoning	547.3	492.4	147.4	92.5	1344.8	1247.8
	吉　林 Jilin	460.5	387.3	147.0	73.8	1386.0	1674.5
	黑龙江 Heilongjiang	841.4	695.7	289.8	144.1	2778.8	2194.6

资料来源：水利部。
Source:Ministry of Water Resource.

附录3-2 东中西部地区废水排放情况(2012年)

Discharge of Waste Water by Eastern, Central & Western (2012)

单位：万吨 (10 000 tons)

区域 Area	地区 Region		废水排放总量 Total Volume of Waste Water Discharged	工业废水 Industrial Waste Water	城镇生活污水 Household Waste Water	集中式污染治理设施 Centralized Pollution Control Facilities
	全　国	**National Total**	**6847612**	**2215857**	**4626897**	**4858**
	东部小计	**Eastern Total**	**3378293**	**1092365**	**2283378**	**2550**
东部 Eastern	北　京	Beijing	140274	9190	130985	99
	天　津	Tianjin	82813	19117	63651	46
	河　北	Hebei	305773	122645	183043	85
	上　海	Shanghai	219244	46359	172530	355
	江　苏	Jiangsu	598211	236094	361835	282
	浙　江	Zhejiang	420961	175416	245049	495
	福　建	Fujian	256263	106319	149680	264
	山　东	Shandong	479100	183634	295135	331
	广　东	Guangdong	838551	186126	651883	542
	海　南	Hainan	37103	7465	29587	52
	中部小计	**Central Total**	**1587900**	**509252**	**1077388**	**1260**
中部 Central	山　西	Shanxi	134298	48108	86162	29
	安　徽	Anhui	254329	67175	186980	174
	江　西	Jiangxi	201190	67871	133059	260
	河　南	Heinan	403668	137356	266170	142
	湖　北	Hubei	290200	91609	198337	254
	湖　南	Hunan	304214	97133	206680	402
	西部小计	**Western Total**	**1360553**	**423875**	**935817**	**860**
西部 Western	内蒙古	Inner Mongolia	102424	33618	68786	20
	广　西	Guangxi	245578	110671	134786	121
	重　庆	Chongqing	132430	30611	101677	142
	四　川	Sichuan	283657	69984	213443	230
	贵　州	Guizhou	91455	23399	68004	52
	云　南	Yunnan	154010	42811	111088	111
	西　藏	Tibet	4683	353	4329	2
	陕　西	Shaanxi	128749	38037	90626	86
	甘　肃	Gansu	62813	19188	43589	36
	青　海	Qinghai	21994	8917	13071	7
	宁　夏	Ningxia	38948	16548	22389	11
	新　疆	Xinjiang	93810	29738	64032	41
	东北小计	**Northeast Total**	**520867**	**190365**	**330314**	**188**
东北 Northeast	辽　宁	Liaoning	238769	87168	151495	106
	吉　林	Jilin	119509	44842	74607	61
	黑龙江	Heilongjiang	162589	58355	104213	21

资料来源：环境保护部(以下各表同)。
Source:Ministry of Environmental Protection (the same as in the following tables).

附录3-2 续表 1 continued 1

单位：吨 (ton)

区 域 Area	地 区 Region	化学需氧量排放总量 COD Discharged	工业 Industry	农业 Agriculture	生活 Household	集中式污染治理设施 Centralized Pollution Control Facilities
	全 国 National Total	**24237335**	**3384539**	**11537999**	**9127510**	**187288**
	东部小计 Eastern Total	**8572484**	**1148859**	**3996633**	**3369449**	**57543**
东 部 Eastern	北 京 Beijing	186501	6266	78292	95661	6282
	天 津 Tianjin	229434	26533	113889	88544	467
	河 北 Hebei	1349141	191779	918344	231111	7906
	上 海 Shanghai	242581	26160	33090	177504	5827
	江 苏 Jiangsu	1197048	231447	387692	572502	5407
	浙 江 Zhejiang	786203	185671	203995	389175	7362
	福 建 Fujian	660045	90553	214105	351263	4125
	山 东 Shandong	1921233	139404	1344093	433029	4707
	广 东 Guangdong	1802943	238503	600064	950426	13950
	海 南 Hainan	197355	12543	103069	80233	1510
	中部小计 Central Total	**5893016**	**740680**	**2649974**	**2439955**	**62407**
中 部 Central	山 西 Shanxi	476773	86669	180623	206903	2577
	安 徽 Anhui	924338	89424	384905	440215	9793
	江 西 Jiangxi	748345	100700	239025	398212	10408
	河 南 Heinan	1393552	178987	802598	402981	8986
	湖 北 Hubei	1086586	135278	475521	461247	14539
	湖 南 Hunan	1263423	149622	567301	530397	16103
	西部小计 Western Total	**6179609**	**1218280**	**2472355**	**2442325**	**46649**
西 部 Western	内 蒙 古 Inner Mongolia	883937	90802	619236	171559	2339
	广 西 Guangxi	780302	199618	215683	361103	3898
	重 庆 Chongqing	402801	49157	123595	229448	602
	四 川 Sichuan	1268684	118378	539793	604793	5721
	贵 州 Guizhou	332991	64719	63205	199737	5330
	云 南 Yunnan	548582	169633	74243	291729	12977
	西 藏 Tibet	25762	924	3855	20803	180
	陕 西 Shaanxi	536249	98456	196624	234539	6630
	甘 肃 Gansu	389328	93007	144776	149913	1633
	青 海 Qinghai	103756	41846	22423	37477	2010
	宁 夏 Ningxia	228031	105438	101704	20062	827
	新 疆 Xinjiang	679186	186303	367218	121162	4503
	东北小计 Northeast Total	**3592226**	**276720**	**2419037**	**875781**	**20689**
东 北 Northeast	辽 宁 Liaoning	1305949	102213	863316	334062	6358
	吉 林 Jilin	787527	76319	503950	194825	12433
	黑 龙 江 Heilongjiang	1498751	98187	1051771	346894	1898

附录3-2 续表 2 continued 2

单位：吨 (ton)

区域 Area	地区 Region		氨氮排放总量 Ammona Nitrogen Discharged	工业 Industry	农业 Agriculture	生活 Household	集中式污染治理设施 Centralized Pollution Control Facilities
	全国	**National Total**	**2535893**	**264142**	**806216**	**1446276**	**19259**
	东部小计	**Eastern Total**	**977821**	**83662**	**300044**	**588735**	**5381**
东部 Eastern	北京	Beijing	20483	352	4732	14762	637
	天津	Tianjin	25416	3295	5946	16138	38
	河北	Hebei	110730	15826	44864	49438	602
	上海	Shanghai	47416	2281	3469	41370	296
	江苏	Jiangsu	153140	16259	39144	97048	688
	浙江	Zhejiang	112273	12089	27041	72502	641
	福建	Fujian	93181	6758	33266	52758	399
	山东	Shandong	168583	10982	74135	82968	498
	广东	Guangdong	224117	14937	58273	149475	1432
	海南	Hainan	22483	883	9174	12276	150
	中部小计	**Central Total**	**694143**	**80496**	**253335**	**354089**	**6223**
中部 Central	山西	Shanxi	56905	8335	12553	35769	247
	安徽	Anhui	106140	8354	37823	59018	945
	江西	Jiangxi	91051	10208	29694	50306	843
	河南	Heinan	149771	13027	64011	71646	1087
	湖北	Hubei	128944	14770	46623	65919	1632
	湖南	Hunan	161333	25802	62631	71431	1469
	西部小计	**Western Total**	**607325**	**81383**	**166459**	**354295**	**5189**
西部 Western	内蒙古	Inner Mongolia	52675	11146	12213	29116	200
	广西	Guangxi	82564	8574	26746	46937	307
	重庆	Chongqing	53410	3077	12962	37215	155
	四川	Sichuan	140727	5591	57449	76986	701
	贵州	Guizhou	38750	3606	7883	26635	626
	云南	Yunnan	58639	4299	11797	40892	1651
	西藏	Tibet	3193	83	457	2641	13
	陕西	Shaanxi	61919	8653	15443	36901	921
	甘肃	Gansu	41009	13919	5704	21272	114
	青海	Qinghai	9777	2032	889	6730	126
	宁夏	Ningxia	17449	8609	2165	6617	58
	新疆	Xinjiang	47215	11793	12752	22352	318
	东北小计	**Northeast Total**	**256603**	**18602**	**86378**	**149158**	**2466**
东北 Northeast	辽宁	Liaoning	107523	8367	34226	64018	913
	吉林	Jilin	56325	4388	17686	32918	1333
	黑龙江	Heilongjiang	92754	5847	34465	52222	220

附录3-3 东中西部地区废气排放情况(2012年)

Emission of Waste Gas by Eastern,Central & Western (2012)

单位：吨 (ton)

区 域 Area	地 区 Region		二氧化硫排放总量 Total Volume of Sulphur Dioxide Emission	工业 Industrial	生活 Household	集中式污染治理设施 Centralized Pollution Control Facilities
	全 国	**National Total**	**21176320**	**19117055**	**2056646**	**2619**
	东部小计	**Eastern Total**	**6458942**	**5977703**	**479668**	**1572**
	北 京	Beijing	93849	59330	34485	35
	天 津	Tianjin	224521	215481	8959	81
	河 北	Hebei	1341201	1238737	102366	98
	上 海	Shanghai	228218	193405	34754	59
东 部	江 苏	Jiangsu	991967	959210	32468	289
Eastern	浙 江	Zhejiang	625766	610882	14654	230
	福 建	Fujian	371251	352389	18851	12
	山 东	Shandong	1748807	1543766	204847	194
	广 东	Guangdong	799223	771467	27205	551
	海 南	Hainan	34137	33036	1078	23
	中部小计	**Central Total**	**4932268**	**4487702**	**444052**	**514**
	山 西	Shanxi	1301755	1194634	107098	23
	安 徽	Anhui	519589	469776	49405	408
中 部	江 西	Jiangxi	567687	551502	16176	9
Central	河 南	Henan	1275909	1129858	146010	42
	湖 北	Hubei	622367	548591	73748	29
	湖 南	Hunan	644959	593342	51615	3
	西部小计	**Western Total**	**7808616**	**6923004**	**885131**	**481**
	内蒙古	Inner Mongolia	1384928	1241475	143450	4
	广 西	Guangxi	504123	471621	32467	36
	重 庆	Chongqing	564777	509788	54984	4
	四 川	Sichuan	864440	793965	70239	236
	贵 州	Guizhou	1041087	837101	203983	3
西 部	云 南	Yunnan	672216	622599	49600	17
Western	西 藏	Tibet	4185	1316	2868	
	陕 西	Shaanxi	843755	747018	96733	5
	甘 肃	Gansu	572489	479938	92380	171
	青 海	Qinghai	153853	129094	24758	1
	宁 夏	Ningxia	406633	384378	22253	3
	新 疆	Xinjiang	796128	704710	91418	1
	东北小计	**Northeast Total**	**1976494**	**1728646**	**247796**	**52**
东 北	辽 宁	Liaoning	1058712	979025	79638	49
Northeast	吉 林	Jilin	403482	352337	51144	1
	黑龙江	Heilongjiang	514300	397284	117014	2

附录3-3 续表 1 continued 1

单位：吨 (ton)

区 域 Area	地 区 Region		氮氧化物排放总量 Nitrogen Oxides Emission	工业 Industry	生活 Household	机动车 Motor Vehicle	集中式污染治理设施 Centralized Pollution Control Facilities
	全 国	**National Total**	**23377617**	**16580515**	**393123**	**6400293**	**3689**
	东部小计	**Eastern Total**	**8575906**	**6088995**	**109539**	**2374829**	**2552**
	北 京	Beijing	177493	85331	11991	79852	321
	天 津	Tianjin	334223	275553	4447	54052	173
	河 北	Zhejiang	1761110	1194755	18352	547971	32
	上 海	Shanghai	401618	284764	19138	97478	236
东 部	江 苏	Jiangsu	1479609	1133633	6541	338960	475
Eastern	浙 江	Zhejiang	808849	634950	3256	170400	243
	福 建	Fujian	467211	360879	2382	103909	40
	山 东	Shandong	1738973	1238173	31954	468652	197
	广 东	Guangdong	1303429	809107	11266	482332	726
	海 南	Hainan	103392	71850	212	31224	110
	中部小计	**Central Total**	**5615452**	**3961834**	**88175**	**1564906**	**534**
	山 西	Shanxi	1243970	950748	31524	261620	78
	安 徽	Anhui	921268	692801	9323	218855	284
中 部	江 西	Jiangxi	577095	352508	2984	221575	23
Central	河 南	Heinan	1625898	1100046	24324	501472	58
	湖 北	Hubei	640008	440941	12132	186849	85
	湖 南	Hunan	607214	424789	7889	174535	6
	西部小计	**Western Total**	**6793473**	**4919499**	**123777**	**1749643**	**546**
	内 蒙 古	Inner Mongolia	1418897	1146979	26211	245702	8
	广 西	Guangxi	498256	345556	3633	148983	86
	重 庆	Chongqing	382671	272094	4487	106070	19
	四 川	Sichuan	659005	438656	10030	209972	349
	贵 州	Guizhou	563539	458917	8140	96476	2
西 部	云 南	Yunnan	544346	335271	5974	203091	11
Western	西 藏	Tibet	44308	3986	292	40027	
	陕 西	Shaanxi	808129	604455	26511	177147	12
	甘 肃	Gansu	473382	341040	14422	117869	50
	青 海	Qinghai	126059	88009	5577	32472	2
	宁 夏	Ningxia	455405	378835	2748	73819	2
	新 疆	Xinjiang	819477	505701	15752	298016	4
	东北小计	**Northeast Total**	**2392785**	**1610187**	**71631**	**710915**	**57**
东 北	辽 宁	Liaoning	1036322	741514	16126	278649	32
Northeast	吉 林	Jilin	575852	387416	11822	176605	14
	黑 龙 江	Heilongjiang	780611	481257	43683	255661	11

附录3-3 续表 2 continued 2

单位：吨 (ton)

区 域 Area	地 区 Region	烟(粉)尘排放总量 Soot (Powder) Dust Emission	工业 Industry	生活 Household	机动车 Motor Vehicle	集中式污染治理设施 Centralized Pollution Control Facilities
	全 国 National Total	**12357748**	**10293082**	**1426734**	**636041**	**1892**
东 部 Eastern	**东部小计 Eastern Total**	**3463911**	**2876593**	**358243**	**227907**	**1155**
	北 京 Beijing	66825	30844	31868	4074	43
	天 津 Tianjin	84064	59036	18400	6587	38
	河 北 Zhejiang	1235877	1055732	126443	53618	82
	上 海 Shanghai	87148	63732	15454	7906	53
	江 苏 Jiangsu	443208	395978	18530	28496	200
	浙 江 Zhejiang	254030	233228	4280	16315	202
	福 建 Fujian	252635	233989	9198	9440	8
	山 东 Shandong	695267	525896	119726	49603	45
	广 东 Guangdong	328252	267498	12670	47603	483
	海 南 Hainan	16606	10660	1675	4265	1
中 部 Central	**中部小计 Central Total**	**3180499**	**2694764**	**315788**	**169492**	**457**
	山 西 Shanxi	1070863	948115	100072	22664	17
	安 徽 Anhui	462059	351639	87153	22957	307
	江 西 Jiangxi	357373	321830	8811	26730	2
	河 南 Henan	599823	492771	41105	65932	18
	湖 北 Hubei	349657	281577	51931	16089	59
	湖 南 Hunan	340724	298832	26717	15120	55
西 部 Western	**西部小计 Western Total**	**4023046**	**3449773**	**408544**	**164524**	**210**
	内 蒙 古 Inner Mongolia	833010	667689	136377	28935	4
	广 西 Guangxi	299723	268524	14248	16923	31
	重 庆 Chongqing	182266	166142	9139	6984	5
	四 川 Sichuan	295836	267820	12068	15844	108
	贵 州 Guizhou	294497	256539	28197	9761	1
	云 南 Yunnan	390646	359517	14922	16198	7
	西 藏 Tibet	6595	955	1020	4622	
	陕 西 Shaanxi	462051	385522	53587	22940	2
	甘 肃 Gansu	207567	156646	42492	8417	9
	青 海 Qinghai	156393	133698	19615	3080	…
	宁 夏 Ningxia	198337	180716	9430	8190	1
	新 疆 Xinjiang	696126	606003	67451	22630	42
东 北 Northeast	**东北小计 Northeast Total**	**1690289**	**1271951**	**344158**	**74118**	**70**
	辽 宁 Liaoning	726258	626344	69908	29964	45
	吉 林 Jilin	264756	195510	51145	18084	21
	黑 龙 江 Heilongjiang	699275	450097	223105	26069	3

附录3-4　东中西部地区固体废物产生及处理情况(2012年)
Generation and Disposal of Solid Wastes by Eastern,Central & Western (2012)

单位：万吨　　(10 000 tons)

区　域 Area	地　区 Region		一般工业固体废物产生量 Common Industrial Solid Wastes Generated	一般工业固体废物综合利用量 Common Industrial Solid Wastes Utilized	一般工业固体废物处置量 Common Industrial Solid Wastes Disposed	一般工业固体废物贮存量 Stock of Common Industrial Solid Wastes	一般工业固体废物倾倒丢弃量 Common Industrial Solid Wastes Discharged
	全　国	**National Total**	**329044**	**202462**	**70745**	**59786**	**144.21**
	东部小计	**Eastern Total**	**97798**	**65010**	**11365**	**22543**	**3.99**
	北　京	Beijing	1104	872	219	13	
	天　津	Tianjin	1820	1816	7	…	
	河　北	Hebei	45576	17361	7439	21210	
	上　海	Shanghai	2199	2140	56	10	0.25
东　部 Eastern	江　苏	Jiangsu	10224	9342	630	303	0.01
	浙　江	Zhejiang	4461	4083	314	67	0.40
	福　建	Fujian	7720	6887	764	84	0.16
	山　东	Shandong	18343	17073	1061	487	…
	广　东	Guangdong	5965	5198	814	253	3.12
	海　南	Hainan	386	238	59	116	0.05
	中部小计	**Central Total**	**83165**	**59095**	**16134**	**9238**	**22.41**
	山　西	Shanxi	29031	20235	7132	1759	16.12
	安　徽	Anhui	12022	10266	1705	895	
中　部 Central	江　西	Jiangxi	11134	6071	388	4692	2.46
	河　南	Heinan	15250	11597	3204	560	2.11
	湖　北	Hubei	7611	5737	1561	377	1.06
	湖　南	Hunan	8116	5188	2144	955	0.66
	西部小计	**Western Total**	**109758**	**58651**	**30241**	**22147**	**107.40**
	内蒙古	Inner Mongolia	24226	10925	10943	2426	5.46
	广　西	Guangxi	7964	5369	2218	1063	0.41
	重　庆	Chongqing	3115	2569	475	97	4.69
	四　川	Sichuan	13187	6052	5099	2279	2.14
	贵　州	Guizhou	7835	4839	2067	938	14.05
西　部 Western	云　南	Yunnan	16038	7938	4767	3513	43.14
	西　藏	Tibet	366	6	27	349	
	陕　西	Shaanxi	7215	4422	1457	1360	2.24
	甘　肃	Gansu	6671	3593	2110	992	0.37
	青　海	Qinghai	12301	6831	6	5483	0.05
	宁　夏	Ningxia	2961	2044	540	398	
	新　疆	Xinjiang	7880	4063	533	3251	34.86
	东北小计	**Northeast Total**	**38323**	**19705**	**13004**	**5859**	**10.40**
东　北 Northeast	辽　宁	Liaoning	27280	11862	11655	3948	10.40
	吉　林	Jilin	4731	3198	541	993	
	黑龙江	Heilongjiang	6313	4646	808	918	…

附录3-4 续表 continued

单位：万吨 (10 000 tons)

区域 Area	地区 Region		危险废物产生量 Hazardous Wastes Generated	危险废物综合利用量 Hazardous Wastes Utilized	危险废物处置量 Hazardous Wastes Disposed	危险废物贮存量 Stock of Hazardous Wastes
	全　国	**National Total**	**3465.24**	**2004.64**	**698.21**	**846.91**
	东部小计	**Eastern Total**	**1380.56**	**1036.60**	**348.38**	**12.11**
	北　京	Beijing	13.41	4.50	8.91	…
	天　津	Tianjin	11.47	3.96	7.51	…
	河　北	Zhejiang	49.18	27.03	21.91	0.32
	上　海	Shanghai	54.96	30.34	24.60	0.14
东　部	江　苏	Jiangsu	208.59	109.98	97.64	2.79
Eastern	浙　江	Zhejiang	80.58	27.94	51.56	1.97
	福　建	Fujian	10.36	4.62	5.73	0.17
	山　东	Shandong	820.31	761.13	66.14	6.29
	广　东	Guangdong	130.17	67.01	62.82	0.40
	海　南	Hainan	1.53	0.10	1.56	0.03
	中部小计	**Central Total**	**454.91**	**346.68**	**89.56**	**22.97**
	山　西	Shanxi	18.53	13.33	5.09	0.16
	安　徽	Anhui	24.74	18.32	6.21	0.29
中　部	江　西	Jiangxi	30.56	25.22	5.10	0.33
Central	河　南	Heinan	50.10	42.29	7.81	0.42
	湖　北	Hubei	63.50	39.86	23.70	0.41
	湖　南	Hunan	267.48	207.65	41.66	21.37
	西部小计	**Western Total**	**1464.02**	**500.69**	**208.53**	**811.32**
	内蒙古	Inner Mongolia	69.99	41.65	39.84	7.81
	广　西	Guangxi	78.79	55.45	22.89	7.61
	重　庆	Chongqing	49.03	37.18	11.80	0.05
	四　川	Sichuan	110.44	63.14	46.63	0.90
	贵　州	Guizhou	33.87	13.91	0.36	19.61
西　部	云　南	Yunnan	208.04	97.44	53.13	76.47
Western	西　藏	Tibet				
	陕　西	Shaanxi	30.65	11.54	12.11	7.63
	甘　肃	Gansu	29.09	13.04	11.44	10.07
	青　海	Qinghai	404.34	61.30	0.12	347.51
	宁　夏	Ningxia	5.62	3.66	0.80	1.17
	新　疆	Xinjiang	444.17	102.39	9.40	332.49
	东北小计	**Northeast Total**	**165.75**	**120.67**	**51.74**	**0.51**
东　北	辽　宁	Liaoning	73.21	49.46	30.54	0.35
Northeast	吉　林	Jilin	71.21	67.01	4.20	0.02
	黑龙江	Heilongjiang	21.33	4.20	16.99	0.14

附录3-5 东中西部地区环境污染治理投资情况(2012年)

Investment in the Treatment of Evironmental Pollution by Eastern,Central & Western (2012)

单位: 亿元 (100 million yuan)

区 域 Area	地 区 Region		环境污染治理投资总额 Total Investment in Treatment of Environ-mental Pollution	城市环境基础设施建设投资 Investment in Urban Environment Infrastructure Facilities	工业污染源治理投资 Investment in Treatment of Industrial Pollution Sources	当年完成环保验收项目环保投资 Environmental Protection Investment in the Environmental Protection Acceptance Projects in the Year	环境污染治理投资占GDP比重(%) Investment in Anti-pollution Projects as Percentage of GDP (%)
	全 国	**National Total**	**8253.5**	**5062.7**	**500.5**	**2690.4**	**1.59**
	东部小计	**Eastern Total**	**3419.3**	**2091.8**	**242.1**	**1085.4**	**1.16**
	北 京	Beijing	342.6	312.9	3.3	26.4	1.92
	天 津	Tianjin	157.5	105.0	12.6	39.9	1.22
	河 北	Hebei	486.1	369.5	23.6	93.0	1.83
	上 海	Shanghai	134.1	65.2	11.6	57.3	0.66
东 部	江 苏	Jiangsu	657.1	380.3	39.0	237.9	1.22
Eastern	浙 江	Zhejiang	375.4	163.6	28.3	183.4	1.08
	福 建	Fujian	222.5	122.3	23.8	76.5	1.13
	山 东	Shandong	739.1	446.5	67.1	225.6	1.48
	广 东	Guangdong	260.2	103.0	28.1	129.1	0.46
	海 南	Hainan	44.7	23.5	4.8	16.4	1.57
	中部小计	**Central Total**	**1659.7**	**1224.4**	**96.7**	**338.7**	**1.43**
	山 西	Shanxi	328.2	240.0	32.3	55.8	2.71
	安 徽	Anhui	330.2	251.0	12.7	66.5	1.92
中 部	江 西	Jiangxi	316.1	273.5	3.9	38.6	2.44
Central	河 南	Heinan	209.5	139.8	14.8	54.8	0.71
	湖 北	Hubei	285.5	189.8	14.9	80.8	1.28
	湖 南	Hunan	190.3	130.2	18.0	42.1	0.86
	西部小计	**Western Total**	**1843.0**	**1183.2**	**140.0**	**519.8**	**1.62**
	内蒙古	Inner Mongolia	445.1	343.9	19.0	82.2	2.80
	广 西	Guangxi	190.5	109.7	8.6	72.3	1.46
	重 庆	Chongqing	186.9	126.5	3.8	56.6	1.64
	四 川	Sichuan	178.3	100.3	11.1	66.9	0.75
	贵 州	Guizhou	68.9	35.7	12.5	20.7	1.01
西 部	云 南	Yunnan	132.4	48.7	19.7	64.0	1.28
Western	西 藏	Tibet	4.0	0.7	0.2	3.0	0.57
	陕 西	Shaanxi	180.6	123.3	27.1	30.2	1.25
	甘 肃	Gansu	121.4	70.0	21.1	30.3	2.15
	青 海	Qinghai	24.1	12.3	2.2	9.6	1.27
	宁 夏	Ningxia	55.7	16.8	6.9	31.9	2.38
	新 疆	Xinjiang	255.1	195.1	7.9	52.0	3.40
	东北小计	**Northeast Tota**	**1004.9**	**563.4**	**21.6**	**419.9**	**1.99**
东 北	辽 宁	Liaoning	683.4	339.6	11.9	331.9	2.75
Northeast	吉 林	Jilin	103.4	60.6	5.7	37.1	0.87
	黑龙江	Heilongjiang	218.1	163.2	3.9	51.0	1.59

资料来源：环境保护部、住房和城乡建设部。
Source: Ministry of Environmental Protection,Ministry of Housing and Urban-Rural Development.

附录3-6　东中西部地区城市环境情况(2012年)

Urban Environment by Eastern,Central & Western (2012)

区　域 Area	地　区 Region	城市污水排放量(万立方米) Volume of Municipal Sewage Discharge (10 000 cu.m)	城市污水处理率(%) Rate of Municipal Sewage Discharge (%)	城市燃气普及率(%) Gas Access Rate (%)	生活垃圾无害化处理率(%) Domestic Garbage Harmless Disposal Rate (%)
	全　　国 National Total	**4167602**	**87.3**	**93.2**	**84.8**
	东部小计 Eastern Total	**2252168**	**89.5**	**98.4**	**90.4**
	北　　京 Beijing	152010	83.2	100.0	99.1
	天　　津 Tianjin	74473	88.2	100.0	99.8
	河　　北 Hebei	148329	94.3	99.8	81.4
	上　　海 Shanghai	236803	91.3	100.0	83.6
东　部	江　　苏 Jiangsu	388975	90.7	99.4	95.9
Eastern	浙　　江 Zhejiang	221437	87.5	99.5	99.0
	福　　建 Fujian	111913	85.6	98.6	96.4
	山　　东 Shandong	277438	94.2	99.5	98.1
	广　　东 Guangdong	615166	88.3	94.9	79.1
	海　　南 Hainan	25625	75.3	92.2	99.9
	中部小计 Central Total	**764292**	**88.1**	**89.9**	**84.8**
	山　　西 Shanxi	61355	88.0	95.2	80.3
	安　　徽 Anhui	131535	94.5	94.6	91.1
中　部	江　　西 Jiangxi	75575	84.3	94.4	89.1
Central	河　　南 Heinan	164967	87.8	77.9	86.4
	湖　　北 Hubei	171706	87.1	95.1	71.5
	湖　　南 Hunan	159155	85.8	91.3	95.0
	西部小计 Western Total	**727113**	**85.7**	**85.6**	**84.4**
	内 蒙 古 Inner Mongolia	50488	85.6	84.4	91.2
	广　　西 Guangxi	121395	87.8	93.3	98.0
	重　　庆 Chongqing	76782	90.1	93.3	99.3
	四　　川 Sichuan	149029	83.6	88.0	88.3
	贵　　州 Guizhou	40107	91.4	71.4	91.9
西　部	云　　南 Yunnan	68307	94.7	66.5	82.7
Western	西　　藏 Tibet	7831	0.1	29.8	
	陕　　西 Shaanxi	71442	88.5	94.1	88.5
	甘　　肃 Gansu	40073	75.4	77.8	41.7
	青　　海 Qinghai	16198	60.4	92.7	89.2
	宁　　夏 Ningxia	29143	93.4	79.7	70.6
	新　　疆 Xinjiang	56317	84.3	96.6	78.7
	东北小计 Northeast Total	**424028**	**77.3**	**90.8**	**64.3**
东　北	辽　　宁 Liaoning	220454	84.6	96.0	87.2
Northeast	吉　　林 Jilin	81629	82.4	89.5	45.8
	黑 龙 江 Heilongjiang	121945	60.8	83.4	47.6

资料来源：住房和城乡建设部。
Source:Ministry of Housing and Urban-Rural Derelopment.

附录3-7 东中西部地区农村环境情况(2012年)
Rural Environment by Eastern,Central & Western (2012)

区 域 Area	地 区 Region		改水累计受益人口 (万人) Benefiting Population from Rural DrinkingWater Improvement Projects (10 000 persons)	累计改水受益率 (%) Proportion of Benefiting Population (%)	卫生厕所普及率 (%) Access Rate to Sanitary Lavatory (%)	无害化卫生厕所普及率 (%) Access Rate to Harmless Sanitary Lavatory (%)
	全 国	**National Total**	**91208.4**	**95.27**	**71.71**	**49.74**
	东部小计	**Eastern Total**	**30795.7**	**98.54**	**83.86**	**65.19**
	北 京	Beijing	268.3	100.00	96.97	96.62
	天 津	Tianjin	378.7	100.00	93.33	93.33
	河 北	Hebei	5317.7	97.67	55.76	29.46
	上 海	Shanghai	332.8	99.99	98.01	96.56
东 部	江 苏	Jiangsu	4855.6	98.73	90.89	73.90
Eastern	浙 江	Zhejiang	3506.2	97.56	91.45	81.05
	福 建	Fujian	2597.3	97.65	88.47	86.85
	山 东	Shandong	6925.2	99.64	88.31	50.81
	广 东	Guangdong	5969.8	98.81	88.58	81.12
	海 南	Hainan	644.2	97.02	70.01	67.54
	中部小计	**Central Total**	**27905.8**	**95.64**	**68.57**	**43.34**
	山 西	Shanxi	2174.1	91.36	52.15	27.29
	安 徽	Anhui	5205.1	96.52	59.21	32.28
中 部	江 西	Jiangxi	3383.0	100.00	84.38	58.92
Central	河 南	Heinan	7738.4	95.21	72.89	49.94
	湖 北	Hubei	4456.8	99.38	76.69	52.20
	湖 南	Hunan	4948.4	91.44	64.83	37.78
	西部小计	**Western Total**	**26738.2**	**90.75**	**60.92**	**44.33**
	内 蒙 古	Inner Mongolia	1448.3	98.88	46.02	21.05
	广 西	Guangxi	3449.9	79.89	72.81	66.53
	重 庆	Chongqing	2543.6	98.94	60.79	60.79
	四 川	Sichuan	6435.8	93.63	67.43	51.18
	贵 州	Guizhou	2743.6	80.30	43.84	28.14
西 部	云 南	Yunnan	3407.6	91.55	58.71	31.36
Western	西 藏	Tibet				
	陕 西	Shaanxi	2767.9	96.27	51.53	41.90
	甘 肃	Gansu	1973.4	94.21	66.45	28.24
	青 海	Qinghai	324.9	87.69	62.63	11.44
	宁 夏	Ningxia	388.4	95.51	59.15	47.01
	新 疆	Xinjiang	1079.7	92.37	64.03	31.88
	新疆兵团	Xinjiang Production & Construction Corps	175.1	96.82	65.21	63.36
	东北小计	**Northeast Total**	**5768.8**	**98.71**	**69.36**	**20.08**
东 北	辽 宁	Liaoning	2130.4	96.99	64.15	29.63
Northeast	吉 林	Jilin	1542.1	100.00	75.49	15.04
	黑 龙 江	Heilongjiang	2096.3	99.56	70.67	13.28

资料来源:国家卫生和计划生育委会。
Source: National Health and Family Planning Commission.

附录四、世界主要国家和地区环境统计指标

APPENDIX IV. Main Environmental Indicators of the World's Major Countries and Regions

附录4-1 水资源

国家和地区	Country or Area	降水量 (百万立方米) Precipitation (mio m³)
阿富汗	Afghanistan	213429
阿尔巴尼亚	Albania	42700
阿尔及利亚	Algeria	211499
安道尔	Andorra	466
安哥拉	Angola	1258793
安提瓜和巴布达	Antigua and Barbuda	500
阿根廷	Argentina	1642104
亚美尼亚	Armenia	17640
澳大利亚	Australia	3630635
奥地利	Austria	98000
阿塞拜疆	Azerbaijan	36978
巴哈马	Bahamas	17934
巴林	Bahrain	71
孟加拉国	Bangladesh	383832
巴巴多斯	Barbados	600
白俄罗斯	Belarus	136186
比利时	Belgium	28887
伯利兹	Belize	39100
贝宁	Benin	117046
百慕大	Bermuda	76
不丹	Bhutan	
玻利维亚	Bolivia	1258863
波黑	Bosnia and Herzegovina	52562
博茨瓦纳	Botswana	241825
巴西	Brazil	15333391
文莱	Brunei Darussalam	15706
保加利亚	Bulgaria	68598
布基纳法索	Burkina Faso	204925
布隆迪	Burundi	33903
柬埔寨	Cambodia	344628
喀麦隆	Cameroon	762463
加拿大	Canada	4930000
佛得角	Cape Verde	900
中非共和国	Central African Republic	836662
乍得	Chad	413191

资料来源：联合国统计司/环境规划署环境统计问卷水部分；欧盟统计局环境统计数据；经合组织环境数据摘要内陆水部分。
联合国粮农组织水统计数据库。
联合国经济社会局人口处，世界人口展望：2008修订版，纽约，2009。

Sources: UNSD/UNEP Questionnaires on Environment Statistics, Water section; Eurostat environment statistics main tables and database; OECD Environmental Data Compendium, Inland Waters section.
AQUASTAT database of the Food and Agriculture Organization of the United Nations (FAO).
United Nations, Department of Economic and Social Affairs, Population Division, World Population Prospects: The 2008 Revision, New York, 2009.

Water Resources

国内径流量 (百万立方米) Internal Flow (mio m^3)	地表水与地下水的外部流入量 (百万立方米) Actual External Inflow of Surface and Ground Waters (mio m^3)	可更新淡水资源总量 (百万立方米) Total Renewable Fresh Water Resources (mio m^3)	人均可更新淡水量 (立方米/人) Renewable Freshwater Resources per capita (m^3/person)
55000	10000	65000	2389
26900	14800	41700	13266
13900	420	14320	417
263		263	3116
184000		184000	10210
52		52	600
276000	538000	814000	20410
6317	940	7257	2358
387184		387184	18372
55000	29000	84000	10075
10330	20573	30903	3540
20		20	59
-9		-9	-12
105000	1105644	1210644	7567
80		80	315
52938	23200	76138	7866
12327	7606	19933	1882
16000	2555	18555	61717
10300	14500	24800	2863
72		72	1119
		73000	106292
303531	319000	622531	64217
35500	2000	37500	9939
2900	11500	14400	7496
5657230	2768672	8425901	43891
8500		8500	21668
18085	89141	107226	14123
12500		12500	821
3600		3600	446
120570	355540	476110	32695
273000	12500	285500	14957
2740000	51500	2791500	83931
300		300	602
141000	3400	144400	33278
15000	28000	43000	3940

附录4-1 续表 1

国家和地区	Country or Area	降水量 (百万立方米) Precipitation (mio m³)
智利	Chile	1151600
中国	China	6172800
中国香港	China, Hong Kong SAR	2616
哥伦比亚	Colombia	2974605
科摩罗	Comoros	2000
刚果	Congo	562932
哥斯达黎加	Costa Rica	149529
科特迪瓦	Côte d'Ivoire	434676
克罗地亚	Croatia	62912
古巴	Cuba	147965
塞浦路斯	Cyprus	3046
捷克	Czech Republic	54653
刚果民主共和国	Democratic Republic of the Congo	3618119
丹麦	Denmark	38485
吉布提	Djibouti	5100
多米尼加共和国	Dominican Republic	68690
厄瓜多尔	Ecuador	521779
埃及	Egypt	51400
萨尔瓦多	El Salvador	56052
赤道几内亚	Equatorial Guinea	60481
厄立特里亚	Eritrea	45147
爱沙尼亚	Estonia	29018
埃塞俄比亚	Ethiopia	936005
斐济	Fiji	47356
芬兰	Finland	222000
法国	France	485686
法属圭亚那	French Guiana	260550
加蓬	Gabon	489997
冈比亚	Gambia	8555
格鲁吉亚	Georgia	83141
德国	Germany	307000
加纳	Ghana	283195
希腊	Greece	115000
格陵兰	Greenland	759000
危地马拉	Guatemala	217300
几内亚	Guinea	405939
几内亚比绍	Guinea-Bissau	56972
圭亚那	Guyana	513112

continued 1

国内径流量（百万立方米） Internal Flow (mio m^3)	地表水与地下水的外部流入量（百万立方米） Actual External Inflow of Surface and Ground Waters (mio m^3)	可更新淡水资源总量（百万立方米） Total Renewable Fresh Water Resources (mio m^3)	人均可更新淡水量（立方米/人） Renewable Freshwater Resources per capita (m^3/person)
884000	38000	922000	54868
2840500	21400	2861900	2140
1489		1489	213
2112000	20000	2132000	47365
1200		1200	1816
222000	610000	832000	230142
112400		112400	24872
76700	4300	81000	3934
37700	67800	105500	23855
38120		38120	3402
323		323	375
15237	740	15977	1548
900000	383000	1283000	19967
16340		16340	2994
300		300	353
20995		20995	2109
283980		283980	21065
1800	85000	86800	1065
23212	635	23847	3888
26000		26000	39442
2800	3500	6300	1279
		12347	9205
110000		110000	1363
28550		28550	33825
107000	3200	110000	20737
175293	11000	186293	3003
134000		134000	608817
164000		164000	113247
-3046	5884	2838	1709
46845	6931	53776	12486
117000	75000	188000	2285
30300	22900	53200	2278
60000	12000	72000	6465
603000		603000	10522275
109200	2070	111270	8130
226000		226000	22984
16000	15000	31000	19677
241000		241000	315678

附录4-1 续表 2

国家和地区	Country or Area	降水量（百万立方米）Precipitation (mio m^3)
海地	Haiti	39966
洪都拉斯	Honduras	221434
匈牙利	Hungary	55707
冰岛	Iceland	200000
印度	India	4000000
印度尼西亚	Indonesia	5146529
伊朗	Iran (Islamic Republic of)	375790
伊拉克	Iraq	94677
爱尔兰	Ireland	80000
以色列	Israel	9157
意大利	Italy	296000
牙买加	Jamaica	22542
日本	Japan	649071
约旦	Jordan	9929
哈萨克斯坦	Kazakhstan	680408
肯尼亚	Kenya	401906
朝鲜	Korea, Dem. People's Rep. of	127000
韩国	Korea, Republic of	124000
科威特	Kuwait	2160
吉尔吉斯斯坦	Kyrgyzstan	
老挝	Lao People's Dem. Rep.	434362
拉脱维亚	Latvia	42701
黎巴嫩	Lebanon	6900
莱索托	Lesotho	23928
利比里亚	Liberia	266286
利比亚	Libyan Arab Jamahiriya	98500
立陶宛	Lithuania	44010
卢森堡	Luxembourg	2030
马达加斯加	Madagascar	888192
马拉维	Malawi	139960
马来西亚	Malaysia	948163
马尔代夫	Maldives	592
马里	Mali	415000
马耳他	Malta	150
毛里塔尼亚	Mauritania	94656
毛里求斯	Mauritius	3700

continued 2

国内径流量 (百万立方米) Internal Flow (mio m^3)	地表水与地下水的外部流入量 (百万立方米) Actual External Inflow of Surface and Ground Waters (mio m^3)	可更新淡水资源总量 (百万立方米) Total Renewable Fresh Water Resources (mio m^3)	人均可更新淡水量 (立方米/人) Renewable Freshwater Resources per capita (m^3/person)
13010	1015	14025	1420
95929		95929	13107
7533	108897	116430	11629
170000		170000	538878
		1869000	1582
2838000		2838000	12483
128500	9010	137510	1876
35200	61220	96420	3204
47500		47500	10706
750	920	1670	237
167000	8000	175000	2936
9404		9404	3473
423571		423571	3328
680	200	880	143
75420	34190	109610	7062
20200	10000	30200	779
67000	10135	77135	3238
72300		72300	1501
	20	20	7
33248		33248	6142
190420	143130	333550	53752
16901	16830	33731	14933
4800	37	4837	1153
5230		5230	2552
200000	32000	232000	61159
600		600	95
15510	8990	24500	7377
905	739	1644	3421
337000		337000	17634
16140	1140	17280	1164
580000		580000	21470
30		30	98
		137000	10783
78		78	191
400	11000	11400	3546
2590		2590	2024

附录4-1 续表 3

国家和地区	Country or Area	降水量 (百万立方米) Precipitation (mio m^3)
墨西哥	Mexico	1515478
蒙古	Mongolia	377370
摩洛哥	Morocco	150000
莫桑比克	Mozambique	827200
缅甸	Myanmar	
纳米比亚	Namibia	235252
尼泊尔	Nepal	220800
荷兰	Netherlands	29770
新喀里多尼亚	New Caledonia	537000
尼加拉瓜	Nicaragua	310856
尼日尔	Niger	190810
尼日利亚	Nigeria	1062336
挪威	Norway	470671
阿曼	Oman	26600
巴基斯坦	Pakistan	393300
巴勒斯坦	Palestine	120
巴拿马	Panama	203300
巴布亚新几内亚	Papua New Guinea	1454104
巴拉圭	Paraguay	459546
秘鲁	Peru	2233700
菲律宾	Philippines	648420
波兰	Poland	193100
葡萄牙	Portugal	82164
波多黎各	Puerto Rico	18383
卡塔尔	Qatar	122
摩尔多瓦	Republic of Moldova	17948
留尼汪	Réunion	7500
罗马尼亚	Romania	154000
俄罗斯联邦	Russian Federation	7854684
卢旺达	Rwanda	31932
圣基茨和尼维斯	Saint Kitts and Nevis	500
圣多美和普林西比	Sao Tome and Principe	3100
沙特阿拉伯	Saudi Arabia	126800
塞内加尔	Senegal	135048
塞尔维亚	Serbia	56115
塞拉利昂	Sierra Leone	181215

continued 3

国内径流量（百万立方米） Internal Flow (mio m^3)	地表水与地下水的外部流入量（百万立方米） Actual External Inflow of Surface and Ground Waters (mio m^3)	可更新淡水资源总量（百万立方米） Total Renewable Fresh Water Resources (mio m^3)	人均可更新淡水量（立方米/人） Renewable Freshwater Resources per capita (m^3/person)
422882	49700	472582	4353
34800		34800	13176
29000		29000	918
99000	117110	216110	9655
107400	17900	125300	2528
6160	39300	45460	21344
198200	12000	210200	7296
8480	81200	89680	5426
327000		327000	77305
189740	6950	196690	34706
3500	30150	33650	2288
221000	65200	286200	1893
371824	12191	384015	80564
985		985	354
52400	181370	233770	1321
46	10	56	14
147420	560	147980	43539
801000		801000	121791
94000	242000	336000	53865
1616000	297000	1913000	66339
202819		202819	2245
54800	8300	63100	1656
38593	35000	73593	6893
7100		7100	1791
92		92	72
782	10260	11042	3039
5000		5000	6123
39415	2878	42293	1980
4312700	194550	4507250	31877
5200		5200	535
24		24	462
2180		2180	13610
2400		2400	95
26400	13000	39400	3227
12776	162600	175376	17824
160000		160000	28778

附录4-1 续表 4

国家和地区	Country or Area	降水量 (百万立方米) Precipitation (mio m³)
新加坡	Singapore	1770
斯洛伐克	Slovakia	37352
斯洛文尼亚	Slovenia	31746
所罗门群岛	Solomon Islands	87509
索马里	Somalia	180075
南非	South Africa	524600
西班牙	Spain	346527
斯里兰卡	Sri Lanka	112337
苏丹	Sudan	1043670
苏里南	Suriname	380582
斯威士兰	Swaziland	13678
瑞典	Sweden	337538
瑞士	Switzerland	61594
叙利亚	Syrian Arab Republic	46700
塔吉克斯坦	Tajikistan	98900
泰国	Thailand	832435
马其顿	The Former Yugoslav Rep. of Macedonia	19533
多哥	Togo	72336
特立尼达和多巴哥	Trinidad and Tobago	11300
突尼斯	Tunisia	36000
土耳其	Turkey	501000
土库曼斯坦	Turkmenistan	78731
乌干达	Uganda	284500
乌克兰	Ukraine	340970
阿拉伯联合酋长国	United Arab Emirates	6529
英国	United Kingdom	275029
坦桑尼亚	United Rep. of Tanzania	1012191
美国	United States	6440000
乌拉圭	Uruguay	222865
乌兹别克斯坦	Uzbekistan	92299
委内瑞拉	Venezuela	1406154
越南	Viet Nam	604008
也门	Yemen	88329
赞比亚	Zambia	767436
津巴布韦	Zimbabwe	270523

continued 4

国内径流量（百万立方米）Internal Flow (mio m^3)	地表水与地下水的外部流入量（百万立方米）Actual External Inflow of Surface and Ground Waters (mio m^3)	可更新淡水资源总量（百万立方米）Total Renewable Fresh Water Resources (mio m^3)	人均可更新淡水量（立方米/人）Renewable Freshwater Resources per capita (m^3/person)
890		890	193
13074	67252	80326	14876
18596	13496	32092	15926
44700		44700	87532
6000	7500	13500	1512
	7273	31738	639
111133		111133	2498
50000		50000	2492
30000	119000	149000	3604
88000	34000	122000	236836
2640	1870	4510	3862
172505	13663	186168	20226
40714	12798	53512	7096
7000	39080	46080	2171
66300	33430	99730	14589
210000	199944	409944	6083
3558	1014	4572	2240
15000	3000	18000	2787
3840		3840	2880
4170		4170	410
227400	6900	234300	3170
1360	59500	60860	12067
39000	27000	66000	2085
53100	86450	139550	3034
150		150	33
157875	6405	164280	2683
82000	9000	91000	2142
2460000	18000	2478000	7951
59000	80000	139000	41501
16340	55870	72210	2656
576927	444732	1011399	35966
366500	524710	891210	10233
4100		4100	179
80200	25000	105200	8336
14100	5900	20000	1605

附录4-2 供 水

国家和地区	Country or Area	截止年份 latest year available	淡水供应量 (百万立方米) Net Freshwater Delivered by Water Supply Industry (mio m^3)
阿尔及利亚	Algeria	2008	5708
安道尔	Andorra		
安提瓜和巴布达	Antigua and Barbuda	2009	5
亚美尼亚	Armenia	2009	93
澳大利亚	Australia	2004	11337
奥地利	Austria	2002	549
阿塞拜疆	Azerbaijan	2009	428
巴林	Bahrain		
白俄罗斯	Belarus	2009	680
比利时	Belgium	2009	700
伯利兹	Belize	2007	7
贝宁	Benin	2009	28
百慕大	Bermuda	2009	4
玻利维亚	Bolivia	2009	136
波黑	Bosnia and Herzegovina	2008	161
博茨瓦纳	Botswana	2009	65
巴西	Brazil	1989	10171
英属维尔京群岛	British Virgin Islands		
文莱	Brunei Darussalam		
保加利亚	Bulgaria	2009	385
喀麦隆	Cameroon	2009	85
加拿大	Canada	1996	5201
中非共和国	Central African Republic		
智利	Chile	2008	970
中国香港	China, Hong Kong SAR	2008	956
中国澳门	China, Macao SAR	2009	68
哥斯达黎加	Costa Rica		
克罗地亚	Croatia	2008	355
古巴	Cuba		
塞浦路斯	Cyprus	2008	86
捷克	Czech Republic	2008	520
丹麦	Denmark	2009	386

资料来源：联合国统计司/环境规划署环境统计问卷，水部分。
欧盟统计局环境统计数据。
经合组织环境数据摘要，内陆水部分。
联合国经济社会局人口处，世界人口展望：2008修订版，纽约，2009。

Sources:UNSD/UNEP Questionnaires on Environment Statistics, Water section.
Eurostat environment statistics main tables and database.
OECD Environmental Data Compendium, Inland Waters section.
United Nations, Department of Economic and Social Affairs, Population Division, World Population Prospects: The 2008 Revision, New York, 2009.

Water Supply Industry

人均淡水供应量（立方米/人）Net Freshwater Delivered by Water Supply Industry per capita (m^3/person)	截止年份 latest year available	供水受益率(%) % Population Served with Water by Water Supply Industry (%)	受益人口人均淡水供应量（立方米/人）Net Freshwater Delivered by Water Supply Industry per capita Connected (m^3/person)
166	2008	95	175
	2007	100	
54	2009	84	64
30	2009	97	31
563	2004	95	592
68	2008	95	
48	2009	45	109
	2007	5	
71			
66	2009	100	66
23	2007	60	38
3			
61	2009	10	607
14	2008	75	
43	1990	56	
33	2006	96	
	2008	83	
	2001	48	
	2009	100	
51	2009	99	52
4	2007	44	
176	1999	92	
	2009	30	30
58	2008	100	58
137	2008	100	137
127	1996	100	
	2007	50	
80	2009	80	
	2009	92	
100	2009	100	
50	2007	92	
71	2002	97	

附录4-2 续表 1

国家和地区	Country or Area	截止年份 latest year available	淡水供应量 (百万立方米) Net Freshwater Delivered by Water Supply Industry (mio m^3)
多米尼加	Dominican Republic	2002	9574
埃及	Egypt	2009	7400
爱沙尼亚	Estonia	2009	47
芬兰	Finland	2001	408
法国	France	2001	5685
法国圭亚那	French Guiana	2004	11
冈比亚	Gambia		
格鲁吉亚	Georgia	2007	207
德国	Germany	2007	4544
希腊	Greece	2007	626
瓜德卢普	Guadeloupe	2004	31
危地马拉	Guatemala		
几内亚	Guinea	2009	68
匈牙利	Hungary	2009	482
冰岛	Iceland	2005	67
印度尼西亚	Indonesia	2008	2411
伊拉克	Iraq	2008	7867
爱尔兰	Ireland	2007	609
以色列	Israel	2008	2001
意大利	Italy	2008	5533
牙买加	Jamaica	2008	91
日本	Japan	2001	85968
肯尼亚	Kenya		
韩国	Korea, Republic of	2003	22275
吉尔吉斯斯坦	Kyrgyzstan	2009	4730
拉脱维亚	Latvia	2007	248
黎巴嫩	Lebanon	2008	326
立陶宛	Lithuania	2007	102
莱索托	Luxembourg	2004	33
马达加斯加	Madagascar	2007	101
马来西亚	Malaysia	2009	3121
马尔代夫	Maldives	2005	2
马里	Mali		
马耳他	Malta	2009	29
马绍尔群岛	Marshall Islands		
马提尼克	Martinique	2004	28

continued 1

人均淡水供应量（立方米/人）Net Freshwater Delivered by Water Supply Industry per capita (m^3/person)	截止年份 latest year available	供水受益率（%）% Population Served with Water by Water Supply Industry (%)	受益人口人均淡水供应量（立方米/人）Net Freshwater Delivered by Water Supply Industry per capita Connected (m^3/person)
1051			
89	2009	98	91
35	2009	80	44
79	2001	90	87
96	2001	99	97
55			
	2005	50	
48	2004	80	
55	2007	99	56
56	2007	94	60
69			
	2002	75	
7			
48	2009	95	51
227	2005	95	238
11			
261			
140	2007	85	165
284			
93	1999	100	
34	2005	70	
677	2002	97	
	2007	31	
472	2003	89	531
863			
109			
78	2005	76	
30	2007	76	40
72	2009	100	
5			
114	2009	93	122
6			
	2009	73	
71	2009	100	71
	2006	32	
69			

附录4-2 续表 2

国家和地区	Country or Area	截止年份 latest year available	淡水供应量 (百万立方米) Net Freshwater Delivered by Water Supply Industry (mio m^3)
毛里求斯	Mauritius	2009	223
墨西哥	Mexico	2004	75430
摩纳哥	Monaco	2009	5
黑山	Montenegro		
摩洛哥	Morocco		
荷兰	Netherlands	2006	1099
新西兰	New Zealand		
挪威	Norway	2002	808
巴勒斯坦	Palestine		
巴拿马	Panama	2009	329
秘鲁	Peru	2002	649
菲律宾	Philippines		
波兰	Poland	2009	1544
葡萄牙	Portugal	2008	671
留尼汪岛	Réunion	2004	83
罗马尼亚	Romania	2009	942
塞尔维亚	Serbia	2009	465
新加坡	Singapore	2009	562
斯洛伐克	Slovakia	2007	322
斯洛文尼亚	Slovenia	2009	118
南非	South Africa		
西班牙	Spain	2008	3827
苏里南	Suriname	2009	33
瑞典	Sweden	2007	737
瑞士	Switzerland	2006	981
泰国	Thailand	2007	2301
马其顿	The Former Yugoslav Rep. of Macedonia	2008	666
特立尼达和多巴哥	Trinidad and Tobago		
突尼斯	Tunisia	2007	1123
土耳其	Turkey	2008	2761
乌克兰	Ukraine	2009	1579
英国	United Kingdom	2007	6109
美国	United States		
委内瑞拉	Venezuela (Bolivarian Republic of)	2009	28268
也门	Yemen	2009	101

continued 2

人均淡水供应量（立方米/人）Net Freshwater Delivered by Water Supply Industry per capita (m^3/person)	截止年份 latest year available	供水受益率（%）% Population Served with Water by Water Supply Industry (%)	受益人口人均淡水供应量（立方米/人）Net Freshwater Delivered by Water Supply Industry per capita Connected (m^3/person)
173	2000	99	
724	2004	90	
150	2009	100	
	2008	65	
	2006	72	
67	2006	100	67
	2001	87	
178	2006	90	
	2009	94	
95	2009	91	105
	2009	74	
	2004	80	
41	2009	87	47
63	2008	94	67
107			
44	2009	55	81
47	2009	80	59
119	2009	100	119
60	2007	87	69
58	2002	91	
	2000	68	
86			
63			
80	2007	85	95
131			
34			
326	2008	95	343
	2002	76	
112	2009	85	
37	2008	99	38
35			
100	2004	99	
	2000	85	
989	2009	95	1041
4	2009	18	24

附录4-3 废 水
Waste Water

国家和地区	Country or Area	截止年份 Latest Year Available	废水收集系统受益人口比重(%) Population Connected to Waste Water Collection System (%)	截止年份 Latest Year Available	废水处理厂受益人口比重(%) Population Connected to Waste Water Treatment Plants (%)
阿尔及利亚	Algeria	2009	86.0	2008	53.0
阿尔巴尼亚	Albania			2009	7.3
安道尔	Andorra	2007	100.0	2007	98.0
阿根廷	Argentina	2001	42.5	2001	42.5
亚美尼亚	Armenia	2009	67.0	2009	34.3
澳大利亚	Australia	2004	87.0		
奥地利	Austria	2008	93.0	2008	93.0
阿塞拜疆	Azerbaijan	2009	31.4	2009	31.4
巴林	Bahrain	2007	88.0	2007	88.0
白俄罗斯	Belarus	2007	94.9	2007	94.9
比利时	Belgium	2007	89.0	2007	69.0
伯利兹	Belize	2000	15.1	2000	15.1
百慕大	Bermuda	2009	5.0	2009	5.0
玻利维亚	Bolivia	2008	43.9		
波黑	Bosnia and Herzegovina	1990	38.0		
巴西	Brazil	2008	50.2	2006	26.0
英属维尔京群岛	British Virgin Islands	2001	24.5	2001	24.5
保加利亚	Bulgaria	2009	70.0	2009	45.0
加拿大	Canada	1999	74.3	1999	71.7
智利	Chile	2009	95.6	2009	83.3
中国	China	2004	45.7	2004	32.5
中国香港	China, Hong Kong SAR	2009	93.2	2009	93.2
中国澳门	China, Macao SAR	1996	99.9		
哥斯达黎加	Costa Rica	2000	24.8	2000	2.4
克罗地亚	Croatia	2008	44.2	2008	27.3
古巴	Cuba	2009	35.9	2009	24.0
塞浦路斯	Cyprus	2005	30.0	2005	30.0
捷克	Czech Republic	2008	81.0	2008	76.0
丹麦	Denmark	2002	87.9	2002	87.9
多米尼加	Dominica	2005	23.0	2005	13.0
多米尼加共和国	Dominican Republic	2000	31.4	2005	12.0
爱沙尼亚	Estonia	2009	81.0	2009	80.0
芬兰	Finland	2002	81.0	2002	81.0
法国	France	2004	82.0	2004	80.0
法属圭亚那	French Guiana	2004	46.9	2004	44.0
德国	Germany	2007	96.0	2007	95.0
希腊	Greece	2009	87.0	2009	87.0
瓜德卢普	Guadeloupe	2004	39.3	2004	38.9
危地马拉	Guatemala	2006	65.2		
几内亚	Guinea	2009	11.0	2009	11.0
圭亚那	Guyana	2009	7.2	2009	
匈牙利	Hungary	2006	65.0	2006	57.0
冰岛	Iceland	2005	90.0	2005	57.0

资料来源：联合国统计司/环境规划署环境统计问卷，水部分。
欧盟统计局环境统计数据。
经合组织环境数据摘要，内陆水部分。

Sources:UNSD/UNEP Questionnaires on Environment Statistics, Water section.
Eurostat environment statistics main tables and database.
OECD Environmental Data Compendium, Inland Waters section.

附录4-3 续表 continued

国家和地区	Country or Area	截止年份 Latest Year Available	废水收集系统受益人口比重(%) Population Connected to Waste Water Collection System (%)	截止年份 Latest Year Available	废水处理厂受益人口比重(%) Population Connected to Waste Water Treatment Plants (%)
伊拉克	Iraq	2008	26.0	2005	25.7
爱尔兰	Ireland	2005	95.0	2005	84.0
以色列	Israel	2007	93.8	2007	91.0
意大利	Italy	2005	94.0	1999	69.0
日本	Japan	2003	67.0	2003	67.0
约旦	Jordan	2006	61.0	2006	61.0
肯尼亚	Kenya	2007	4.9	2007	4.9
韩国	Korea, Republic of	2003	78.8	2003	78.8
吉尔吉斯斯坦	Kyrgyzstan	1999	23.1		
拉脱维亚	Latvia	2007	71.0	2007	65.0
黎巴嫩	Lebanon	2004	67.4		
立陶宛	Lithuania	2009	62.0	2009	71.0
卢森堡	Luxembourg	2003	95.0	2003	95.0
马达加斯加	Madagascar			2005	
马尔代夫	Maldives	2005	100.0		
马耳他	Malta	2009	98.0	2009	48.0
马绍尔群岛	Marshall Islands	2007	43.3	2007	
马提尼克	Martinique	2004	48.2	2004	48.2
毛里求斯	Mauritius	2007	25.0	2007	25.0
墨西哥	Mexico	2005	67.6	2005	35.0
摩纳哥	Monaco	2009	100.0	2009	100.0
黑山	Montenegro	2009	35.0		
摩洛哥	Morocco	2005	87.2	2000	80.0
荷兰	Netherlands	2009	99.0	2009	99.0
新西兰	New Zealand	1999	80.0	1999	80.0
挪威	Norway	2007	83.0	2009	79.0
巴勒斯坦	Occupied Palestinian Territory	2009	52.1		
巴拿马	Panama	2009	57.0	2007	55.0
巴拉圭	Paraguay	2009	16.0		
秘鲁	Peru	2009	81.0		
波兰	Poland	2009	62.0	2009	64.0
葡萄牙	Portugal	2008	78.0	2008	70.0
摩尔多瓦	Republic of Moldova	2004	60.0	2004	60.0
留尼汪	Réunion	2004	39.4	2004	35.9
罗马尼亚	Romania	2009	43.0	2009	29.0
塞内加尔	Senegal	2002	23.0		
塞尔维亚	Serbia	2009	52.0	2009	19.0
新加坡	Singapore	2009	100.0	2009	100.0
斯洛伐克	Slovakia	2007	58.0	2007	57.0
斯洛文尼亚	Slovenia	2009	63.0	2009	52.0
南非	South Africa	2007	60.0	2007	57.0
西班牙	Spain	2007	100.0	2008	92.0
瑞典	Sweden	2006	86.0	2006	86.0
瑞士	Switzerland	2005	97.0	2005	97.0
马其顿	The Former Yugoslav Rep. of Macedonia	2000	49.0	2008	7.0
特立尼达和多巴哥	Trinidad and Tobago	2007	25.2	2007	25.2
突尼斯	Tunisia	2008	55.9	2008	52.5
土耳其	Turkey	2008	73.0	2008	46.0
乌干达	Uganda	2009	6.0		
阿拉伯联合酋长国	United Arab Emirates	2007	78.3	2007	78.3
英国	United Kingdom	2002	97.7	2002	97.5
美国	United States	1996	71.4		
委内瑞拉	Venezuela (Bolivarian Republic of)	2009	86.0	2009	23.8
也门	Yemen	2009	34.7	1999	3.3

附录4-4 NO_x排放量

NO_x Emissions

国家和地区	Country or Area	截止年份 Latest Year Available	NO_x排放量（千吨） NO_x Emissions (1 000 tonnes)	比1990年增减（%） % Change since 1990 (%)	人均NO_x排放量（千克） NO_x Emissions per Capita (kg)
阿尔巴尼亚	Albania	1994	18.01		5.68
阿尔及利亚	Algeria	1994	247.00		8.91
安道尔	Andorra	1997	0.71		10.77
阿根廷	Argentina	2000	675.79	31.13	18.29
亚美尼亚	Armenia	1990	73.12		20.63
澳大利亚	Australia	2007	2650.92	48.11	127.12
奥地利	Austria	2007	205.61	5.60	24.75
阿塞拜疆	Azerbaijan	2002	49.10		5.96
巴林	Bahrain	1994	57.46		102.32
巴巴多斯	Barbados	1997	0.05	-97.90	0.20
白俄罗斯	Belarus	2007	185.46	-44.79	19.07
比利时	Belgium	2007	234.83	-40.75	22.30
伯利兹	Belize	1994	5.60		26.16
贝宁	Benin	1995	54.26		9.48
不丹	Bhutan	1994	0.72		1.40
玻利维亚	Bolivia	2004	64.92	31.07	7.21
巴西	Brazil	1994	2301.30	10.81	14.45
保加利亚	Bulgaria	2007	152.98	-36.85	20.02
布基纳法索	Burkina Faso	1994	9.37		0.95
布隆迪	Burundi	1998	12.44		1.97
柬埔寨	Cambodia	1994	37.97		3.43
喀麦隆	Cameroon	1994	252.22		18.42
加拿大	Canada	2002	43.46	182.54	1.39
佛得角	Cape Verde	1995	0.80		2.01
中非共和国	Central African Republic	1994	51.25		15.77
乍得	Chad	1993	78.35		11.70
智利	Chile	1994	196.35		13.85
哥伦比亚	Colombia	1994	276.05	18.38	7.71
科摩罗	Comoros	1994	0.47		0.97
刚果	Congo	2000	17.65		5.81
哥斯达黎加	Costa Rica	2005	26.88	-19.75	6.21
科特迪瓦	Cote d'Ivoire	2000	290.49		16.81
克罗地亚	Croatia	2007	70.41	-20.75	15.90

资料来源：联合国气候变化框架公约成果。
联合国统计司/联合国环境规划署2004年环境统计问卷，大气部分。
联合国经济社会局人口处，世界人口展望：2008修订版，纽约，2009。
Sources:UN Framework Convention on Climate Change (UNFCCC) Secretatiat.
UNSD/UNEP 2004 Questionnaire on Environment Statistics, Air section.
United Nations, Department of Economic and Social Affairs, Population Division, World Population Prospects: The 2008 Revision, New York, 2009.

附录4-4 续表 1 continued 1

国家和地区	Country or Area	截止年份 Latest Year Available	NO_x 排放量 (千吨) NO_x Emissions (1 000 tonnes)	比1990年增减 (%) % Change since 1990 (%)	人均NO_x排放量 (千克) NO_x Emissions per Capita (kg)
古巴	Cuba	1996	101.54	-28.35	9.27
捷克	Czech Republic	2007	262.81	-64.60	25.59
刚果民主共和国	Dem. Rep. of the Congo	2003	784.69		14.12
丹麦	Denmark	2007	156.08	-43.77	28.66
吉布提	Djibouti	1994	2.29		3.74
多米尼加	Dominica	1994	0.43		6.31
多米尼加共和国	Dominican Republic	2000	93.12	68.37	10.55
厄瓜多尔	Ecuador	1990	103.69		10.09
萨尔瓦多	El Salvador	1994	34.02		6.01
厄立特里亚	Eritrea	1994	0.30		0.09
爱沙尼亚	Estonia	2007	33.17	-58.52	24.70
埃塞俄比亚	Ethiopia	1995	166.00	3.75	2.91
斐济	Fiji	1994	4.80		6.33
芬兰	Finland	2007	168.49	-42.94	31.89
法国	France	2007	1307.46	-31.97	21.19
加蓬	Gabon	1994	3839.04		3646.61
冈比亚	Gambia	1993	2.78		2.77
格鲁吉亚	Georgia	2006	27.67	-78.63	6.27
德国	Germany	2007	1380.27	-52.03	16.76
希腊	Greece	2007	357.21	20.76	32.15
危地马拉	Guatemala	1990	43.79		4.91
几内亚	Guinea	1994	70.42		9.74
几内亚比绍	Guinea-Bissau	1994	4.88		4.29
圭亚那	Guyana	1998	19.00	280.00	25.09
海地	Haiti	1994	7.74		1.00
洪都拉斯	Honduras	1995	64.07		11.47
匈牙利	Hungary	2007	168.76	34.42	16.82
冰岛	Iceland	2007	22.46	-17.49	72.89
印度尼西亚	Indonesia	1994	928.33		4.92
伊朗	Iran (Islamic Republic of)	1994	1203.09		19.65
爱尔兰	Ireland	2007	108.38	-12.00	24.89
以色列	Israel	2005	204.81		30.61
意大利	Italy	2007	1067.49	-47.70	18.00
牙买加	Jamaica	1994	30.90		12.64
日本	Japan	2007	1874.29	-8.04	14.71
约旦	Jordan	2000	75.56		15.57
哈萨克斯坦	Kazakhstan	2008	351.44	23.13	22.64
肯尼亚	Kenya	1994	49.98		1.87
基里巴斯	Kiribati	1994	0.00		0.00

附录4-4　续表 2　continued 2

国家和地区	Country or Area	截止年份 Latest Year Available	NO_x 排放量 (千吨) NO_x Emissions (1 000 tonnes)	比1990年增减 (%) % Change since 1990 (%)	人均NO_x排放量 (千克) NO_x Emissions per Capita (kg)
朝鲜	Korea, Dem. People's Rep.	1990	431.98		21.45
韩国	Korea, Republic of	1990	850.60		19.79
吉尔吉斯斯坦	Kyrgyzstan	2005	64.92	-44.53	12.43
老挝	Lao People's Dem. Rep.	1990	11.48		2.73
拉脱维亚	Latvia	2007	37.90	-47.90	16.71
黎巴嫩	Lebanon	1994	54.17		15.97
莱索托	Lesotho	1998	5.05		2.77
立陶宛	Lithuania	2007	67.48	-50.46	20.11
卢森堡	Luxembourg	2006	0.42	162.50	0.89
马达加斯加	Madagascar	1994	30.59		2.40
马拉维	Malawi	1994	26.31	-8.99	2.64
马里	Mali	1995	22.93		2.40
马耳他	Malta	2008	8.43	11.11	20.70
毛里塔尼亚	Mauritania	2000	10.31		3.96
毛里求斯	Mauritius	2002	14.50		11.89
墨西哥	Mexico	2002	1444.41	16.30	14.15
密克罗尼西亚联邦	Federated States of Micronesia	1994	2.25		21.30
摩纳哥	Monaco	2007	0.34	-25.28	10.36
蒙古	Mongolia	1998	2.98	29.57	1.28
摩洛哥	Morocco	1994	152.00		5.73
莫桑比克	Mozambique	1994	93.81	22.08	6.09
纳米比亚	Namibia	1994	0.08		0.05
荷兰	Netherlands	2007	279.09	-48.74	16.96
新西兰	New Zealand	2007	162.07	58.92	38.65
尼加拉瓜	Nicaragua	1994	37.15		8.15
尼日尔	Niger	2000	24.00		2.18
尼日利亚	Nigeria	1994	474.94		4.41
纽埃岛	Niue	1994	26.30		12215.75
挪威	Norway	2007	175.30	-14.03	37.14
巴基斯坦	Pakistan	1994	410.26		3.22
帕劳	Palau	1994	0.18		10.89
巴拿马	Panama	2002	39.42		12.87
巴拉圭	Paraguay	1994	6919.57	6184.81	1474.86
秘鲁	Peru	1994	181.66		7.72
菲律宾	Philippines	1994	345.23		5.04
波兰	Poland	2007	828.25	-35.29	21.72
葡萄牙	Portugal	2007	268.38	2.43	25.22
摩尔多瓦	Republic of Moldova	2005	31.58	-77.07	8.40
罗马尼亚	Romania	2007	361.22	-21.35	16.84
俄罗斯联邦	Russian Federation	2007	5068.95	-44.99	35.71

附录4-4 续表 3 continued 3

国家和地区	Country or Area	截止年份 Latest Year Available	NO_x 排放量（千吨） NO_x Emissions (1 000 tonnes)	比1990年增减（%） % Change since 1990 (%)	人均NO_x排放量（千克） NO_x Emissions per Capita (kg)
卢旺达	Rwanda	2002	0.55		0.06
圣卢西亚	Saint Lucia	1994	1.41		9.72
萨摩亚	Samoa	1994	0.97		5.82
圣马力诺	San Marino	2007	1.54		49.78
圣多美和普林西	Sao Tome and Principe	1998	1.02		7.57
塞内加尔	Senegal	1995	8.84		1.02
塞舌尔	Seychelles	1995	0.59		7.79
斯洛伐克	Slovakia	2007	95.04	-57.18	17.62
斯洛文尼亚	Slovenia	2007	53.19	67.16	26.46
西班牙	Spain	2007	1253.94	-7.41	28.47
斯里兰卡	Sri Lanka	1995	62.00		3.40
圣文森特和格林纳丁斯	St. Vincent and the Grenadines	1997	27.87	-3.20	258.18
苏丹	Sudan	1995	96.00		3.11
苏里南	Suriname	2003	10.00		20.52
斯威士兰	Swaziland	1994	19.93		21.01
瑞典	Sweden	2007	155.71	-48.74	17.00
瑞士	Switzerland	2007	81.16	-48.94	10.80
塔吉克斯坦	Tajikistan	2003	12.00	-83.78	1.88
泰国	Thailand	1994	286.65		4.81
马其顿	The Former Yugoslav Rep. of Macedonia	2002	32.08	-22.86	15.85
多哥	Togo	1998	19.80		4.03
汤加	Tonga	1994	0.49		5.05
特立尼达和多巴哥	Trinidad and Tobago	1990	36.90		30.52
突尼斯	Tunisia	1994	72.62		8.24
土耳其	Turkey	2007	1288.71	100.20	17.65
土库曼斯坦	Turkmenistan	1994	83.81		20.46
图瓦卢	Tuvalu	1994	0.00		0.00
乌干达	Uganda	1994	1200.64		59.16
乌克兰	Ukraine	2007	939.30	-56.93	20.29
阿拉伯联合酋长国	United Arab Emirates	2000	248.00		76.59
英国	United Kingdom	2007	1406.24	-48.98	23.09
坦桑尼亚	United Rep. of Tanzania	1994	979.07	524.88	33.67
美国	United States	2007	13940.79	-36.13	45.16
乌拉圭	Uruguay	2000	45.20	48.77	13.61
乌兹别克斯坦	Uzbekistan	2005	257.52	-37.48	9.78
瓦努阿图	Vanuatu	1994	0.08		0.50
委内瑞拉	Venezuela	1999	395.79		16.53
越南	Viet Nam	1994	223.99		3.13
也门	Yemen	1995	89.06		5.74
赞比亚	Zambia	1994	1197.85		135.28
津巴布韦	Zimbabwe	1994	77.40		6.73

附录4-5 SO_2排放量

SO_2 Emissions

国家和地区	Country or Area	截止年份 Latest Year Available	SO_2 排放量 (千吨) SO_2 Emissions (1 000 tonnes)	比1990年增减 (%) % Change since 1990 (%)	人均SO_2排放量 (千克) SO_2 Emissions per Capita (kg)
阿尔及利亚	Algeria	1994	39.69		1.43
安道尔	Andorra	1997	0.69		10.51
安提瓜和巴布达	Antigua and Barbuda	1990	2.83		45.70
阿根廷	Argentina	2000	87.62	10.6	2.37
澳大利亚	Australia	2008	2641.50	67.4	125.34
奥地利	Austria	2008	22.35	-69.9	2.68
阿塞拜疆	Azerbaijan	1994	48.00	-18.6	6.25
巴林	Bahrain	1994	1177.63		2097.08
巴巴多斯	Barbados	1997	0.05		0.20
白俄罗斯	Belarus	2008	141.26	-87.0	14.59
比利时	Belgium	2008	97.81	-72.8	9.24
伯利兹	Belize	1994	0.53		2.48
贝宁	Benin	1995	0.17		0.03
不丹	Bhutan	1994	0.05		0.10
玻利维亚	Bolivia	2000	12.11	8.5	1.46
保加利亚	Bulgaria	2008	825.90	-45.6	108.78
柬埔寨	Cambodia	1994	25.69		2.32
喀麦隆	Cameroon	1994	2.53		0.18
智利	Chile	1994	1968.10		138.83
哥伦比亚	Colombia	1994	170.27	20.1	4.76
科摩罗	Comoros	1994	0.36		0.74
科特迪瓦	Cote d'Ivoire	2000	4079.55		236.06
哥斯达黎加	Costa Rica	2005	4.85		1.12
克罗地亚	Croatia	2008	54.74	-67.9	12.38
古巴	Cuba	1996	432.38	-0.1	39.47
捷克	Czech Republic	2008	174.34	-90.7	16.89
刚果民主共和国	Dem. Rep. of the Congo	2000	0.02		
丹麦	Denmark	2008	19.79	-88.9	3.63
多米尼加	Dominica	1994	0.15		2.24
多米尼加共和国	Dominican Republic	2000	110.15	42.9	12.47
爱沙尼亚	Estonia	2008	64.44	-61.4	48.04
埃塞俄比亚	Ethiopia	1995	13.20	18.9	0.23

资料来源：联合国气候变化框架公约成果。
联合国统计司/联合国环境规划署2004年环境统计问卷，大气部分。
联合国经济社会局人口处，世界人口展望：2008修订版，纽约，2009。

Sources:UN Framework Convention on Climate Change (UNFCCC) Secretatiat.
UNSD/UNEP 2004 Questionnaire on Environment Statistics, Air section.
United Nations, Department of Economic and Social Affairs, Population Division, World Population Prospects: The 2008 Revision, New York, 2009.

附录4-5 续表 1 continued 1

国家和地区	Country or Area	截止年份 Latest Year Available	SO_2 排放量（千吨） SO_2 Emissions (1 000 tonnes)	比1990年增减（%） % Change since 1990 (%)	人均SO_2排放量（千克） SO_2 Emissions per Capita (kg)
斐济	Fiji	1994	0.03		0.04
芬兰	Finland	2008	68.69	-72.4	12.95
法国	France	2008	400.07	-71.0	6.45
加蓬	Gabon	1994	1.00		0.95
格鲁吉亚	Georgia	2006	0.50	-99.8	0.11
德国	Germany	2008	495.74	-90.7	6.03
希腊	Greece	2008	447.60	-5.1	40.19
危地马拉	Guatemala	1990	74.50		8.36
几内亚	Guinea	1994	0.44		0.06
海地	Haiti	1994	9.45		1.23
洪都拉斯	Honduras	1995	0.30		0.05
匈牙利	Hungary	2008	106.73	-75.4	10.66
冰岛	Iceland	2008	73.85	261.8	234.10
伊朗	Iran (Islamic Republic of)	1994	29.13		0.48
爱尔兰	Ireland	2008	44.54	-75.6	10.04
以色列	Israel	2005	227.21		33.95
意大利	Italy	2008	293.75	-83.6	4.93
牙买加	Jamaica	1994	99.70		40.79
日本	Japan	2008	783.03	-22.6	6.15
约旦	Jordan	2000	186.41		38.41
吉尔吉斯斯坦	Kazakhstan	2008	483.31	-8.3	31.14
韩国	Korea, Dem. People's Rep.	1990	4170.00		207.02
吉尔吉斯斯坦	Kyrgyzstan	2005	26.90	-72.7	5.15
拉脱维亚	Latvia	2008	2.81	-97.2	1.24
黎巴嫩	Lebanon	1994	82.99		24.46
莱索托	Lesotho	1998			
立陶宛	Lithuania	2007	33.63	-84.3	10.02
卢森堡	Luxembourg	2006	0.04	-75.0	0.09
马达加斯加	Madagascar	1994	34.65		2.72
马里	Mali	1995	0.00		0.00
马耳他	Malta	2008	10.75	-30.9	26.38
毛利塔尼亚	Mauritania	2000	0.09		0.03
毛里求斯	Mauritius	2002	30.60		25.10
墨西哥	Mexico	2002	2612.91	-3.1	25.61
密克罗尼西亚联邦	Federated States of Micronesia	1994	0.53		4.97
摩纳哥	Monaco	2008	0.03	-59.5	0.92
摩洛哥	Morocco	1994	295.00		11.11
荷兰	Netherlands	2008	50.30	-73.2	3.04
新西兰	New Zealand	2008	79.85	41.7	18.88
尼加拉瓜	Nicaragua	1994	4.59		1.01

附录4-5 续表 2 continued 2

国家和地区	Country or Area	截止年份 Latest Year Available	SO_2 排放量 (千吨) SO_2 Emissions (1 000 tonnes)	比1990年增减 (%) % Change since 1990 (%)	人均SO_2排放量 (千克) SO_2 Emissions per Capita (kg)
尼日尔	Niger	2000	2140		194.00
纽埃岛	Niue	1994	2211.18		1027022.76
挪威	Norway	2008	20.25	-61.2	4.25
巴基斯坦	Pakistan	1994	775.46		6.09
巴拿马	Panama	1994	1.85		0.71
巴拉圭	Paraguay	1994	0.28	-6.6	0.06
秘鲁	Peru	1994	123.26		5.24
菲律宾	Philippines	1994	458.53		6.70
波兰	Poland	2008	1018.37	-68.3	26.73
葡萄牙	Portugal	2008	113.40	-64.6	10.62
摩尔多瓦	Republic of Moldova	2005	11.77	-96.0	3.13
罗马尼亚	Romania	2008	539.90	-28.6	25.27
俄罗斯联邦	Russian Federation	2008	625.46	-23.0	4.42
圣卢西亚	Saint Lucia	1994	0.61		4.18
斯洛伐克	Slovakia	2008	69.41	-86.8	12.85
斯洛文尼亚	Slovenia	2008	13.60	-94.6	6.75
西班牙	Spain	2008	531.65	-75.6	11.95
斯里兰卡	Sri Lanka	1995	43.00		2.36
圣文森特和格林纳丁斯	St. Vincent and the Grenadines	1997	0.32	26.8	2.98
苏丹	Sudan	1995	1.00		0.03
斯威士兰	Swaziland	1994	1.97		2.08
瑞典	Sweden	2008	30.61	-70.9	3.33
瑞士	Switzerland	2008	13.86	-66.2	1.84
塔吉克斯坦	Tajikistan	2003	9.00	-73.5	1.41
马其顿	The Former Yugoslav Rep. of Macedonia	2002	2.65	-11.1	1.31
多哥	Togo	1995	0.13		0.03
特立尼达和多巴哥	Trinidad and Tobago	1996	8.60	-1.7	6.76
突尼斯	Tunisia	1994	77.86		8.84
土耳其	Turkey	2008	1071.58	28.3	14.50
土库曼斯坦	Turkmenistan	1994	22.89		5.59
乌克兰	Ukraine	2008	1531.09	-71.1	33.29
阿拉伯联合酋长国	United Arab Emirates	2000	8090.00		2498.41
英国	United Kingdom	2008	516.32	-86.2	8.43
坦桑尼亚	United Rep. of Tanzania	1994	175.74	8.4	6.04
美国	United States	2008	10368.09	-50.5	33.27
乌拉圭	Uruguay	2000	48.19	13.9	14.51
乌兹别克斯坦	Uzbekistan	2005	170.85	-74.9	6.49
越南	Viet Nam	1994	1911.10		26.66
也门	Yemen	1995	7.69		0.50
赞比亚	Zambia	1994	6.42		0.72

附录4-6 CO_2排放量(2007年)

CO_2 Emissions (2007)

国家和地区	Country or Area	CO_2 排放量 (百万吨) CO_2 Emissions (mio. tonnes)	比1990年增减 (%) % Change since 1990 (%)	人均CO_2排放量 (吨/人) CO_2 Emissions per Capita (tonne / person)	每平方公里CO_2排放量 (吨/平方公里) CO_2 Emissions per km^2 (tonne / km^2)
阿富汗	Afghanistan	0.71	-73.3	0.03	1.10
阿尔巴尼亚	Albania	4.24	-43.3	1.35	147.59
阿尔及利亚	Algeria	140.12	77.6	4.14	58.83
安道尔	Andorra	0.54		6.48	1151.71
安哥拉	Angola	24.76	459.0	1.41	19.86
安圭拉	Anguilla	0.05		3.52	560.44
安提瓜和巴布达	Antigua and Barbuda	0.44	44.9	5.09	986.43
阿根廷	Argentina	183.73	63.1	4.65	66.08
亚美尼亚	Armenia	5.06		1.65	170.02
阿鲁巴	Aruba	2.40	30.3	23.02	13322.22
澳大利亚	Australia	396.28	42.6	19.00	51.52
奥地利	Austria	74.18	19.5	8.93	884.41
阿塞拜疆	Azerbaijan	31.77		3.68	366.92
巴哈马	Bahamas	2.15	10.1	6.44	154.13
巴林	Bahrain	22.46	89.0	29.58	29952.00
孟加拉国	Bangladesh	43.75	181.7	0.28	303.83
巴巴多斯	Barbados	1.35	25.3	5.29	3130.23
白俄罗斯	Belarus	56.58	-44.6	5.82	272.56
比利时	Belgium	114.54	-3.4	10.88	3752.12
伯利兹	Belize	0.43	36.2	1.44	18.51
贝宁	Benin	3.88	442.1	0.46	34.42
百慕大	Bermuda	0.51	-14.2	7.95	9500.00
不丹	Bhutan	0.58	352.3	0.86	15.08
玻利维亚	Bolivia	13.19	139.6	1.38	12.01
波黑	Bosnia and Herzegovina	29.02		7.68	566.77
博茨瓦纳	Botswana	5.00	130.2	2.64	8.59
巴西	Brazil	368.32	76.3	1.94	43.26
英属维尔京群岛	British Virgin Islands	0.10	106.2	4.39	655.63
文莱	Brunei Darussalam	7.61	18.4	19.80	1319.17
保加利亚	Bulgaria	58.89	-31.7	7.71	531.12
布基纳法索	Burkina Faso	1.69	188.6	0.12	6.18

资料来源：联合国统计司千年发展目标数据库。
联合国经济社会局人口处，世界人口展望：2008年修订版，纽约，2009。
联合国统计司人口统计年鉴。

Sources:UNSD Millennium Development Goals Indicators database.
United Nations,Department of Economic and Social Affairs,Population Division,Word Population Prospests:The 2008 Revision,New York,2009.
UNSD Demographic Yearbook.

附录4-6 续表 1 continued 1

国家和地区	Country or Area	CO_2 排放量 (百万吨) CO_2 Emissions (mio. tonnes)	比1990年增减 (%) % Change since 1990 (%)	人均CO_2 排放量 (吨/人) CO_2 Emissions per Capita (tonne / person)	每平方公里CO_2排放量 (吨/平方公里) CO_2 Emissions per km^2 (tonne / km^2)
布隆迪	Burundi	0.18	-40.8	0.02	6.47
柬埔寨	Cambodia	4.44	884.7	0.31	24.53
喀麦隆	Cameroon	6.17	254.9	0.33	12.97
加拿大	Canada	590.20	29.5	17.91	59.11
佛得角	Cape Verde	0.31	250.0	0.63	76.37
开曼群岛	Cayman Islands	0.54	113.0	9.80	2041.67
中非共和国	Central African Republic	0.25	27.8	0.06	0.41
乍得	Chad	0.38	161.9	0.04	0.30
智利	Chile	71.71	105.4	4.31	94.84
中国	China	6538.37	165.7	4.92	681.30
中国香港	China, Hong Kong SAR	39.96	44.5	5.75	36198.37
中国澳门	China, Macao SAR	1.55	51.0	3.03	53620.69
哥伦比亚	Colombia	63.44	10.6	1.43	55.56
科摩罗	Comoros	0.12	57.1	0.19	54.14
刚果	Congo	1.59	33.7	0.45	4.64
库克群岛	Cook Islands	0.07	200.0	3.38	279.66
哥斯达黎加	Costa Rica	8.12	174.7	1.82	158.88
科特迪瓦	Cote d'Ivoire	6.38	10.1	0.32	19.80
克罗地亚	Croatia	24.86	7.6	5.61	439.35
古巴	Cuba	27.06	-18.9	2.41	246.21
塞浦路斯	Cyprus	8.20	76.2	9.60	886.28
捷克	Czech Republic	130.00	-20.9	12.66	1648.34
刚果民主共和国	Dem. Rep. of the Congo	2.44	-40.0	0.04	1.04
丹麦	Denmark	54.59	0.9	9.83	1266.86
吉布提	Djibouti	0.49	22.0	0.58	21.03
多米尼加	Dominica	0.12	105.1	1.80	161.12
多米尼加共和国	Dominican Republic	20.76	116.9	2.12	426.52
厄瓜多尔	Ecuador	29.99	78.1	2.25	116.98
埃及	Egypt	184.66	143.2	2.31	184.29
萨尔瓦多	El Salvador	6.70	155.9	1.10	318.43
赤道几内亚	Equatorial Guinea	4.80	3866.9	7.47	171.12
厄立特里亚	Eritrea	0.58		0.12	4.92
爱沙尼亚	Estonia	19.09	-48.8	14.22	422.16
埃塞俄比亚	Ethiopia	6.51	115.6	0.08	5.90
法罗群岛	Faeroe Islands	0.70	11.9	14.12	500.36
福克兰群岛(马尔维纳斯群岛)	Falkland Islands (Malvinas)	0.06	59.5	19.68	4.85
斐济	Fiji	1.46	78.4	1.74	79.85

附录4-6 续表 2 continued 2

国家和地区	Country or Area	CO_2 排放量 (百万吨) CO_2 Emissions (mio. tonnes)	比1990年增减 (%) % Change since 1990 (%)	人均CO_2排放量 (吨/人) CO_2 Emissions per Capita (tonne / person)	每平方公里CO_2排放量 (吨/平方公里) CO_2 Emissions per km^2 (tonne / km^2)
芬兰	Finland	66.10	16.8	12.51	195.33
法国	France	401.01	0.8	6.50	727.12
法属圭亚那	French Guiana	0.89	10.0	4.17	9.94
法属波利尼西亚	French Polynesia	0.81	27.9	3.08	201.75
加蓬	Gabon	2.04	-66.6	1.43	7.60
冈比亚	Gambia	0.40	107.3	0.25	35.06
格鲁吉亚	Georgia	6.03		1.38	86.54
德国	Germany	841.15	-18.8	10.22	2355.42
加纳	Ghana	9.81	149.5	0.43	41.12
直布罗陀	Gibraltar	0.41	328.4	13.13	67833.33
希腊	Greece	113.57	36.6	10.22	860.63
格陵兰	Greenland	0.52	-6.5	9.09	0.24
格林纳达	Grenada	0.24	100.0	2.35	703.49
瓜德鲁普	Guadeloupe	2.16	67.2	4.69	1269.21
危地马拉	Guatemala	12.93	154.2	0.97	118.74
几内亚	Guinea	1.39	31.6	0.14	5.65
几内亚比绍	Guinea-Bissau	0.29	13.0	0.19	7.92
圭亚那	Guyana	1.51	32.2	1.97	7.01
海地	Haiti	2.40	141.2	0.25	86.41
洪都拉斯	Honduras	8.83	240.7	1.23	78.53
匈牙利	Hungary	57.75	-20.3	5.76	620.80
冰岛	Iceland	3.29	52.3	10.67	31.93
印度	India	1610.00	133.1	1.38	489.77
印度尼西亚	Indonesia	397.00	164.7	1.77	213.40
伊朗	Iran (Islamic Republic of)	495.99	118.5	6.85	304.52
伊拉克	Iraq	100.00	90.3	3.40	228.15
爱尔兰	Ireland	47.50	46.6	10.91	675.92
以色列	Israel	66.74	99.0	9.63	3023.70
意大利	Italy	475.30	9.3	8.01	1577.32
牙买加	Jamaica	13.96	75.3	5.18	1270.55
日本	Japan	1303.78	14.0	10.23	3449.80
约旦	Jordan	21.45	106.2	3.61	240.11
哈萨克斯坦	Kazakhstan	227.39		14.76	83.45
肯尼亚	Kenya	11.24	93.0	0.30	19.36
基里巴斯	Kiribati	0.03	50.0	0.35	45.45
朝鲜	Korea, Dem. People's Rep.	70.71	-71.1	2.98	586.63
韩国	Korea, Republic of	503.32	108.2	10.49	5049.47

附录4-6 续表 3 continued 3

国家和地区	Country or Area	CO_2 排放量 (百万吨) CO_2 Emissions (mio. tonnes)	比1990年增减 (%) % Change since 1990 (%)	人均CO_2 排放量 (吨/人) CO_2 Emissions per Capita (tonne / person)	每平方公里CO_2排放量 (吨/平方公里) CO_2 Emissions per km^2 (tonne / km^2)
科威特	Kuwait	86.14	111.4	30.21	4834.72
吉尔吉斯斯坦	Kyrgyzstan	6.08		1.14	30.41
老挝	Lao People's Dem. Rep.	1.54	553.6	0.25	6.49
拉脱维亚	Latvia	8.61	-55.2	3.79	133.34
黎巴嫩	Lebanon	13.35	46.8	3.21	1277.75
利比里亚	Liberia	0.68	39.5	0.19	6.06
利比亚	Libyan Arab Jamahiriya	57.33	42.2	9.29	32.58
列支敦士登	Liechtenstein	0.21	4.0	5.98	1320.50
立陶宛	Lithuania	15.92	-55.9	4.74	243.73
卢森堡	Luxembourg	11.84	-2.4	24.93	4580.06
马达加斯加	Madagascar	2.25	128.4	0.12	3.84
马拉维	Malawi	1.06	72.5	0.07	8.91
马来西亚	Malaysia	194.48	243.6	7.32	587.89
马尔代夫	Maldives	0.90	483.1	2.99	2993.33
马里	Mali	0.58	37.2	0.05	0.47
马耳他	Malta	2.73	25.3	6.71	8639.24
马提尼克	Marshall Islands	0.10	106.2	1.67	546.96
毛里塔尼亚	Martinique	1.95	-5.9	4.85	1766.79
毛里求斯	Mauritania	1.95	-26.8	0.62	1.90
墨西哥	Mauritius	3.89	165.9	3.06	1906.86
摩纳哥	Mexico	471.46	31.9	4.39	240.00
密克罗尼西亚联邦	Federated States of Micronesia	0.06		0.56	88.32
蒙古	Monaco	0.09	-12.6	2.82	46030.01
黑山	Mongolia	10.58	5.4	4.05	6.77
蒙特塞拉特	Montserrat	0.08	133.3	13.11	754.90
摩洛哥	Morocco	46.40	97.1	1.49	103.91
莫桑比克	Mozambique	2.60	160.0	0.12	3.24
缅甸	Myanmar	13.19	208.5	0.27	19.50
纳米比亚	Namibia	3.04	43271.4	1.45	3.68
瑙鲁	Nauru	0.14	8.3	14.09	6809.52
尼泊尔	Nepal	3.42	440.2	0.12	23.27
荷兰	Netherlands	172.66	8.4	10.49	4622.14
荷属安的列斯	Netherlands Antilles	6.24	0.4	32.47	7797.50
新喀里多尼亚	New Caledonia	2.85	75.4	11.75	153.38
新西兰	New Zealand	35.23	39.0	8.40	130.26
尼加拉瓜	Nicaragua	4.59	73.6	0.82	35.21
尼日尔	Niger	0.91	-4.6	0.06	0.72

附录4-6 续表 4 continued 4

国家和地区	Country or Area	CO_2 排放量 (百万吨) CO_2 Emissions (mio. tonnes)	比1990年增减 (%) % Change since 1990 (%)	人均CO_2排放量 (吨/人) CO_2 Emissions per Capita (tonne / person)	每平方公里CO_2排放量 (吨/平方公里) CO_2 Emissions per km^2 (tonne / km^2)
尼日利亚	Nigeria	95.27	110.0	0.64	103.13
纽埃	Niue	0.00		2.57	15.38
挪威	Norway	45.00	29.3	9.53	138.97
巴勒斯坦	Occupied Palestinian Territory	2.33		0.58	386.21
阿曼	Oman	37.32	260.5	13.69	120.58
巴基斯坦	Pakistan	156.39	128.1	0.90	196.45
帕劳	Palau	0.21	-9.4	10.49	464.05
巴勒斯坦	Palestine	2.33		0.58	386.21
巴拿马	Panama	7.25	131.3	2.17	96.00
巴布亚新几内亚	Papua New Guinea	3.37	57.1	0.52	7.27
巴拉圭	Paraguay	4.13	82.6	0.67	10.16
秘鲁	Peru	42.99	103.1	1.51	33.45
菲律宾	Philippines	70.92	59.2	0.80	236.39
波兰	Poland	328.27	-11.0	8.61	1049.86
葡萄牙	Portugal	62.79	44.0	5.90	681.86
卡塔尔	Qatar	63.05	435.5	55.43	5442.26
摩尔多瓦	Republic of Moldova	4.70		1.28	139.01
留尼汪	Réunion	2.80	92.8	3.48	1115.54
罗马尼亚	Romania	110.88	-35.6	5.17	465.13
俄罗斯联邦	Russian Federation	1579.82	-36.8	11.13	92.40
卢旺达	Rwanda	0.71	4.8	0.08	27.15
圣赫勒拿	Saint Helena	0.01	57.1	2.40	35.71
圣基茨和尼维斯	Saint Kitts and Nevis	0.25	277.3	4.94	954.02
圣卢西亚	Saint Lucia	0.38	130.9	2.26	706.86
圣皮埃尔岛和密克隆	Saint Pierre and Miquelon	0.07	-28.3	10.83	272.73
萨摩亚	Samoa	0.16	28.8	0.90	56.87
圣多美和普林西比	Sao Tome and Principe	0.13	93.9	0.81	132.78
沙特阿拉伯	Saudi Arabia	402.45	87.1	16.31	187.21
塞内加尔	Senegal	5.48	72.1	0.46	27.85
塞尔维亚	Serbia and Montenegro	53.59		5.13	524.53
塞舌尔	Seychelles	0.62	446.5	7.47	1369.23
塞拉利昂	Sierra Leone	1.31	237.5	0.24	18.30
新加坡	Singapore	54.19	15.4	12.08	76855.77
斯洛伐克	Slovakia	38.14	-38.4	7.07	777.84
斯洛文尼亚	Slovenia	16.99	15.2	8.45	838.02
所罗门群岛	Solomon Islands	0.20	23.0	0.40	6.85
索马里	Somalia	0.60	3238.9	0.07	0.94

附录4-6 续表 5 continued 5

国家和地区	Country or Area	CO_2 排放量 (百万吨) CO_2 Emissions (mio. tonnes)	比1990年增减 (%) % Change since 1990 (%)	人均CO_2排放量 (吨/人) CO_2 Emissions per Capita (tonne / person)	每平方公里CO_2排放量 (吨/平方公里) CO_2 Emissions per km^2 (tonne / km^2)
南非	South Africa	433.53	30.0	8.82	355.62
西班牙	Spain	366.00	60.2	8.32	723.33
斯里兰卡	Sri Lanka	12.31	226.4	0.62	187.68
圣文森特和格林纳丁	St. Vincent and the Grenadines	0.20	149.4	1.85	519.28
苏丹	Sudan	11.52	107.3	0.28	4.60
苏里南	Suriname	2.44	34.7	4.78	14.89
斯威士兰	Swaziland	1.06	149.4	0.92	61.05
瑞典	Sweden	51.62	-8.3	5.64	116.96
瑞士	Switzerland	43.64	-1.9	5.81	1057.16
叙利亚	Syrian Arab Republic	69.89	86.6	3.41	377.43
塔吉克斯坦	Tajikistan	7.23		1.07	50.51
泰国	Thailand	277.51	189.6	4.14	540.83
马其顿	The Former Yugoslav Rep. of Macedonia	11.28		5.53	438.53
东帝汶	Timor-Leste	0.18		0.17	12.30
多哥	Togo	1.32	70.0	0.21	23.18
汤加	Tonga	0.18	128.6	1.71	235.61
特立尼达和多巴哥	Trinidad and Tobago	37.04	118.4	27.88	7219.69
突尼斯	Tunisia	23.87	79.9	2.37	145.89
土耳其	Turkey	304.47	118.1	4.17	388.58
土库曼斯坦	Turkmenistan	45.81		9.20	93.85
特克斯和凯科斯群岛	Turks and Caicos Islands	0.16		4.87	166.67
乌干达	Uganda	3.20	291.8	0.10	13.30
乌克兰	Ukraine	340.15	-52.5	7.35	563.62
阿拉伯联合酋长国	United Arab Emirates	135.54	147.3	31.06	1621.29
英国	United Kingdom	546.43	-7.6	8.97	2249.59
坦桑尼亚	United Rep. of Tanzania	6.04	154.5	0.15	6.39
美国	United States	6094.39	20.2	19.74	632.91
乌拉圭	Uruguay	6.22	55.7	1.86	35.29
乌兹别克斯坦	Uzbekistan	116.09		4.32	259.48
瓦努阿图	Vanuatu	0.10	47.1	0.45	8.45
委内瑞拉	Venezuela	165.55	35.5	5.99	181.51
越南	Viet Nam	111.38	420.3	1.29	336.27
瓦利斯群岛和富图纳	Wallis and Futuna Islands	0.03		1.92	204.23
西撒哈拉	Western Sahara	0.24	20.2	0.50	0.89
也门	Yemen	21.98	129.0	0.99	41.62
赞比亚	Zambia	2.69	10.1	0.22	3.58
津巴布韦	Zimbabwe	9.64	-37.9	0.77	24.66

附录4-7 温室气体排放量

Greenhouse Gas Emissions

国家和地区	Country or Area	截止年份 Latest Year Available	温室气体排放总量（百万吨二氧化碳当量） Total GHG Emissions (mio. tonnes of CO_2 equivalent)	比1990年增减(%) % Change since 1990 (%)	人均温室气体排放量（吨二氧化碳当量/人） GHG Emissions per Capita (tonnes of CO_2 equivalent/person)
阿尔巴尼亚	Albania	1994	5.53	-22.43	1.74
阿尔及利亚	Algeria	1994	91.76		3.31
安提瓜和巴布达	Antigua and Barbuda	1990	0.39		6.28
阿根廷	Argentina	2000	282.00	22.05	7.63
亚美尼亚	Armenia	1990	25.31		7.14
澳大利亚	Australia	2008	549.54	31.35	26.08
奥地利	Austria	2008	86.64	10.84	10.39
阿塞拜疆	Azerbaijan	1994	43.17	-28.97	5.62
巴哈马	Bahamas	1994	2.20	14.72	7.96
巴林	Bahrain	1994	19.60		34.90
孟加拉国	Bangladesh	1994	45.93		0.37
巴巴多斯	Barbados	1997	4.06	23.81	15.89
白俄罗斯	Belarus	2008	91.11	-35.10	9.41
比利时	Belgium	2008	133.25	-7.07	12.58
伯利兹	Belize	1994	6.34		29.60
贝宁	Benin	1995	39.35		6.87
不丹	Bhutan	1994	1.29		2.52
玻利维亚	Bolivia	2004	43.67	184.95	4.85
博茨瓦纳	Botswana	1994	9.29		6.15
巴西	Brazil	1994	663.25	11.17	4.16
保加利亚	Bulgaria	2008	73.43	-37.38	9.67
布基纳法索	Burkina Faso	1994	5.97		0.61
布隆迪	Burundi	1998	2.00		0.32
柬埔寨	Cambodia	1994	12.76		1.15
喀麦隆	Cameroon	1994	165.73		12.10
加拿大	Canada	2008	734.42	24.10	22.08
佛得角	Cape Verde	1995	0.29		0.74
中非共和国	Central African Republic	1994	37.74		11.61
乍得	Chad	1993	8.02		1.20

资料来源：联合国气候变化框架公约成果。
联合国经济社会局人口处，世界人口展望：2008修订版，纽约，2009。
Sources:UN Framework Convention on Climate Change (UNFCCC) Secretatiat.
United Nations, Department of Economic and Social Affairs, Population Division, World Population Prospects: The 2008 Revision, New York, 2009.

附录4-7 续表 1 continued 1

国家和地区	Country or Area	截止年份 Latest Year Available	温室气体排放总量（百万吨二氧化碳当量） Total GHG Emissions (mio. tonnes of CO_2 equivalent)	比1990年增减(%) % Change since 1990 (%)	人均温室气体排放量（吨二氧化碳当量/人） GHG Emissions per Capita (tonnes of CO_2 equivalent/person)
智利	Chile	1994	54.89		3.87
中国	China	1994	4057.62		3.39
哥伦比亚	Colombia	1994	137.48	22.89	3.84
科摩罗	Comoros	1994	0.51		1.06
刚果	Congo	2000	2.07		0.68
库克群岛	Cook Islands	1994	0.08		4.34
哥斯达黎加	Costa Rica	2005	12.11	98.87	2.80
科特迪瓦	Cote d'Ivoire	2000	271.20		15.69
克罗地亚	Croatia	2008	31.13	-0.90	7.04
古巴	Cuba	1996	40.19	-36.76	3.67
捷克	Czech Republic	2008	141.41	-27.55	13.70
刚果民主共和国	Dem. Rep. of the Congo	2003	46.00		0.83
丹麦	Denmark	2008	65.13	-7.34	11.93
吉布提	Djibouti	1994	0.51		0.84
多米尼加	Dominica	1994	0.15		2.22
多米尼加共和国	Dominican Republic	2000	26.43	109.11	2.99
厄瓜多尔	Ecuador	1990	30.77		2.99
埃及	Egypt	1990	116.74		2.02
萨尔瓦多	El Salvador	1994	11.72		2.07
厄立特里亚	Eritrea	2000	0.76		0.21
爱沙尼亚	Estonia	2008	20.25	-50.41	15.10
埃塞俄比亚	Ethiopia	1995	47.75	10.99	0.84
斐济	Fiji	1994	1.39		1.83
芬兰	Finland	2008	70.13	-0.33	13.22
法国	France	2008	531.80	-6.06	8.57
加蓬	Gabon	1994	6.52		6.20
冈比亚	Gambia	1993	4.26		4.23
格鲁吉亚	Georgia	2006	12.22	-73.05	2.77
德国	Germany	2008	958.06	-22.22	11.65
加纳	Ghana	1996	13.14	17.76	0.74
希腊	Greece	2008	126.89	22.85	11.39
格林纳达	Grenada	1994	1.61		16.17
危地马拉	Guatemala	1990	14.74		1.65
几内亚	Guinea	1994	5.06		0.70
几内亚比绍	Guinea-Bissau	1994	1.69		1.49
圭亚那	Guyana	1998	3.07	40.66	4.05

附录4-7 续表 2 continued 2

国家和地区	Country or Area	截止年份 Latest Year Available	温室气体排放总量（百万吨二氧化碳当量） Total GHG Emissions (mio. tonnes of CO_2 equivalent)	比1990年增减 (%) % Change since 1990 (%)	人均温室气体排放量（吨二氧化碳当量/人） GHG Emissions per Capita (tonnes of CO_2 equivalent/person)
海地	Haiti	1994	5.10		0.66
洪都拉斯	Honduras	1995	10.83		1.94
匈牙利	Hungary	2008	73.14	-24.88	7.30
冰岛	Iceland	2008	4.88	42.90	15.47
印度	India	1994	1214.25		1.30
印度尼西亚	Indonesia	1994	334.19	25.25	1.77
伊朗	Iran (Islamic Republic of)	1994	385.43		6.30
爱尔兰	Ireland	2008	67.44	23.04	15.20
以色列	Israel	2005	73.41		10.97
意大利	Italy	2008	541.49	4.73	9.08
牙买加	Jamaica	1994	116.31		47.58
日本	Japan	2008	1281.82	1.04	10.07
约旦	Jordan	2000	19.40		4.00
哈萨克斯坦	Kazakhstan	2008	245.86	-27.31	15.84
肯尼亚	Kenya	1994	21.47		0.80
基里巴斯	Kiribati	1994	0.03		0.37
朝鲜	Korea, Dem. People's Rep.	1990	201.92		10.02
韩国	Korea, Republic of	2001	542.89	87.56	11.62
吉尔吉斯斯坦	Kyrgyzstan	2005	12.02	-60.29	2.30
老挝	Lao People's Dem. Rep.	1990	6.87		1.63
拉脱维亚	Latvia	2008	11.90	-55.57	5.27
黎巴嫩	Lebanon	1994	15.70		4.63
莱索托	Lesotho	1994	1.82		1.07
列支敦士登	Liechtenstein	2008	0.26	14.74	7.39
立陶宛	Lithuania	2008	24.33	-51.08	7.33
卢森堡	Luxembourg	2008	12.49	-4.76	26.00
马达加斯加	Madagascar	1994	21.93		1.72
马拉维	Malawi	1994	7.07	-12.11	0.71
马来西亚	Malaysia	1994	136.68		6.81
马尔代夫	Maldives	1994	0.15		0.63
马里	Mali	1995	8.67		0.91
马耳他	Malta	2008	2.95	44.22	7.25
毛里塔尼亚	Mauritania	2000	6.94		2.67
毛里求斯	Mauritius	1995	2.06		1.82
墨西哥	Mexico	2002	553.33	30.11	5.42
密克罗尼西亚联邦	Micronesia, Federated States	1994	0.25		2.32

附录4-7 续表 3 continued 3

国家和地区	Country or Area	截止年份 Latest Year Available	温室气体排放总量（百万吨二氧化碳当量） Total GHG Emissions (mio. tonnes of CO_2 equivalent)	比1990年增减(%) % Change since 1990 (%)	人均温室气体排放量（吨二氧化碳当量/人） GHG Emissions per Capita (tonnes of CO_2 equivalent/person)
摩纳哥	Monaco	2008	0.10	-11.43	2.92
蒙古	Mongolia	1998	15.93	-17.54	6.83
摩洛哥	Morocco	1994	44.39		1.67
莫桑比克	Mozambique	1994	8.22	21.24	0.53
纳米比亚	Namibia	1994	5.60		3.54
瑙鲁	Nauru	1994	0.04		3.64
尼泊尔	Nepal	1994	31.19		1.48
荷兰	Netherlands	2008	206.91	-2.40	12.52
新西兰	New Zealand	2008	74.66	22.85	17.65
尼加拉瓜	Nicaragua	1994	7.65		1.68
尼日尔	Niger	2000	13.63	180.83	1.24
尼日利亚	Nigeria	1994	242.63		2.25
纽埃	Niue	1994	4.42		2053.95
挪威	Norway	2008	53.71	7.96	11.27
巴基斯坦	Pakistan	1994	160.59		1.26
帕劳	Palau	2000	0.09		4.80
巴拿马	Panama	1994	10.69		4.08
巴布亚新几内亚	Papua New Guinea	1994	5.01		1.09
巴拉圭	Paraguay	1994	140.46	149.94	29.94
秘鲁	Peru	1994	57.58		2.45
菲律宾	Philippines	1994	100.87		1.47
波兰	Poland	2008	395.56	-12.74	10.38
葡萄牙	Portugal	2008	78.38	32.20	7.34
摩尔多瓦	Republic of Moldova	2005	11.88	-72.29	3.16
罗马尼亚	Romania	2008	145.92	-39.73	6.83
俄罗斯联邦	Russian Federation	2008	2229.57	-32.88	15.77
卢旺达	Rwanda	2002	2.38		0.28
圣基茨和尼维斯	Saint Kitts and Nevis	1994	0.16		3.87
圣卢西亚	Saint Lucia	1994	0.89		6.09
萨摩亚	Samoa	1994	0.56		3.36
圣马力诺	San Marino	2007	0.24		7.67
圣多美和普林西	Sao Tome and Principe	1998	0.12		0.90
沙特阿拉伯	Saudi Arabia	1990	165.27		10.16
塞内加尔	Senegal	1995	9.57		1.11
塞舌尔	Seychelles	1995	0.26		3.39
新加坡	Singapore	1994	26.86		7.96
斯洛伐克	Slovakia	2008	48.83	-33.92	9.04

附录4-7 续表 4 continued 4

国家和地区	Country or Area	截止年份 Latest Year Available	温室气体排放总量（百万吨二氧化碳当量）Total GHG Emissions (mio. tonnes of CO_2 equivalent)	比1990年增减 (%) % Change since 1990 (%)	人均温室气体排放量（吨二氧化碳当量/人）GHG Emissions per Capita (tonnes of CO_2 equivalent/person)
斯洛文尼亚	Slovenia	2008	21.28	15.19	10.56
所罗门群岛	Solomon Islands	1994	0.29		0.84
南非	South Africa	1994	379.84	9.35	9.38
西班牙	Spain	2008	405.74	42.30	9.12
斯里兰卡	Sri Lanka	1995	29.13		1.60
圣文森特和格林纳丁斯	St. Vincent and the Grenadines	1997	0.41	4.65	3.80
苏丹	Sudan	1995	54.19		1.76
苏里南	Suriname	2003	3.33		6.83
斯威士兰	Swaziland	1994	7.54		7.95
瑞典	Sweden	2008	63.96	-11.70	6.95
瑞士	Switzerland	2008	53.22	0.51	7.06
塔吉克斯坦	Tajikistan	2003	7.50	-68.98	1.18
泰国	Thailand	1994	223.99		3.76
马其顿	The Former Yugoslav Rep. of Macedonia	2002	12.23	-7.73	6.04
多哥	Togo	1998	6.28		1.28
汤加	Tonga	1994	0.23		2.36
特立尼达和多巴哥	Trinidad and Tobago	1990	16.01		13.13
突尼斯	Tunisia	1994	25.14		2.85
土耳其	Turkey	2008	366.50	95.96	4.96
土库曼斯坦	Turkmenistan	1994	52.31		12.77
图瓦卢	Tuvalu	1994	0.01		0.61
乌干达	Uganda	1994	41.55		2.05
乌克兰	Ukraine	2008	427.80	-53.89	9.30
阿拉伯联合酋长国	United Arab Emirates	2000	129.83		40.10
英国	United Kingdom	2008	631.73	-18.45	10.32
坦桑尼亚	United Rep. of Tanzania	1994	39.24	0.64	1.35
美国	United States	2008	6924.56	13.30	22.22
乌拉圭	Uruguay	2000	29.73	7.52	8.95
乌兹别克斯坦	Uzbekistan	2005	199.84	9.26	7.59
瓦努阿图	Vanuatu	1994	0.30		1.78
委内瑞拉	Venezuela	1999	192.19		8.03
越南	Viet Nam	1994	84.45		1.18
也门	Yemen	1995	17.87		1.15
赞比亚	Zambia	1994	32.77		3.70
津巴布韦	Zimbabwe	1994	27.59		2.40

附录4-8 消耗臭氧层物质

国家和地区	Country or Area	氟氯化碳消耗量 Consumption of CFCs	
		消耗臭氧潜力基线值 Baseline ODP tonnes	2008年消耗臭氧潜力 2008 ODP tonnes
阿富汗	Afghanistan	380.0	40.0
阿尔巴尼亚	Albania	40.8	
阿尔及利亚	Algeria	2119.5	149.6
安道尔	Andorra	67.5	
安哥拉	Angola	114.8	9.7
安提瓜和巴布达	Antigua and Barbuda	10.7	0.1
阿根廷	Argentina	4697.2	50.9
亚美尼亚	Armenia	196.5	13.6
澳大利亚	Australia	14290.4	-42.0
阿塞拜疆	Azerbaijan	480.6	
巴哈马	Bahamas	64.9	
巴林	Bahrain	135.4	11.7
孟加拉国	Bangladesh	581.6	158.3
巴巴多斯	Barbados	21.5	1.1
白俄罗斯	Belarus	2510.9	
伯利兹	Belize	24.4	
贝宁	Benin	59.9	5.2
不丹	Bhutan	0.2	
玻利维亚	Bolivia	75.7	2.6
波黑	Bosnia and Herzegovina	24.2	8.8
博茨瓦纳	Botswana	6.9	0.3
巴西	Brazil	10525.8	290.4
文莱	Brunei Darussalam	78.2	2.4
布基纳法索	Burkina Faso	36.3	
布隆迪	Burundi	59.0	1.0
柬埔寨	Cambodia	94.2	1.4
喀麦隆	Cameroon	256.9	17.0
加拿大	Canada	19958.2	

资料来源：联合国统计司千年发展目标数据库。
Sources:UNSD Millennium Development Goals Database.

Consumption of Ozone-Depleting Substances(ODS)

	全部消耗臭氧层物质消耗量 Consumption of All ODS		
比基线值减少 (%) Reduction from Baseline (%)	2002年消耗 臭氧潜力 2002 ODP tonnes	2008年消耗 臭氧潜力 2008 ODP tonnes	比2002年 减少(%) Reduction from 2002 (%)
89.5	181.5	47.9	73.6
100.0	50.5	4.1	91.9
92.9	1966.1	236.9	88.0
91.6	110.0	20.2	81.6
99.1	4.0	0.3	92.5
98.9	2386.0	654.8	72.6
93.1	174.4	18.4	89.4
100.3	389.5	58.5	85.0
100.0	12.1	0.8	93.4
100.0	58.4	3.9	93.3
91.4	138.1	50.5	63.4
72.8	350.1	223.1	36.3
94.9	12.1	3.2	73.6
100.0	2.7	1.0	63.0
100.0	21.7	1.8	91.7
91.3	36.0	6.0	83.3
100.0	0.1	0.1	
96.6	67.4	8.6	87.2
63.6	259.2	16.4	93.7
95.7	10.2	13.6	-33.3
97.2	3589.4	2089.8	41.8
96.9	46.3	7.6	83.6
100.0	16.3	27.2	-66.9
98.3	19.2	1.0	94.8
98.5	97.0	9.3	90.4
93.4	261.7	36.1	86.2
100.0	923.1	509.9	44.8

附录4-8 续表 1

国家和地区	Country or Area	氟氯化碳消耗量 Consumption of CFCs	
		消耗臭氧潜力基线值 Baseline ODP tonnes	2008年消耗臭氧潜力 2008 ODP tonnes
佛得角	Cape Verde	2.3	
中非共和国	Central African Republic	11.2	
乍得	Chad	34.6	2.2
智利	Chile	828.7	47.9
中国	China	57818.7	263.0
哥伦比亚	Colombia	2208.2	208.0
科摩罗	Comoros	2.5	
刚果	Congo	11.9	1.4
库克群岛	Cook Islands	1.7	
哥斯达黎加	Costa Rica	250.2	13.9
科特迪瓦	Cote d'Ivoire	294.2	12.0
克罗地亚	Croatia	219.3	
古巴	Cuba	625.1	74.4
刚果民主共和国	Dem. Rep. of the Congo	665.7	8.6
吉布提	Djibouti	21.0	0.9
多米尼加	Dominica	1.5	
多米尼加共和国	Dominican Republic	539.8	4.5
厄瓜多尔	Ecuador	301.4	8.2
埃及	Egypt	1668.0	187.8
萨尔瓦多	El Salvador	306.5	
赤道几内亚	Equatorial Guinea	31.5	2.3
厄立特里亚	Eritrea	41.1	2.8
爱沙尼亚	Ethiopia	33.8	4.3
欧盟	European Union (EU)	301930.2	-552.0
斐济	Fiji	33.4	
加蓬	Gabon	10.3	
冈比亚	Gambia	23.8	0.4
格鲁吉亚	Georgia	22.5	
加纳	Ghana	35.8	
格林纳达	Grenada	6.0	
危地马拉	Guatemala	224.6	1.4
几内亚	Guinea	42.4	1.6
几内亚比绍	Guinea-Bissau	26.3	1.4
圭亚那	Guyana	53.2	

continued 1

	全部消耗臭氧层物质消耗量 Consumption of All ODS		
比基线值减少 (%) Reduction from Baseline (%)	2002年消耗臭氧潜力 2002 ODP tonnes	2008年消耗臭氧潜力 2008 ODP tonnes	比2002年减少(%) Reduction from 2002 (%)
100.0	1.8	0.8	55.6
100.0	4.6	6.7	-45.7
93.6	27.3	21.5	21.2
94.2	591.9	304.0	48.6
99.5	47804.1	17386.3	63.6
90.6	1002.2	414.8	58.6
100.0	1.9	0.2	89.5
88.2	7.0	2.0	71.4
100.0			
94.4	425.4	237.0	44.3
95.9	121.2	24.1	80.1
100.0	172.3	7.7	95.5
88.1	518.0	87.7	83.1
98.7	1081.3	16.6	98.5
95.7	15.8	1.5	90.5
100.0	3.1		100.0
99.2	406.9	53.4	86.9
97.3	273.4	79.8	70.8
88.7	1944.1	726.2	62.6
100.0	108.1	11.6	89.3
92.7	27.9	8.1	71.0
93.2	32.2	3.1	90.4
87.3	86.6	4.3	95.0
100.2	-6754.6	-9805.1	45.2
100.0	5.3	4.8	9.4
100.0	6.9	5.2	24.6
98.3	4.9	0.5	89.8
100.0	64.3	5.9	90.8
100.0	24.0	21.6	10.0
100.0	2.3	0.5	78.3
99.4	952.5	184.3	80.7
96.2	31.4	2.7	91.4
94.7	27.2	2.2	91.9
100.0	15.6	1.7	89.1

附录4-8 续表 2

国家和地区	Country or Area	氟氯化碳消耗量 Consumption of CFCs	
		消耗臭氧潜力基线值 Baseline ODP tonnes	2008年消耗臭氧潜力 2008 ODP tonnes
海地	Haiti	169.0	2.3
洪都拉斯	Honduras	331.6	23.4
冰岛	Iceland	195.1	
印度	India	6681.0	216.5
印度尼西亚	Indonesia	8332.7	
伊朗	Iran (Islamic Republic of)	4571.7	240.6
伊拉克	Iraq	1517.0	1597.1
以色列	Israel	4141.6	
牙买加	Jamaica	93.2	
日本	Japan	118134.0	-0.7
约旦	Jordan	673.3	6.0
哈萨克斯坦	Kazakhstan	1206.2	
肯尼亚	Kenya	239.5	7.5
基里巴斯	Kiribati	0.7	
朝鲜	Korea, Dem. People's Rep.	441.7	33.5
韩国	Korea, Republic of	9159.8	1114.8
科威特	Kuwait	480.4	33.0
吉尔吉斯斯坦	Kyrgyzstan	72.8	5.0
老挝	Lao People's Dem. Rep.	43.3	2.0
黎巴嫩	Lebanon	725.5	33.8
莱索托	Lesotho	5.1	
利比里亚	Liberia	56.1	0.6
阿拉伯利比亚民众国	Libyan Arab Jamahiriya	716.7	21.9
列支敦士登	Liechtenstein	37.2	
马达加斯加	Madagascar	47.9	0.8
马拉维	Malawi	57.7	
马来西亚	Malaysia	3271.1	173.7
马尔代夫	Maldives	4.6	
马里	Mali	108.1	3.0
马绍尔群岛	Marshall Islands	1.1	
毛里塔尼亚	Mauritania	15.7	1.0
毛里求斯	Mauritius	29.1	
墨西哥	Mexico	4624.9	-130.4
密克罗尼西亚联邦	Micronesia, Federated States of	1.2	

continued 2

	全部消耗臭氧层物质消耗量 Consumption of All ODS		
比基线值减少 (%) Reduction from Baseline (%)	2002年消耗臭氧潜力 2002 ODP tonnes	2008年消耗臭氧潜力 2008 ODP tonnes	比2002年减少(%) Reduction from 2002 (%)
98.6	197.7	3.7	98.1
92.9	555.7	216.2	61.1
100.0	2.6	2.2	15.4
96.8	15026.9	2904.9	80.7
100.0	5787.4	299.9	94.8
94.7	8572.9	508.6	94.1
-5.3	1580.6	1752.4	-10.9
100.0	1241.3	475.4	61.7
100.0	39.2	8.5	78.3
100.0	2466.8	1050.0	57.4
99.1	267.0	95.8	64.1
100.0	146.9	128.8	12.3
96.9	322.0	75.7	76.5
100.0		0.2	-100.0
92.4	2326.3	91.2	96.1
87.8	11745.9	4050.2	65.5
93.1	515.7	408.5	20.8
93.1	50.2	12.4	75.3
95.4	42.9	3.6	91.6
95.3	710.8	58.2	91.8
100.0	4.6	11.6	152.2
98.9	54.0	3.4	93.7
96.9	1596.5	111.6	93.0
100.0	0.1		100.0
98.3	8.8	3.0	65.9
100.0	75.4	6.7	91.1
94.7	1966.3	571.2	71.0
100.0	4.0	3.7	7.5
97.2	28.3	5.1	82.0
100.0	0.3	0.2	33.3
93.6	16.5	6.5	60.6
100.0	14.4	6.9	52.1
102.8	3954.7	1992.3	49.6
100.0	2.2	0.2	90.9

附录4-8 续表 3

国家和地区	Country or Area	氟氯化碳消耗量 Consumption of CFCs	
		消耗臭氧潜力基线值 Baseline ODP tonnes	2008年消耗臭氧潜力 2008 ODP tonnes
摩纳哥	Monaco	6.2	
蒙古	Mongolia	10.6	0.4
黑山	Montenegro	104.9	0.1
摩洛哥	Morocco	802.3	
莫桑比克	Mozambique	18.2	2.3
缅甸	Myanmar	54.3	
纳米比亚	Namibia	21.9	
瑙鲁	Nauru	0.5	
尼泊尔	Nepal	27.0	
新西兰	New Zealand	2088.0	
尼加拉瓜	Nicaragua	82.8	
尼日尔	Niger	32.0	2.9
尼日利亚	Nigeria	3650.0	16.5
纽埃	Niue	0.1	
挪威	Norway	1313.0	-3.8
阿曼	Oman	248.4	8.5
巴基斯坦	Pakistan	1679.4	167.4
帕劳	Palau	1.6	0.1
巴拿马	Panama	384.1	11.5
巴布亚新几内亚	Papua New Guinea	36.3	-1.6
巴拉圭	Paraguay	210.6	27.3
秘鲁	Peru	289.5	
菲律宾	Philippines	3055.8	169.4
卡塔尔	Qatar	101.4	5.1
摩尔多瓦	Republic of Moldova	73.3	
俄罗斯联邦	Russian Federation	100352.0	324.0
卢旺达	Rwanda	30.4	1.2
圣基茨和尼维斯	Saint Kitts and Nevis	3.7	
圣卢西亚	Saint Lucia	8.3	
圣文森特和格林纳丁斯	St. Vincent and the Grenadines	1.8	
萨摩亚	Samoa	4.5	
圣多美和普林西	Sao Tome and Principe	4.7	0.2
沙特阿拉伯	Saudi Arabia	1798.5	365.0
塞内加尔	Senegal	155.8	10.0
塞尔维亚	Serbia	849.2	76.7

continued 3

	全部消耗臭氧层物质消耗量 Consumption of All ODS		
比基线值减少 (%) Reduction from Baseline (%)	2002年消耗臭氧潜力 2002 ODP tonnes	2008年消耗臭氧潜力 2008 ODP tonnes	比2002年减少(%) Reduction from 2002 (%)
100.0	0.1	0.1	
96.2	7.3	2.6	64.4
99.9	15.4	0.5	96.8
100.0	1070.0	212.7	80.1
87.4	14.4	4.9	66.0
100.0	45.7	2.0	95.6
100.0	20.0	5.8	71.0
100.0			
100.0	2.6	1.4	46.2
100.0	42.8	17.4	59.3
100.0	64.9	3.9	94.0
90.9	27.6	3.1	88.8
99.5	3933.3	312.7	92.0
100.0			
100.3	-42.8	15.6	136.4
96.6	201.5	33.2	83.5
90.0	2347.2	356.9	84.8
93.8	0.2	0.1	50.0
97.0	204.7	40.2	80.4
104.4	39.7	1.5	96.2
87.0	105.5	39.0	63.0
100.0	203.6	28.0	86.2
94.5	1795.1	397.4	77.9
95.0	105.4	43.8	58.4
100.0	29.6	2.8	90.5
99.7	892.3	1457.6	-63.4
96.1	30.4	2.9	90.5
100.0	6.3	0.4	93.7
100.0	7.7	0.1	98.7
100.0	6.4	0.1	98.4
100.0	2.6	0.1	96.2
95.7	4.4	0.2	95.5
79.7	1926.4	1643.6	14.7
93.6	82.3	19.5	76.3
91.0	384.9	88.0	77.1

附录4-8　续表 4

国家和地区	Country or Area	氟氯化碳消耗量 Consumption of CFCs	
		消耗臭氧潜力基线值 Baseline ODP tonnes	2008年消耗臭氧潜力 2008 ODP tonnes
塞舌尔	Seychelles	2.9	
塞拉利昂	Sierra Leone	78.6	4.2
新加坡	Singapore	2718.2	
所罗门群岛	Solomon Islands	2.1	
索马里	Somalia	241.4	20.0
南非	South Africa	592.6	
斯里兰卡	Sri Lanka	445.6	
苏丹	Sudan	456.8	44.8
苏里南	Suriname	41.3	
斯威士兰	Swaziland	24.6	
瑞士	Switzerland	7960.0	
阿拉伯叙利亚共和国	Syrian Arab Republic	2224.6	166.0
塔吉克斯坦	Tajikistan	211.0	
泰国	Thailand	6082.1	190.3
马其顿	The Former Yugoslav Rep. of Macedonia	519.7	
东帝汶	Timor-Leste	36.0	
多哥	Togo	39.8	3.2
汤加	Tonga	1.3	
特立尼达和多巴哥	Trinidad and Tobago	120.0	
突尼斯	Tunisia	870.1	12.2
土耳其	Turkey	3805.7	-0.1
土库曼斯坦	Turkmenistan	37.3	1.2
图瓦卢	Tuvalu	0.3	
乌干达	Uganda	12.8	
乌克兰	Ukraine	4725.2	
阿拉伯联合酋长国	United Arab Emirates	529.3	52.9
坦桑尼亚	United Rep. of Tanzania	253.9	13.9
美国	United States	305963.6	-569.2
乌拉圭	Uruguay	199.1	26.4
乌兹别克斯坦	Uzbekistan	1779.2	
瓦努阿图	Vanuatu		0.7
委内瑞拉	Venezuela (Bolivarian Republic of)	3322.4	-15.0
越南	Viet Nam	500.0	20.4
也门	Yemen	1796.1	247.7
赞比亚	Zambia	27.4	2.0
津巴布韦	Zimbabwe	451.4	7.0

continued 4

	全部消耗臭氧层物质消耗量 Consumption of All ODS		
比基线值减少 (%) Reduction from Baseline (%)	2002年消耗臭氧潜力 2002 ODP tonnes	2008年消耗臭氧潜力 2008 ODP tonnes	比2002年减少(%) Reduction from 2002 (%)
100.0	166.1	0.6	99.6
94.7	84.4	5.8	93.1
100.0	146.7	149.5	-1.9
100.0	5.7	1.2	78.9
91.7	124.1	28.3	77.2
100.0	848.8	435.1	48.7
100.0	227.4	10.3	95.5
90.2	258.2	91.9	64.4
100.0	51.0	0.7	98.6
100.0	2.4	3.3	-37.5
100.0	26.2	10.0	61.8
92.5	1754.1	289.8	83.5
100.0	12.6	3.9	69.0
96.9	3612.5	1197.5	66.9
100.0	44.6	3.5	92.2
	2.7		
92.0	35.3	9.4	73.4
100.0	1.0	0.2	80.0
100.0	93.9	56.8	39.5
98.6	552.5	59.2	89.3
100.0	1336.4	762.5	42.9
96.8	10.9	10.1	7.3
100.0			
100.0	44.9		100.0
100.0	145.5	75.0	48.5
90.0	624.2	560.7	10.2
94.5	71.5	15.4	78.5
100.2	16206.4	6229.6	61.6
86.7	100.9	53.9	46.6
100.0	0.8	2.3	-187.5
-100.0		1.0	-100.0
100.5	1653.0	133.5	91.9
95.9	447.4	277.5	38.0
86.2	1135.8	431.0	62.1
92.7	24.0	6.9	71.3
98.4	345.8	37.3	89.2

附录4-9 危险废物产生量

Hazardous Waste Generation

单位：千吨　　(1 000 tonnes)

国家和地区	Country or Area	1995	2003	2004	2005	2006	2007	2008	2009
阿尔及利亚	Algeria	185.0	325.0						
安道尔	Andorra		0.5	0.4	0.6	0.9			
亚美尼亚	Armenia		420.4	544.7	330.9	343.4	440.9	430.6	467.5
奥地利	Austria	594.9		1013.7		961.9		1330.0	
阿塞拜疆	Azerbaijan	27.0	26.9	11.2	12.8	29.5	10.4	24.3	16.0
巴林	Bahrain	136.0	33.6	33.0	38.2	38.7	35.0		
孟加拉国	Bangladesh			74.0	75.9				
比利时	Belgium	1114		5197		4039		5919	
波黑	Bosnia and Herzegovina							91.8	
贝宁	Benin								
保加利亚	Bulgaria			527.6		785.0		13042.7	
喀麦隆	Cameroon			5.8	9.4	10.2	8.4	9.3	8.7
智利	Chile		0.2	0.2	0.3	0.2	0.2	0.3	0.2
中国	China		11700	9950	11620	10840	10790	13570	14300
中国香港	China, Hong Kong SAR	97.1	59.2	47.6	47.1	59.0	60.7	56.9	54.8
中国澳门	China, Macao SAR		5.9	5.9	5.9	6.5	6.4	8.7	11.5
哥伦比亚	Colombia						69.4	78.6	
克罗地亚	Croatia		48.1	42.3	39.5	40.0	52.5	58.4	
古巴	Cuba		624.1	613.8	941.4	1253.7	1417.3		
塞浦路斯	Cyprus			111.1		17.0	52.5	23.8	
捷克	Czech Republic	6005.0	1219.0	1446.0	1372.0	1307.1	52.5	1510.5	
丹麦	Denmark	179.0	328.3	319.7	340.5	493.1	52.5	419.6	
多米尼加	Dominica						52.5		
厄瓜多尔	Ecuador		125.3	159.3	196.8	146.6	197.7	193.8	
爱沙尼亚	Estonia			7333		6619		7538	
芬兰	Finland			2153		2711		2163	
法国	France			9617		9622		10893	
法属圭亚那	French Guiana					3.2	2.4		
德国	Germany		19515	20000		21705		22323	
希腊	Greece	350.0	353.8	426.0		275.0		253.0	
瓜德罗普岛	Guadeloupe					10.1	5.7		
危地马拉	Guatemala		648.3	622.0	599.0	822.5			
匈牙利	Hungary	2274.3		1364.5		1300.1		670.6	
冰岛	Iceland	6.0	8.0	8.5					
印度	India					8140.0			
伊拉克	Iraq							2.3	
爱尔兰	Ireland	247.8		724.3		708.8		743.4	
以色列	Israel		249.0	301.0	321.0	311.1	291.9	321.0	
意大利	Italy	2708	5440	6134		7465		6655	
牙买加	Jamaica		10.0	10.0	10.0	10.0			
日本	Japan	2883.0							

资料来源：联合国统计司/环境规划署环境统计问卷，废物部分。
　　欧盟统计局环境数据中心废物数据。
　　经合组织环境统计摘要，废物部分。

Sources:UNSD/UNEP Questionnaires on Environment Statistics, Waste section.
　　Eurostat Environmental Data Centre on Waste.
　　OECD Environmental Data Compendium,Waste Section.

附录4-9 续表 continued

单位：千吨 (1 000 tonnes)

国家和地区	Country or Area	1995	2003	2004	2005	2006	2007	2008	2009
约旦	Jordan		73.6	33.4	71.4			1293.8	
韩国	Korea,Republic of	1622	2913						
吉尔吉斯斯坦	Kyrgyzstan	472	6421	6411	6206	5827	5546	5581	5684
拉脱维亚	Latvia			17.0		65.3		67.5	
立陶宛	Lithuania			89.7		127.3		115.7	
卢森堡	Luxembourg	200.0		123.9		233.9		199.1	
马达加斯加	Madagascar						46.0		
马来西亚	Malaysia		460.9	469.6	548.9	1103.5	1138.8	1304.9	1705.3
马耳他	Malta			41.0		50.7		55.0	
马提尼克	Martinique					10.2	4.7		
毛里求斯	Mauritius		0.9				4.2	4.0	4.2
墨西哥	Mexico								
摩纳哥	Monaco	0.3	0.8	0.6	0.5	0.5	0.6	0.7	
荷兰	Netherlands	1004.0		1896.5		4949.3		4723.9	
尼日尔	Niger			503.0	554.0				
挪威	Norway	650.0	825.0	670.0	939.0	756.7		1336.5	
巴勒斯坦	Palestine		12.5	15.1	11.0	29.7	4.5	11.9	14.4
巴拿马	Panama	0.2	1.7	1.5	1.5	1.7	1.2		
菲律宾	Philippines		2265	707	1670	11786	1130	164939	1901
波兰	Poland	3866	1339	1612	1779	2381		1469	
葡萄牙	Portugal	668.0		2263.2		6063.1		3367.9	
卡塔尔	Qatar		2.5	2.3	2.0	4.4	7.2	11.9	
摩尔多瓦	Republic of Moldova	2.7	2.0	0.9	0.8	0.6	0.6	0.8	1.1
留尼汪	Réunion					7.9	1.0		
罗马尼亚	Romania			2242.9		1032.0		524.2	
俄罗斯联邦	Russian Federation	83330	287272	142766	142497	140011	287653	122883	141019
塞尔维亚	Serbia							8227.9	
新加坡	Singapore	64.9	217.0	278.0	339.0	413.0	491.0	472.0	356.0
斯洛伐克	Slovakia	1352.7	1257.6	422.3		532.9		527.2	
斯洛文尼亚	Slovenia			107.9		116.4		152.7	
西班牙	Spain		3222.9	3116.0		4028.2		3648.6	
瑞典	Sweden			1624.8		2654.1		2063.4	
瑞士	Switzerland	830.8							
叙利亚	Syrian Arab Republic								
泰国	Thailand		1800	1808	1814	1832	1849		
多哥	Togo						1.9		
特立尼达和多巴哥	Trinidad and Tobago		11.5						
土耳其	Turkey			997.6		10.8		1024.0	
乌克兰	Ukraine	3563	2437	2420	2412	2371	2585	2301	1230
阿拉伯联合酋长国	United Arab Emirates								272.9
英国	United Kingdom	2160	4991	7973		8448		7285	
美国	United States	194225	27376		34788				
也门	Yemen	38.2							
赞比亚	Zambia		53.8		80.0				
津巴布韦	Zimbabwe		25.8	37.8	27.4		29.4	17.0	11.0

附录4-10 城市垃圾收集

Municipal Waste Collection

国家和地区	Country or Area	截止年份 Latest Year Available	城市垃圾收集量(千吨) Municipal Waste Collected (1 000 tonnes)	截止年份 Latest Year Available	城市垃圾收集受益率(%) Population Served by Municipal Waste Collection (%)	人均城市垃圾收集量(千克/人) Municipal Waste Collected per Capita Served (kg/person)
阿尔巴尼亚	Albania	2009	1313	2007	85	
阿尔及利亚	Algeria	2003	8500	2003	80	333
安道尔	Andorra	2007	32	2007	100	387
安哥拉	Angola	2006	5840			
安圭拉	Anguilla	2008	15	2008	100	988
安提瓜和巴布达	Antigua and Barbuda	2009	136	2009	95	1639
阿根廷	Argentina			2001	88	
亚美尼亚	Armenia	2009	411	2009	72	185
澳大利亚	Australia	2003	8903			
奥地利	Austria	2009	4941	2009	100	591
阿塞拜疆	Azerbaijan	2009	1603			
巴哈马	Bahamas	2006	227			
白俄罗斯	Belarus	2009	3347	2009	100	347
比利时	Belgium	2009	5277	2009	100	491
伯利兹	Belize	2008	163	2008	51	1052
贝宁	Benin	2002	986			
玻利维亚	Bolivia	2009	955	2008	49	
波黑	Bosnia and Herzegovina	2009	1422	2009	67	378
巴西	Brazil	2007	51432	2008	87	
英属维尔京群岛	British Virgin Islands	2005	37	2001	97	
文莱	Brunei Darussalam	2002	196			
保加利亚	Bulgaria	2009	3561	2009	97	468
加拿大	Canada	2004	13375	1996	99	
智利	Chile	2009	6151			
中国	China	2009	157340			
中国香港	China, Hong Kong SAR	2009	6450	2009	100	919
中国澳门	China, Macao SAR	2009	325	2009	100	605
哥伦比亚	Colombia	2008	7437			
哥斯达黎加	Costa Rica	2002	1280	2002	73	428
克罗地亚	Croatia	2008	1788	2008	93	435
古巴	Cuba	2009	4264	2009	75	505
塞浦路斯	Cyprus	2009	620	2008	100	778
捷克	Czech Republic	2009	3310	2009	100	316

资料来源：联合国统计司/环境规划署环境统计问卷，废物部分。
欧盟统计局环境数据中心废物数据。
经合组织环境统计摘要，废物部分。
联合国经济社会局人口处，世界人口展望：2008修订版，纽约，2009。

Sources:UNSD/UNEP Questionnaires on Environment Statistics, Waste section.
Eurostat Environmental Data Centre on Waste.
OECD Environmental Data Compendium,Waste Section.
United Nations, Department of Economic and Social Affairs, Population Division, World Population Prospects: The 2008 Revision, New York, 2009. Eurostat environment statistics data website.

附录4-10 续表 1 continued 1

国家和地区	Country or Area	截止年份 Latest Year Available	城市垃圾收集量(千吨) Municipal Waste Collected (1 000 tonnes)	截止年份 Latest Year Available	城市垃圾收集受益率(%) Population Served by Municipal Waste Collection (%)	人均城市垃圾收集量(千克/人) Municipal Waste Collected per Capita Served (kg/person)
丹麦	Denmark	2009	4530	2008	100	833
多米尼加	Dominica	2005	21	2005	94	330
多米尼加共和国	Dominican Republic	2009	756	2002	60	
厄瓜多尔	Ecuador			1999	49	
埃及	Egypt	2008	29306			
萨尔瓦多	El Salvador			2002	53	
爱沙尼亚	Estonia	2009	464	2009	79	346
芬兰	Finland	2009	2562	2009	100	481
法国	France	2009	34504	2009	100	536
法属圭亚那	French Guiana	2007	79	2007	100	370
格鲁吉亚	Georgia	2009	880	2007	60	
德国	Germany	2009	48101	2009	100	587
希腊	Greece	2009	5386	2009	100	458
瓜德鲁普	Guadeloupe	2007	274	2007	100	593
危地马拉	Guatemala			2006	22	
匈牙利	Hungary	2009	4312	2009	93	430
冰岛	Iceland	2009	177	2008	100	554
印度	India	2001	17569			
印度尼西亚	Indonesia	2008	9601			
伊拉克	Iraq	2005	5446	2005	56	347
爱尔兰	Ireland	2009	3300	2005	76	664
以色列	Israel	2009	4556			
意大利	Italy	2009	32500	2008	100	541
牙买加	Jamaica	2006	1464	2001	76	
日本	Japan	2003	54367	2003	100	428
约旦	Jordan	2008	3864			
哈萨克斯坦	Kazakhstan	2009	3928			
肯尼亚	Kenya			1999	40	
韩国	Korea, Republic of	2004	18252	2002	99	
科威特	Kuwait	2009	1723	2009	100	577
吉尔吉斯斯坦	Kyrgyzstan	2009	6642			
拉脱维亚	Latvia	2009	753	2009	85	333
黎巴嫩	Lebanon	2009	1720			
立陶宛	Lithuania	2009	1206	2009	91	360
卢森堡	Luxembourg	2009	349	2009	100	707
马达加斯加	Madagascar	2007	419	2007	18	127
马尔代夫	Maldives	2005	19			
马耳他	Malta	2009	268	2009	100	647
马绍尔群岛	Marshall Islands	2007	26	2007	60	731
马提尼克	Martinique	2007	211	2007	100	524
毛里求斯	Mauritius	2009	408	2009	98	323
墨西哥	Mexico	2006	36088	2006	90	377
摩纳哥	Monaco	2009	37	2009	100	1118

附录4-10 续表 2 continued 2

国家和地区	Country or Area	截止年份 Latest Year Available	城市垃圾收集量(千吨) Municipal Waste Collected (1000 tonnes)	截止年份 Latest Year Available	城市垃圾收集受益率(%) Population Served by Municipal Waste Collection (%)	人均城市垃圾收集量(千克/人) Municipal Waste Collected per Capita Served (kg/person)
黑山	Montenegro	2009	212			
摩洛哥	Morocco	2000	6500			
尼泊尔	Nepal	2002	418			
荷兰	Netherlands	2009	10159	2009	100	613
新西兰	New Zealand	1999	1541			
尼日尔	Niger	2005	9750			
挪威	Norway	2009	2269	2009	99	473
巴勒斯坦	Palestine	2001	1350	2008	75	
巴拿马	Panama	2009	551	2009	64	249
巴拉圭	Paraguay			2009	38	
秘鲁	Peru	2001	4740	2001	75	239
菲律宾	Philippines	2009	9104	2009	70	141
波兰	Poland	2009	12053	2009	79	316
葡萄牙	Portugal	2009	5185	2009	100	488
卡塔尔	Qatar	2009	789			
摩尔多瓦	Republic of Moldova	2009	2268			
留尼汪	Réunion	2007	559	2007	100	693
罗马尼亚	Romania	2009	8507	2008	54	396
俄罗斯联邦	Russian Federation	2009	56172			
塞内加尔	Senegal	2005	465	2007	21	
塞尔维亚	Serbia	2009	1580			
新加坡	Singapore	2009	6114	2009	100	1291
斯洛伐克	Slovakia	2009	1837	2008	100	339
斯洛文尼亚	Slovenia	2009	913	2009	95	449
西班牙	Spain	2009	25090	2009	100	547
斯里兰卡	Sri Lanka	2004	1036			
圣文森特和格林纳丁斯	St. Vincent and the Grenadines	2002	38	2002	100	350
苏丹	Sudan	2009	1355			
苏里南	Suriname	2009	175	2004	67	
瑞典	Sweden	2009	4486	2009	100	485
瑞士	Switzerland	2009	5460	2009	99	706
叙利亚	Syrian Arab Republic	2003	7500	2004	74	
泰国	Thailand	2000	13972			
马其顿	The Former Yugoslav Rep. of Macedonia	2009	552	2009	72	270
特立尼达和多巴哥	Trinidad and Tobago	2002	425	1995	90	
突尼斯	Tunisia	2004	1316			
土耳其	Turkey	2009	28006	2008	82	392
乌干达	Uganda	2006	224			
乌克兰	Ukraine	2009	4445			
阿拉伯联合酋长国	United Arab Emirates	2009	10875			
英国	United Kingdom	2009	32600	2008	100	
美国	United States	2005	222863	2005	100	
乌拉圭	Uruguay	2000	910			
也门	Yemen	2009	1410	2009	19	
赞比亚	Zambia	2005	389	2005	20	

附录4-11　城市垃圾处理
Municipal Waste Treatment

国家和地区	Country or Area	截止年份 Latest Year Available	城市垃圾收集量（千吨） Municipal Waste Collected (1 000 tonnes)	填埋 Municipal Waste Landfilled (%)	焚烧 Municipal Waste Incinerated (%)	回收利用 Municipal Waste Recycled (%)	堆肥 Municipal Waste Composted (%)
阿尔及利亚	Algeria	2003	8500	99.9		0.1	
安道尔	Andorra	2007	32		116.1		
安圭拉	Anguilla	2008	15	100.0			
安提瓜和巴布达	Antigua and Barbuda	2009	136	100.0			
亚美尼亚	Armenia	2009	411	100.0			
澳大利亚	Australia	2003	8903	69.7		30.3	
奥地利	Austria	2009	4941	0.7	29.4	30.2	39.7
白俄罗斯	Belarus	2009	3347	100.0			
比利时	Belgium	2009	5277	5.1	34.3	35.8	23.9
伯利兹	Belize	2008	163	100.0			
波黑共和国	Bosnia and Herzegovina	2009	1422	100.0			
英属维尔京群岛	British Virgin Islands	2005	37		80.3		
保加利亚	Bulgaria	2009	3561	96.1			
布基纳法索	Burkina Faso	2009	666	92.0			
喀麦隆	Cameroon	2009	7249	99.6		0.4	
加拿大	Canada	2004	13375			26.8	12.5
智利	Chile	2009	6151			0.4	0.5
中国	China	2009	157340		12.9		1.1
中国香港	China, Hong Kong SAR	2009	6450			49.3	
中国澳门	China, Macao SAR	2009	325		99.8	0.1	
克罗地亚	Croatia	2008	1788	96.8	1.8		1.8
古巴	Cuba	2009	4264	87.2		5.1	7.7
塞浦路斯	Cyprus	2009	620	86.3		13.7	
捷克	Czech Republic	2009	3310	72.2	10.5	2.1	2.0
丹麦	Denmark	2009	4530	3.5	51.1	34.2	16.5
多米尼加	Dominica	2005	21	100.0			
爱沙尼亚	Estonia	2009	464	61.9	0.2	11.2	9.3
芬兰	Finland	2009	2562	46.1	18.1	24.0	11.9
法国	France	2009	34504	32.3	33.9	18.2	15.6
德国	Germany	2009	48101	0.4	32.3	46.6	16.9
希腊	Greece	2009	5386	81.3		16.4	1.4
匈牙利	Hungary	2009	4312	74.5	9.4	13.4	2.1
冰岛	Iceland	2009	177	68.4	10.2	13.0	2.3
伊拉克	Iraq	2005	5446		12.3		
爱尔兰	Ireland	2009	3300	60.6	2.6	31.8	3.5
意大利	Italy	2009	32500	49.2	12.7	12.4	35.4

资料来源：联合国统计司/环境规划署环境统计问卷，废物部分。
欧盟统计局环境数据中心废物数据。
经合组织环境统计摘要，废物部分。
Sources:UNSD/UNEP Questionnaires on Environment Statistics, Waste section.
Eurostat Environmental Data Centre on Waste.
OECD Environmental Data Compendium,Waste Section.

附录4-11　续表　continued

国家和地区	Country or Area	截止年份 Latest Year Available	城市垃圾收集量（千吨） Municipal Waste Collected (1 000 tonnes)	填埋 Municipal Waste Landfilled (%)	焚烧 Municipal Waste Incinerated (%)	回收利用 Municipal Waste Recycled (%)	堆肥 Municipal Waste Composted (%)
牙买加	Jamaica	2006	1464	100.0			
日本	Japan	2003	54367	3.4	74.0	16.8	
韩国	Korea, Republic of	2004	18252	36.4	14.4	49.2	
科威特	Kuwait	2009	1723	100.0			
吉尔吉斯斯坦	Kyrgyzstan	2009	6642	100.0			
拉脱维亚	Latvia	2009	753	92.2	0.1	7.4	0.3
黎巴嫩	Lebanon	2009	1720	78.0		7.7	14.0
立陶宛	Lithuania	2009	1206	90.6		3.1	1.3
卢森堡	Luxembourg	2009	349	17.2	36.1	26.6	20.1
马达加斯加	Madagascar	2007	419	96.7			3.5
马耳他	Malta	2009	268	95.1		4.1	
马绍尔群岛	Marshall Islands	2007	26			30.8	6.0
毛里求斯	Mauritius	2009	408	97.1		2.9	
墨西哥	Mexico	2006	36088	96.7		3.3	
摩纳哥	Monaco	2009	37		132.6	8.3	
黑山	Montenegro	2009	212				
摩洛哥	Morocco	2000	6500	98.0		2.0	
荷兰	Netherlands	2009	10159	0.7	33.1	27.2	23.4
新西兰	New Zealand	1999	1541	84.7		15.3	
尼日尔	Niger	2005	9750	64.0	12.0	4.0	
挪威	Norway	2009	2269	14.3	41.5	27.3	15.7
巴勒斯坦	Palestine	2001	1350	100.0			
秘鲁	Peru	2001	4740	65.7		14.7	
波兰	Poland	2009	12053	65.2	0.8	11.8	5.6
葡萄牙	Portugal	2009	5185	61.7	18.5	8.2	11.6
卡塔尔	Qatar	2009	789	94.1			5.9
罗马尼亚	Romania	2009	8507	76.9		0.9	
新加坡	Singapore	2009	6114	2.4	40.6	57.0	
斯洛伐克	Slovakia	2009	1837	75.4	9.0	2.2	5.1
斯洛文尼亚	Slovenia	2009	913	68.8	1.5	37.8	2.2
西班牙	Spain	2009	25090	52.0	8.8	14.7	24.5
圣文森特和格林纳丁斯	St. Vincent and the Grenadines	2002	38	84.9		15.1	
瑞典	Sweden	2009	4486	1.4	48.4	35.4	13.8
瑞士	Switzerland	2009	5460		48.7	34.2	17.0
叙利亚	Syrian Arab Republic	2003	7500	93.9	5.3	1.1	
泰国	Thailand	2000	13972		0.8	14.3	
马其顿	The Former Yugoslav Rep. of Macedonia	2009	552	100.0			
突尼斯	Tunisia	2004	1316	99.9			0.1
土耳其	Turkey	2009	28006	84.8			1.1
乌干达	Uganda	2006	224	100.0			
英国	United Kingdom	2009	32600	49.1	11.1	26.9	14.7
美国	United States	2005	222863	54.3	13.6	23.8	8.4
也门	Yemen	2009	1410	100.0			

附录4-12 森林面积

Forest Area

国家和地区	Country or Area	1990年森林面积(平方公里) Forest Area in 1990 (km2)	2010年森林面积(平方公里) Forest Area in 2010 (km2)	比1990年增减(%) % Change since 1990 (%)	2010年森林覆盖率(%) % of Land Area Covered by Forest in 2010 (%)
阿富汗	Afghanistan	13500	13500		2
阿尔巴尼亚	Albania	7890	7760	-1.6	28
阿尔及利亚	Algeria	16670	14920	-10.5	1
美属萨摩亚	American Samoa	180	180		89
安道尔	Andorra	160	160		36
安哥拉	Angola	609760	584800	-4.1	47
安圭拉	Anguilla	60	60		60
安提瓜和巴布达	Antigua and Barbuda	100	100		22
阿根廷	Argentina	347930	294000	-15.5	11
亚美尼亚	Armenia	3470	2620	-24.5	9
阿鲁巴	Aruba				2
澳大利亚	Australia	1545000	1493000	-3.4	19
奥地利	Austria	37760	38870	2.9	47
阿塞拜疆	Azerbaijan	9360	9360		11
巴哈马	Bahamas	5150	5150		51
巴林	Bahrain		10	100.0	1
孟加拉国	Bangladesh	14940	14420	-3.5	11
巴巴多斯	Barbados	80	80		19
白俄罗斯	Belarus	77800	86300	10.9	42
比利时	Belgium	6770	6780	0.1	22
伯利兹	Belize	15860	13930	-12.2	61
贝宁	Benin	57610	45610	-20.8	41
百慕大	Bermuda	10	10		20
不丹	Bhutan	30350	32490	7.1	69
玻利维亚	Bolivia	627950	571960	-8.9	53
波黑	Bosnia and Herzegovina	22100	21850	-1.1	43
博茨瓦纳	Botswana	137180	113510	-17.3	20
巴西	Brazil	5748390	5195220	-9.6	62
英属维尔京群岛	British Virgin Islands	40	40		24
文莱	Brunei Darussalam	4130	3800	-8.0	72
保加利亚	Bulgaria	33270	39270	18.0	36
布基纳法索	Burkina Faso	68470	56490	-17.5	21
布隆迪	Burundi	2890	1720	-40.5	7

资料来源：联合国粮农组织。
Sources:Food and Agriculture Organization of the United Nations (FAO).

附录4-12 续表 1 continued 1

国家和地区	Country or Area	1990年森林面积(平方公里) Forest Area in 1990 (km2)	2010年森林面积(平方公里) Forest Area in 2010 (km2)	比1990年增减(%) % Change since 1990 (%)	2010年森林覆盖率(%) % of Land Area Covered by Forest in 2010 (%)
柬埔寨	Cambodia	129440	100940	-22.0	57
喀麦隆	Cameroon	243160	199160	-18.1	42
加拿大	Canada	3101340	3101340		34
佛得角	Cape Verde	580	850	46.6	21
开曼群岛	Cayman Islands	130	130		50
中非共和国	Central African Republic	232030	226050	-2.6	36
乍得	Chad	131100	115250	-12.1	9
智利	Chile	152630	162310	6.3	22
中国	China	1571410	2068610	31.6	22
哥伦比亚	Colombia	625190	604990	-3.2	55
科摩罗	Comoros	120	30	-75.0	2
刚果	Congo	227260	224110	-1.4	66
库克群岛	Cook Islands	150	160	6.7	65
哥斯达黎加	Costa Rica	25640	26050	1.6	51
科特迪瓦	Cote d'Ivoire	102220	104030	1.8	33
克罗地亚	Croatia	18500	19200	3.8	34
古巴	Cuba	20580	28700	39.5	26
塞浦路斯	Cyprus	1610	1730	7.5	19
捷克	Czech Republic	26290	26570	1.1	34
刚果民主共和国	Dem. Rep. of the Congo	1603630	1541350	-3.9	68
丹麦	Denmark	4450	5440	22.2	13
吉布提	Djibouti	60	60		
多米尼加	Dominica	500	450	-10.0	60
多米尼加共和国	Dominican Republic	19720	19720		41
厄瓜多尔	Ecuador	138170	98650	-28.6	36
埃及	Egypt	440	700	59.1	
萨尔瓦多	El Salvador	3770	2870	-23.9	14
赤道几内亚	Equatorial Guinea	18600	16260	-12.6	58
厄立特里亚	Eritrea	16210	15320	-5.5	15
爱沙尼亚	Estonia	20900	22170	6.1	52
埃塞俄比亚	Ethiopia	151140	122960	-18.6	11
法罗群岛	Faeroe Islands				
福克兰群岛(马尔维纳斯群岛)	Falkland Islands (Malvinas)				

附录4-12 续表 2 continued 2

国家和地区	Country or Area	1990年森林面积(平方公里) Forest Area in 1990 (km2)	2010年森林面积(平方公里) Forest Area in 2010 (km2)	比1990年增减(%) % Change since 1990 (%)	2010年森林覆盖率(%) % of Land Area Covered by Forest in 2010 (%)
斐济	Fiji	9530	10140	6.4	56
芬兰	Finland	218890	221570	1.2	73
法国	France	145370	159540	9.7	29
法属圭亚那	French Guiana	81880	80820	-1.3	98
法属波利尼西亚	French Polynesia	550	1550	181.8	42
加蓬	Gabon	220000	220000		85
冈比亚	Gambia	4420	4800	8.6	48
格鲁吉亚	Georgia	27790	27420	-1.3	39
德国	Germany	107410	110760	3.1	32
加纳	Ghana	74480	49400	-33.7	22
直布罗陀	Gibraltar				
希腊	Greece	32990	39030	18.3	30
格陵兰	Greenland				
格林纳达	Grenada	170	170		50
瓜德鲁普	Guadeloupe	670	640	-4.5	39
关岛	Guam	260	260		47
危地马拉	Guatemala	47480	36570	-23.0	34
根西	Guernsey				3
几内亚	Guinea	72640	65440	-9.9	27
几内亚比绍	Guinea-Bissau	22160	20220	-8.8	72
圭亚那	Guyana	152050	152050		77
海地	Haiti	1160	1010	-12.9	4
罗马教廷	Holy See				
洪都拉斯	Honduras	81360	51920	-36.2	46
匈牙利	Hungary	18010	20290	12.7	23
冰岛	Iceland	90	300	233.3	
印度	India	639390	684340	7.0	23
印度尼西亚	Indonesia	1185450	944320	-20.3	52
伊朗	Iran (Islamic Republic of)	110750	110750		7
伊拉克	Iraq	8040	8250	2.6	2
爱尔兰	Ireland	4650	7390	58.9	11
曼岛	Isle of Man	30	30		6
以色列	Israel	1320	1540	16.7	7
意大利	Italy	75900	91490	20.5	31

附录4-12 续表 3 continued 3

国家和地区	Country or Area	1990年森林面积(平方公里) Forest Area in 1990 (km2)	2010年森林面积(平方公里) Forest Area in 2010 (km2)	比1990年增减(%) % Change since 1990 (%)	2010年森林覆盖率(%) % of Land Area Covered by Forest in 2010 (%)
牙买加	Jamaica	3450	3370	-2.3	31
日本	Japan	249500	249790	0.1	69
泽西岛	Jersey	10	10		5
约旦	Jordan	980	980		1
哈萨克斯坦	Kazakhstan	34220	33090	-3.3	1
肯尼亚	Kenya	37080	34670	-6.5	6
基里巴斯	Kiribati	120	120		15
朝鲜	Korea, Dem. People's Rep.	82010	56660	-30.9	47
韩国	Korea, Republic of	63700	62220	-2.3	63
科威特	Kuwait	30	60	100.0	
吉尔吉斯斯坦	Kyrgyzstan	8360	9540	14.1	5
老挝	Lao People's Dem. Rep.	173140	157510	-9.0	68
拉脱维亚	Latvia	31730	33540	5.7	54
黎巴嫩	Lebanon	1310	1370	4.6	13
莱索托	Lesotho	400	440	10.0	1
利比里亚	Liberia	49290	43290	-12.2	45
利比亚	Libyan Arab Jamahiriya	2170	2170		
列支敦士登	Liechtenstein	70	70		43
立陶宛	Lithuania	19450	21600	11.1	34
卢森堡	Luxembourg	860	870	1.2	33
马达加斯加	Madagascar	136920	125530	-8.3	22
马拉维	Malawi	38960	32370	-16.9	34
马来西亚	Malaysia	223760	204560	-8.6	62
马尔代夫	Maldives	10	10		3
马里	Mali	140720	124900	-11.2	10
马耳他	Malta				1
马绍尔群岛	Marshall Islands	130	130		70
马提尼克	Martinique	490	490		46
毛里塔尼亚	Mauritania	4150	2420	-41.7	
毛里求斯	Mauritius	390	350	-10.3	17
马约特	Mayotte	180	140	-22.2	37
墨西哥	Mexico	702910	648020	-7.8	33
密克罗尼西亚联邦	Federated States of Micronesia	640	640		92

附录4-12　续表 4　continued 4

国家和地区	Country or Area	1990年 森林面积 (平方公里) Forest Area in 1990 (km2)	2010年 森林面积 (平方公里) Forest Area in 2010 (km2)	比1990年 增减 (%) % Change since 1990 (%)	2010年 森林覆盖率 (%) % of Land Area Covered by Forest in 2010 (%)
摩纳哥	Monaco				
蒙古	Mongolia	125360	108980	-13.1	7
黑山	Montenegro	5430	5430		40
蒙特塞拉特	Montserrat	40	30	-25.0	24
摩洛哥	Morocco	50490	51310	1.6	11
莫桑比克	Mozambique	433780	390220	-10.0	50
缅甸	Myanmar	392180	317730	-19.0	48
纳米比亚	Namibia	87620	72900	-16.8	9
瑙鲁	Nauru				
尼泊尔	Nepal	48170	36360	-24.5	25
荷兰	Netherlands	3450	3650	5.8	11
荷属安的列斯	Netherlands Antilles	10	10		1
新喀里多尼亚	New Caledonia	8390	8390		46
新西兰	New Zealand	77200	82690	7.1	31
尼加拉瓜	Nicaragua	45140	31140	-31.0	26
尼日尔	Niger	19450	12040	-38.1	1
尼日利亚	Nigeria	172340	90410	-47.5	10
纽埃	Niue	210	190	-9.5	72
诺福克岛	Norfolk Island				12
北马里亚纳群岛	Northern Mariana Islands	340	300	-11.8	66
挪威	Norway	91300	100650	10.2	33
阿曼	Oman	20	20		
巴基斯坦	Pakistan	25270	16870	-33.2	2
帕劳	Palau	380	400	5.3	88
巴拿马	Panama	37920	32510	-14.3	44
巴布亚新几内亚	Papua New Guinea	315230	287260	-8.9	63
巴拉圭	Paraguay	211570	175820	-16.9	44
秘鲁	Peru	701560	679920	-3.1	53
菲律宾	Philippines	65700	76650	16.7	26
皮特凯恩	Pitcairn	40	40		83
波兰	Poland	88810	93370	5.1	30
葡萄牙	Portugal	33270	34560	3.9	38
波多黎各	Puerto Rico	2870	5520	92.3	62

附录4-12 续表 5 continued 5

国家和地区	Country or Area	1990年森林面积(平方公里) Forest Area in 1990 (km2)	2010年森林面积(平方公里) Forest Area in 2010 (km2)	比1990年增减(%) % Change since 1990 (%)	2010年森林覆盖率(%) % of Land Area Covered by Forest in 2010 (%)
卡塔尔	Qatar				
摩尔多瓦	Republic of Moldova	3190	3860	21.0	12
留尼汪	Réunion	870	880	1.1	35
罗马尼亚	Romania	63710	65730	3.2	29
俄罗斯联邦	Russian Federation	8089500	8090900		49
卢旺达	Rwanda	3180	4350	36.8	18
圣赫勒拿	Saint Helena	20	20		6
圣基茨和尼维斯	Saint Kitts and Nevis	110	110		42
圣卢西亚	Saint Lucia	440	470	6.8	77
圣皮埃尔岛和密克隆	Saint Pierre and Miquelon	30	30		13
萨摩亚	Samoa	1300	1710	31.5	60
圣马力诺	San Marino				
圣多美和普林西比	Sao Tome and Principe	270	270		28
沙特阿拉伯	Saudi Arabia	9770	9770		
塞内加尔	Senegal	93480	84730	-9.4	44
塞尔维亚	Serbia	23130	27130	17.3	31
塞舌尔	Seychelles	410	410		88
塞拉利昂	Sierra Leone	31180	27260	-12.6	38
新加坡	Singapore	20	20		3
斯洛伐克	Slovakia	19220	19330	0.6	40
斯洛文尼亚	Slovenia	11880	12530	5.5	62
所罗门群岛	Solomon Islands	23240	22130	-4.8	79
索马里	Somalia	82820	67470	-18.5	11
南非	South Africa	92410	92410		8
西班牙	Spain	138180	181730	31.5	36
斯里兰卡	Sri Lanka	23500	18600	-20.9	29
圣文森特和格林纳丁斯	St. Vincent and the Grenadines	250	270	8.0	68
苏丹	Sudan	763810	699490	-8.4	29
苏里南	Suriname	147760	147580	-0.1	95
斯威士兰	Swaziland	4720	5630	19.3	33
瑞典	Sweden	272810	282030	3.4	69
瑞士	Switzerland	11510	12400	7.7	31

附录4-12　续表 6　continued 6

国家和地区	Country or Area	1990年森林面积(平方公里) Forest Area in 1990 (km2)	2010年森林面积(平方公里) Forest Area in 2010 (km2)	比1990年增减(%) % Change since 1990 (%)	2010年森林覆盖率(%) % of Land Area Covered by Forest in 2010 (%)
叙利亚	Syrian Arab Republic	3720	4910	32.0	3
塔吉克斯坦	Tajikistan	4080	4100	0.5	3
泰国	Thailand	195490	189720	-3.0	37
马其顿	The Former Yugoslav Rep. of Macedonia	9120	9980	9.4	39
东帝汶	Timor-Leste	9660	7420	-23.2	50
多哥	Togo	6850	2870	-58.1	5
托克劳	Tokelau				
汤加	Tonga	90	90		13
特立尼达和多巴哥	Trinidad and Tobago	2410	2260	-6.2	44
突尼斯	Tunisia	6430	10060	56.5	6
土耳其	Turkey	96800	113340	17.1	15
土库曼斯坦	Turkmenistan	41270	41270		9
特克斯和凯科斯群岛	Turks and Caicos Islands	340	340		80
图瓦卢	Tuvalu	10	10		33
乌干达	Uganda	47510	29880	-37.1	15
乌克兰	Ukraine	92740	97050	4.6	17
阿拉伯联合酋长国	United Arab Emirates	2450	3170	29.4	4
英国	United Kingdom	26110	28810	10.3	12
坦桑尼亚	United Rep. of Tanzania	414950	334280	-19.4	38
美国	United States	2963350	3040220	2.6	33
美属维尔京群岛	United States Virgin Islands	240	200	-16.7	58
乌拉圭	Uruguay	9200	17440	89.6	10
乌兹别克斯坦	Uzbekistan	30450	32760	7.6	8
瓦努阿图	Vanuatu	4400	4400		36
委内瑞拉	Venezuela	520260	462750	-11.1	52
越南	Viet Nam	93630	137970	47.4	44
瓦利斯和富图纳群岛	Wallis and Futuna Islands	60	60		42
西撒哈拉	Western Sahara	7070	7070		3
也门	Yemen	5490	5490		1
赞比亚	Zambia	528000	494680	-6.3	67
津巴布韦	Zimbabwe	221640	156240	-29.5	40

附录4-13 农业用地

国家和地区	Country or Area	2008年 农业用地 (平方公里) Agricultural Area in 2008 (km²)	比1990年 增减 (%) % Change since 1990 (%)
阿富汗	Afghanistan	379100	-0.3
阿尔巴尼亚	Albania	11810	5.4
阿尔及利亚	Algeria	413090	6.8
美属萨摩亚	American Samoa	50	25.0
安道尔	Andorra	260	
安哥拉	Angola	576900	0.5
安提瓜和巴布达	Antigua and Barbuda	130	
阿根廷	Argentina	1328500	4.3
亚美尼亚	Armenia	17473	
阿鲁巴	Aruba	20	
澳大利亚	Australia	4172880	-10.2
奥地利	Austria	31710	-9.4
阿塞拜疆	Azerbaijan	47567	
巴哈马	Bahamas	130	8.3
巴林	Bahrain	84	5.0
孟加拉国	Bangladesh	93000	-7.3
巴巴多斯	Barbados	190	
白俄罗斯	Belarus	89170	
比利时	Belgium	13730	
伯利兹	Belize	1520	20.6
贝宁	Benin	33950	49.6
百慕大	Bermuda	7	-26.0
不丹	Bhutan	5630	24.0
玻利维亚	Bolivia	368190	3.8
波黑	Bosnia and Herzegovina	21300	
博茨瓦纳	Botswana	258520	-0.6
巴西	Brazil	2645000	9.5
英属维尔京群岛	British Virgin Islands	70	-12.5
文莱	Brunei Darussalam	114	3.6
保加利亚	Bulgaria	51740	-16.0
布基纳法索	Burkina Faso	123600	29.1
布隆迪	Burundi	21900	3.1
柬埔寨	Cambodia	55550	24.7
喀麦隆	Cameroon	91630	-0.1
加拿大	Canada	676000	-0.2
佛得角	Cape Verde	930	36.8
开曼群岛	Cayman Islands	27	

资料来源：联合国粮农组织。
Sources:Food and Agriculture Organization of the United Nations (FAO).

Agricultural Land

2008年农业用地占土地总面积比重(%) % of Total Land Area in 2008 (%)	2008年耕地面积(平方公里) Arable Land in 2008 (km^2)	2008年农用地面积(平方公里) Land Under Permanent Crops in 2008 (km^2)	2008年牧草地面积(平方公里) Land under Permanent Meadows and Pastures in 2008 (km^2)	2008年农业灌溉面积(平方公里) Agricultural Area Irrigated in 2008 (km^2)
58.1	77940	1160	300000	21910
43.1	6100	870	4840	1180
17.3	74890	9350	328850	8550
25.0	20	30		
55.3	10		250	
46.3	34000	2900	540000	
29.5	80	10	40	
48.5	320000	10000	998500	
61.4	4494	540	12439	1558
11.1	20			
54.3	440240	3500	3729140	18510
38.5	13740	660	17310	
57.6	18602	2275	26690	14295
1.3	70	40	20	
11.1	14	30	40	
71.4	79000	8000	6000	
44.2	160	10	20	
43.9	55160	1210	32800	600
45.3	8450	230	5050	
6.7	700	320	500	
30.7	25500	2950	5500	
14.8	7			
14.7	1280	280	4070	
34.0	36000	2190	330000	
41.6	10080	900	10320	
45.6	2500	20	256000	
31.3	610000	75000	1960000	
46.7	10	10	50	
2.2	30	50	34	
47.6	30610	1840	19290	
45.2	63000	600	60000	
85.3	9000	3900	9000	
31.5	39000	1550	15000	
19.4	59630	12000	20000	
7.4	451000	70500	154500	
23.1	650	30	250	
11.3	2	5	20	

附录4-13 续表 1

国家和地区	Country or Area	2008年 农业用地 (平方公里) Agricultural Area in 2008 (km²)	比1990年 增减 (%) % Change since 1990 (%)
中非共和国	Central African Republic	52100	4.1
乍得	Chad	493300	2.1
海峡群岛	Channel Islands	75	-11.8
智利	Chile	157370	-1.0
中国	China	5225440	-1.7
哥伦比亚	Colombia	426140	-5.5
科摩罗	Comoros	1500	17.2
刚果	Congo	105420	0.2
库克群岛	Cook Islands	30	-50.0
哥斯达黎加	Costa Rica	18000	-21.9
科特迪瓦	Cote d'Ivoire	202500	7.0
克罗地亚	Croatia	12880	
古巴	Cuba	66000	-2.1
塞浦路斯	Cyprus	1156	-28.6
捷克	Czech Republic	42450	
刚果民主共和国	Dem. Rep. of the Congo	224500	-1.8
丹麦	Denmark	26680	-4.3
吉布提	Djibouti	17010	30.9
多米尼加	Dominica	230	27.8
多米尼加共和国	Dominican Republic	25000	-2.0
厄瓜多尔	Ecuador	74450	-5.1
埃及	Egypt	35420	33.8
萨尔瓦多	El Salvador	15520	10.1
赤道几内亚	Equatorial Guinea	3100	-7.2
厄立特里亚	Eritrea	75720	
爱沙尼亚	Estonia	8030	
埃塞俄比亚	Ethiopia	345130	
法罗群岛	Faeroe Islands	30	
福克兰群岛(马尔维纳斯群岛)	Falkland Islands (Malvinas)	11240	-5.5
斐济	Fiji	4280	4.4
芬兰	Finland	22960	-4.2
法国	France	292421	-4.3
法属圭亚那	French Guiana	246	17.1
法属波利尼西亚	French Polynesia	450	4.7
加蓬	Gabon	51400	-0.3
冈比亚	Gambia	6550	2.8
格鲁吉亚	Georgia	25230	

continued 1

2008年农业用地占土地总面积比重(%) % of Total Land Area in 2008 (%)	2008年耕地面积(平方公里) Arable Land in 2008 (km²)	2008年农用地面积(平方公里) Land Under Permanent Crops in 2008 (km²)	2008年牧草地面积(平方公里) Land under Permanent Meadows and Pastures in 2008 (km²)	2008年农业灌溉面积(平方公里) Agricultural Area Irrigated in 2008 (km²)
8.4	19300	800	32000	
39.2	43000	300	450000	
39.5	37		38	1
21.2	12650	4570	140150	
56.0	1086420	139010	4000010	
38.4	18300	16310	391530	
80.6	800	550	150	
30.9	4900	520	100000	
12.5	20	10		
35.3	2000	3000	13000	
63.7	28000	42500	132000	
23.0	8600	860	3420	
62.0	35700	4000	26300	
12.5	824	318	14	244
55.0	30260	2390	9800	100
9.9	67000	7500	150000	
62.9	24000	70	2610	2540
73.4	10		17000	
30.7	50	160	20	
51.7	8000	5000	12000	
30.0	12360	12640	49450	7580
3.6	27730	7690		
74.9	6850	2300	6370	
11.1	1310	750	1040	
75.0	6700	20	69000	
18.9	5980	80	1970	
34.5	136060	9070	200000	
2.1	30			
92.4			11240	
23.4	1700	830	1750	
7.6	22555	75	330	
53.4	182603	10711	99107	
0.3	128	43	75	
12.3	30	220	200	
19.9	3250	1500	46650	
65.5	3900	50	2600	
36.3	4680	1150	19400	1010

附录4-13　续表 2

国家和地区	CountryorArea	2008年 农业用地 (平方公里) Agricultural Area in 2008 (km^2)	比1990年 增减 (%) % Change since 1990 (%)
德国	Germany	169220	-6.2
加纳	Ghana	156000	23.8
希腊	Greece	46250	-49.8
格陵兰	Greenland	2350	
格林纳达	Grenada	120	-7.7
瓜德鲁普	Guadeloupe	435	-17.9
关岛	Guam	190	-5.0
危地马拉	Guatemala	42180	-1.6
几内亚	Guinea	137900	14.0
几内亚比绍	Guinea-Bissau	16300	12.6
圭亚那	Guyana	16750	-3.3
海地	Haiti	17900	12.1
洪都拉斯	Honduras	31840	-4.1
匈牙利	Hungary	57780	-10.8
冰岛	Iceland	22810	
印度	India	1797080	-0.7
印度尼西亚	Indonesia	481000	6.7
伊朗	Iran(IslamicRepublicof)	482940	-21.5
伊拉克	Iraq	94500	-6.3
爱尔兰	Ireland	42001	-25.6
曼岛	IsleofMan	422	10.2
以色列	Israel	5041	-12.9
意大利	Italy	133960	-20.5
牙买加	Jamaica	4640	-2.5
日本	Japan	46280	-18.7
约旦	Jordan	9735	-6.4
哈萨克斯坦	Kazakhstan	2078980	
肯尼亚	Kenya	271000	1.2
基里巴斯	Kiribati	340	-12.8
朝鲜	Korea,Dem.People'sRep.	29500	17.2
韩国	Korea,Republicof	18050	-17.2
科威特	Kuwait	1510	7.1
吉尔吉斯斯坦	Kyrgyzstan	107272	
老挝	LaoPeople'sDem.Rep.	22230	33.9
拉脱维亚	Latvia	18250	
黎巴嫩	Lebanon	6860	13.4
莱索托	Lesotho	23590	1.6
利比里亚	Liberia	26180	5.0

continued 2

2008年农业用地占土地总面积比重(%) % of Total Land Area in 2008 (%)	2008年耕地面积(平方公里) Arable Land in 2008 (km^2)	2008年农用地面积(平方公里) Land Under Permanent Crops in 2008 (km^2)	2008年牧草地面积(平方公里) Land under Permanent Meadows and Pastures in 2008 (km^2)	2008年农业灌溉面积(平方公里) Agricultural Area Irrigated in 2008 (km^2)
48.5	119330	2000	47890	
68.6	44000	28500	83500	
35.9	21000	11250	14000	
0.6			2350	
35.3	20	90	10	2
25.7	211	34	190	
35.2	10	100	80	
39.4	13250	9430	19500	
56.1	24000	6900	107000	
58.0	3000	2500	10800	
8.5	4200	250	12300	
64.9	10000	3000	4900	
28.5	10180	4100	17560	
64.5	45730	1950	10100	799
22.8	70		22740	
60.4	1581450	111750	103880	
26.6	220000	151000	110000	
29.7	170370	17330	295240	91860
21.6	52000	2500	40000	
61.0	11010	27	30964	
74.0	52		370	
23.3	3017	774	1250	
45.5	71320	26360	36280	
42.8	1250	1100	2290	
12.7	43080	3200		16240
11.0	1495	810	7430	928
77.0	227000	1000	1850980	
47.6	53000	5000	213000	
42.0	20	320		
24.5	27000	2000	500	
18.6	15530	1940	580	
8.5	114	36	1360	
55.9	12795	734	93743	9982
9.6	12500	950	8780	
29.3	11700	70	6480	
67.1	1440	1420	4000	
77.7	3550	40	20000	
27.2	4000	2180	20000	

附录4-13　续表 3

国家和地区	Country or Area	2008年 农业用地 (平方公里) Agricultural Area in 2008 (km²)	比1990年 增减 (%) % Change since 1990 (%)
利比亚	Libyan Arab Jamahiriya	155500	0.6
列支敦士登	Liechtenstein	60	-14.3
立陶宛	Lithuania	26721	
卢森堡	Luxembourg	1300	
马达加斯加	Madagascar	408450	12.4
马拉维	Malawi	54720	29.7
马来西亚	Malaysia	78700	8.9
马尔代夫	Maldives	90	
马里	Mali	396300	23.4
马耳他	Malta	100	-23.1
马绍尔群岛	Marshall Islands	130	
马提尼克	Martinique	280	-28.2
毛里塔尼亚	Mauritania	396610	
毛里求斯	Mauritius	980	-13.3
马约特	Mayotte	200	11.1
墨西哥	Mexico	1025000	-1.3
密克罗尼西亚联邦	Micronesia, Federated States of	225	
蒙古	Mongolia	1159520	-7.7
黑山	Montenegro	5130	
蒙特塞拉特	Montserrat	30	
摩洛哥	Morocco	299810	-1.2
莫桑比克	Mozambique	487500	2.2
缅甸	Myanmar	120050	15.1
纳米比亚	Namibia	388080	0.4
瑙鲁	Nauru	4	
尼泊尔	Nepal	42100	1.4
荷兰	Netherlands	19293	-3.8
荷属安的列斯	Netherlands Antilles	80	
新喀里多尼亚	New Caledonia	2520	8.6
新西兰	New Zealand	113740	-29.7
尼加拉瓜	Nicaragua	51460	27.9
尼日尔	Niger	433160	31.1
尼日利亚	Nigeria	785000	8.9
纽埃	Niue	50	4.2
诺福克岛	Norfolk Island	10	
北马里亚纳群岛	Northern Mariana Islands	30	
挪威	Norway	10243	4.9
阿曼	Oman	17940	66.1

continued 3

2008年农业用地占土地总面积比重(%) % of Total Land Area in 2008 (%)	2008年耕地面积(平方公里) Arable Land in 2008 (km^2)	2008年农用地面积(平方公里) Land Under Permanent Crops in 2008 (km^2)	2008年牧草地面积(平方公里) Land under Permanent Meadows and Pastures in 2008 (km^2)	2008年农业灌溉面积(平方公里) Agricultural Area Irrigated in 2008 (km^2)
8.8	17500	3000	135000	
37.5	38		20	
42.6	18615	274	7832	
50.2	620	10	670	
70.2	29500	6000	372950	8900
58.2	35000	1220	18500	
24.0	18000	57850	2850	
30.0	40	40	10	
32.5	48500	1300	346500	
31.3	85	15		29
72.2	20	80	30	
26.4	110	60	110	
38.5	4000	110	392500	
48.3	870	40	70	210
53.3	70	130		
52.7	248000	27000	750000	
32.1	25	170	30	
74.6	8500	20	1151000	
38.1	1730	160	3240	
30.0	20		10	
67.2	80550	9260	210000	13280
62.0	45000	2500	440000	
18.4	106000	11000	3050	
47.1	8000	80	380000	
20.0		4		
29.4	23570	1180	17350	11680
57.1	10666	349	8278	
10.0	80			
13.8	80	50	2390	
43.2	4530	690	108520	
42.8	19000	2300	30160	
34.2	144930	430	287800	
86.2	375000	30000	380000	
19.2	10	30	10	
25.0			10	
6.5	10	10	10	
3.4	8447	46	1750	
5.8	550	390	17000	

附录4-13 续表 4

国家和地区	Country or Area	2008年 农业用地 (平方公里) Agricultural Area in 2008 (km^2)	比1990年 增减 (%) % Change since 1990 (%)
巴基斯坦	Pakistan	262000	1.0
帕劳	Palau	50	
巴拿马	Panama	22300	5.0
巴布亚新几内亚	Papua New Guinea	11100	26.6
巴拉圭	Paraguay	204000	18.9
秘鲁	Peru	214400	-1.8
菲律宾	Philippines	118000	5.9
波兰	Poland	161540	-14.0
葡萄牙	Portugal	34600	-12.7
波多黎各	Puerto Rico	1870	-57.0
卡塔尔	Qatar	660	8.2
摩尔多瓦	Republic of Moldova	24850	
留尼汪	Réunion	470	-26.6
罗马尼亚	Romania	135460	-8.3
俄罗斯联邦	Russian Federation	2154940	
卢旺达	Rwanda	20200	7.5
圣赫勒拿	Saint Helena	120	20.0
圣基茨和尼维斯	Saint Kitts and Nevis	51	-57.5
圣卢西亚	Saint Lucia	110	-45.0
圣皮埃尔岛和密克隆	Saint Pierre and Miquelon	30	
萨摩亚	Samoa	660	-1.5
圣马力诺	San Marino	10	
圣多美和普林西比	Sao Tome and Principe	550	31.0
沙特阿拉伯	Saudi Arabia	1736760	40.6
塞内加尔	Senegal	91540	3.2
塞尔维亚	Serbia	50560	
塞舌尔	Seychelles	40	-20.0
塞拉利昂	Sierra Leone	41300	46.2
新加坡	Singapore	7	-65.0
斯洛伐克	Slovakia	19370	
斯洛文尼亚	Slovenia	5030	
所罗门群岛	Solomon Islands	840	23.5
索马里	Somalia	440270	
南非	South Africa	993780	2.7
西班牙	Spain	279000	-8.4
斯里兰卡	Sri Lanka	26400	12.9

continued 4

2008年农业用地占土地总面积比重(%) % of Total Land Area in 2008 (%)	2008年耕地面积(平方公里) Arable Land in 2008 (km²)	2008年农用地面积(平方公里) Land Under Permanent Crops in 2008 (km²)	2008年牧草地面积(平方公里) Land under Permanent Meadows and Pastures in 2008 (km²)	2008年农业灌溉面积(平方公里) Agricultural Area Irrigated in 2008 (km²)
34.0	203470	8530	50000	191300
10.9	10	20	20	
30.0	5480	1470	15350	
2.5	2700	6500	1900	
51.3	42000	1000	161000	
16.8	36500	7900	170000	
39.6	53000	50000	15000	
53.1	125710	3990	31840	
37.8	10500	5850	18250	
21.1	600	370	900	
5.7	130	30	500	
75.6	18220	3030	3600	2250
18.8	328	32	110	
58.9	87210	3750	44500	2570
13.2	1216490	17930	920520	42470
81.9	12900	2800	4500	
30.8	40		80	
19.6	40	1	10	4
18.0	30	70	10	
13.0	30			
23.3	250	380	30	
16.7	10			
57.3	90	450	10	
80.8	34460	2300	1700000	
47.5	35000	540	56000	
57.2	33020	3000	14540	260
8.7	10	30		
57.7	17950	1350	22000	
1.0	5	2		
40.3	13820	230	5320	260
25.0	1810	260	2960	40
3.0	160	600	80	
70.2	10000	270	430000	
81.8	145000	9500	839280	
55.9	125000	48000	106000	
42.1	12500	9500	4400	

附录4-13　续表 5

国家和地区	Country or Area	2008年 农业用地 (平方公里) Agricultural Area in 2008 (km²)	比1990年 增减 (%) % Change since 1990 (%)
圣文森特和格林纳丁斯	St. Vincent and the Grenadines	100	-16.7
苏丹	Sudan	1380860	12.3
苏里南	Suriname	748	-15.0
斯威士兰	Swaziland	12240	-1.1
瑞典	Sweden	30930	-9.4
瑞士	Switzerland	15613	-1.2
叙利亚	Syrian Arab Republic	138980	3.0
塔吉克斯坦	Tajikistan	47270	
泰国	Thailand	196500	-8.1
马其顿	The Former Yugoslav Rep. of Macedonia	10710	
东帝汶	Timor-Leste	3750	17.9
多哥	Togo	36300	13.8
托劳克群岛	Tokelau	6	20.0
汤加	Tonga	310	-3.1
特立尼达和多巴哥	Trinidad and Tobago	540	-29.9
突尼斯	Tunisia	98810	14.3
土耳其	Turkey	391220	-1.4
土库曼斯坦	Turkmenistan	326180	
特克斯和凯科斯群岛	Turks and Caicos Islands	10	
图瓦卢	Tuvalu	18	-10.0
乌干达	Uganda	130120	8.8
乌克兰	Ukraine	412920	
阿拉伯联合酋长国	United Arab Emirates	5700	100.0
英国	United Kingdom	176840	-2.9
坦桑尼亚	United Rep. of Tanzania	349500	2.8
美国	United States	4112000	-3.7
美属维尔京群岛	United States Virgin Islands	40	-60.0
乌拉圭	Uruguay	148640	0.3
乌兹别克斯坦	Uzbekistan	266200	
瓦努阿图	Vanuatu	1870	23.0
委内瑞拉	Venezuela	213500	-2.3
越南	Viet Nam	100570	49.5
瓦利斯和富图纳群岛	Wallis and Futuna Islands	60	
西撒哈拉	Western Sahara	50040	
也门	Yemen	236060	-0.1
赞比亚	Zambia	223840	10.8
津巴布韦	Zimbabwe	159500	22.6

continued 5

2008年农业用地占土地总面积比重(%) % of Total Land Area in 2008 (%)	2008年耕地面积(平方公里) Arable Land in 2008 (km²)	2008年农用地面积(平方公里) Land Under Permanent Crops in 2008 (km²)	2008年牧草地面积(平方公里) Land under Permanent Meadows and Pastures in 2008 (km²)	2008年农业灌溉面积(平方公里) Agricultural Area Irrigated in 2008 (km²)
25.6	50	30	20	
58.1	206980	2080	1171800	17310
0.5	490	70	188	
71.2	1780	140	10320	
7.5	26260	90	4580	
39.0	4083	230	11300	
75.7	46990	9670	82320	13560
33.8	7380	1330	38560	7108
38.5	152000	36500	8000	
42.4	4320	360	6030	
25.2	1600	650	1500	
66.7	24600	1700	10000	
60.0		6		
43.1	150	120	40	
10.5	250	220	70	
63.6	28350	22060	48400	3960
50.8	215550	29500	146170	52150
69.4	18500	680	307000	
1.1	10			
60.0		18		
66.0	56500	22500	51120	
71.3	324740	9000	79180	21730
6.8	650	2000	3050	
73.1	60050	460	116330	
39.5	96000	13500	240000	
45.0	1705000	27000	2380000	
11.4	10	10	20	
84.9	16400	330	131910	1800
62.6	43000	3200	220000	
15.3	200	1250	420	
24.2	27000	6500	180000	
32.4	63000	31150	6420	
42.9	10	50		
18.8	40		50000	
44.7	12790	3270	220000	
30.1	23550	290	200000	
41.2	37300	1200	121000	

附录五、2013 年上半年
各省、自治区、直辖市
主要污染物排放量指标公报

APPENDIX V. The Main Pollutants Emission Indicators Communiqué of the Provinces, Autonomous Regions, Municipality Directly under the Central Government in the First Half of 2013

附录5 2013年上半年各省、自治区、直辖市主要污染物排放量指标公报

The Main Pollutants Emission Indicators Communiqué of the Provinces, Autonomous Regions, Municipality Directly under the Central Government in the First Half of 2013

单位:万吨 (10 000 tons)

地区	Region	化学需氧量排放量 COD Discharge			氨氮排放量 Ammonia Nitrogen Discharge		
		2012年上半年 the First Half of 2012	2013年上半年 the First Half of 2013	2013年比上年增减(%) Increase or Decrease in 2013 over 2012 (%)	2012年上半年 the First Half of 2012	2013年上半年 the First Half of 2013	2013年比上年增减(%) Increase or Decrease in 2013 over 2012 (%)
全　国	**National Total**	**1228.5**	**1199.3**	**-2.37**	**128.6**	**125.9**	**-2.15**
北　京	Beijing	9.59	9.27	-3.29	1.06	1.01	-4.25
天　津	Tianjin	11.73	11.50	-1.94	1.37	1.36	-0.56
河　北	Hebei	67.50	66.56	-1.40	5.56	5.42	-2.36
山　西	Shanxi	24.53	24.00	-2.17	2.92	2.84	-2.50
内蒙古	Inner Mongolia	45.00	44.01	-2.21	2.74	2.67	-2.48
辽　宁	Liaoning	65.99	65.38	-0.93	5.46	5.41	-0.87
吉　林	Jilin	39.93	38.15	-4.47	2.85	2.73	-4.10
黑龙江	Heilongjiang	77.50	73.95	-4.58	4.66	4.58	-1.74
上　海	Shanghai	12.25	11.95	-2.49	2.55	2.48	-2.57
江　苏	Jiangsu	60.63	58.71	-3.17	7.75	7.46	-3.74
浙　江	Zhejiang	40.14	38.69	-3.63	5.73	5.52	-3.58
安　徽	Anhui	46.75	46.06	-1.49	5.37	5.25	-2.35
福　建	Fujian	33.65	33.41	-0.73	4.75	4.69	-1.26
江　西	Jiangxi	37.95	37.30	-1.72	4.60	4.50	-2.11
山　东	Shandong	97.41	93.61	-3.90	8.59	8.34	-2.96
河　南	Henan	71.94	69.81	-2.96	7.76	7.56	-2.51
湖　北	Hubei	54.63	53.28	-2.48	6.46	6.32	-2.22
湖　南	Hunan	64.72	63.99	-1.12	8.21	8.16	-0.64
广　东	Guangdong	90.26	86.87	-3.75	11.11	10.79	-2.91
广　西	Guangxi	38.24	37.80	-1.15	4.19	4.20	0.23
海　南	Hainan	9.93	9.81	-1.26	1.15	1.14	-0.71
重　庆	Chongqing	20.56	20.15	-2.02	2.69	2.62	-2.64
四　川	Sichuan	64.30	63.06	-1.92	7.04	6.90	-2.00
贵　州	Guizhou	17.03	17.34	1.82	1.98	1.98	-0.05
云　南	Yunnan	27.91	27.62	-1.04	3.01	2.98	-0.89
西　藏	Tibet	1.34	1.34		0.17	0.17	
陕　西	Shaanxi	26.76	26.00	-2.84	3.14	3.10	-1.39
甘　肃	Gansu	19.98	19.49	-2.44	2.09	1.97	-5.40
青　海	Qinghai	4.97	5.10	2.57	0.48	0.48	1.24
宁　夏	Ningxia	11.63	11.46	-1.45	0.88	0.87	-1.19
新　疆	Xinjiang	28.84	28.81	-0.12	2.09	2.10	0.49
新疆兵团	Xinjiang Production & Construction Corps	4.87	4.87	0.03	0.26	0.27	4.10

注：公报不含香港特别行政区、澳门特别行政区和台湾省。
Note: Statistics in this Communique not include Hong kong SAR, Macao SAR and Taiwan Province.

附录5 续表

单位:万吨 (10 000 tons)

地 区	Region	二氧化硫排放量 Sulphur Dioxide Emission 2012年上半年 the First Half of 2012	2013年上半年 the First Half of 2013	2013年比上年增减(%) Increase or Decrease in 2013 over 2012 (%)	氮氧化物排放量 Nitrogen Oxides Emission 2012年上半年 the First Half of 2012	2013年上半年 the First Half of 2013	2013年比上年增减(%) Increase or Decrease in 2013 over 2012 (%)
全 国	**National Total**	**1083.8**	**1056.9**	**-2.48**	**1203.8**	**1167.5**	**-3.02**
北 京	Beijing	4.17	4.05	-2.86	8.84	8.54	-3.45
天 津	Tianjin	11.00	10.84	-1.52	17.49	16.14	-7.70
河 北	Hebei	68.59	67.36	-1.79	91.08	85.72	-5.89
山 西	Shanxi	68.30	66.92	-2.03	65.46	60.43	-7.69
内蒙古	Inner Mongolia	72.03	71.41	-0.86	73.02	73.79	1.05
辽 宁	Liaoning	53.46	51.18	-4.26	53.17	48.93	-7.98
吉 林	Jilin	19.96	19.12	-4.20	29.69	29.14	-1.85
黑龙江	Heilongjiang	25.33	24.19	-4.53	40.74	39.32	-3.48
上 海	Shanghai	10.99	9.85	-10.38	21.33	19.70	-7.68
江 苏	Jiangsu	53.24	51.13	-3.97	79.47	73.58	-7.41
浙 江	Zhejiang	31.91	30.54	-4.29	42.10	40.52	-3.75
安 徽	Anhui	26.65	26.12	-1.99	49.41	47.91	-3.03
福 建	Fujian	19.28	19.20	-0.42	25.05	24.68	-1.46
江 西	Jiangxi	27.45	27.18	-1.00	29.36	29.06	-1.00
山 东	Shandong	90.70	87.39	-3.64	91.56	91.12	-0.47
河 南	Henan	66.13	65.51	-0.93	82.98	80.80	-2.63
湖 北	Hubei	32.82	31.74	-3.28	32.34	31.52	-2.53
湖 南	Hunan	34.44	33.85	-1.69	30.30	28.69	-5.30
广 东	Guangdong	40.99	39.38	-3.92	66.70	64.20	-3.75
广 西	Guangxi	22.89	21.87	-4.45	24.53	24.15	-1.53
海 南	Hainan	1.76	1.75	-0.27	4.47	4.76	6.50
重 庆	Chongqing	28.71	28.28	-1.49	19.71	19.02	-3.51
四 川	Sichuan	43.37	41.48	-4.35	33.92	34.35	1.26
贵 州	Guizhou	52.20	51.16	-2.00	27.68	28.87	4.30
云 南	Yunnan	31.48	32.80	4.18	26.47	25.82	-2.47
西 藏	Tibet	0.21	0.21		1.91	1.91	
陕 西	Shaanxi	44.73	42.88	-4.14	41.52	39.59	-4.64
甘 肃	Gansu	32.02	31.82	-0.61	23.45	22.86	-2.51
青 海	Qinghai	7.99	7.99	0.02	6.77	6.99	3.31
宁 夏	Ningxia	21.43	20.35	-5.02	22.88	22.07	-3.53
新 疆	Xinjiang	34.47	34.23	-0.71	34.63	36.94	6.68
新疆兵团	Xinjiang Production & Construction Corps	5.09	5.11	0.45	5.76	6.29	9.14

附录六、主要统计指标解释

APPENDIX VI.
Explanatory Notes
on Main Statistical Indicators

主要统计指标解释

一、自然状况

平均气温 气温指空气的温度，我国一般以摄氏度为单位表示。气象观测的温度表是放在离地面约 1.5 米处通风良好的百叶箱里测量的，因此，通常说的气温指的是离地面 1.5 米处百叶箱中的温度。计算方法：月平均气温是将全月各日的平均气温相加，除以该月的天数而得。年平均气温是将 12 个月的月平均气温累加后除以 12 而得。

年平均相对湿度 相对湿度指空气中实际水气压与当时气温下的饱和水气压之比，通常以(%)为单位表示。其统计方法与气温相同。

全年日照时数 日照时数指太阳实际照射地面的时数，通常以小时为单位表示。其统计方法与降水量相同。

全年降水量 降水量指从天空降落到地面的液态或固态(经融化后)水，未经蒸发、渗透、流失而在地面上积聚的深度，通常以毫米为单位表示。计算方法：月降水量是将该全月各日的降水量累加而得。年降水量是将该年 12 个月的月降水量累加而得。

二、水环境

水资源总量 一定区域内的水资源总量指当地降水形成的地表和地下产水量，即地表径流量与降水入渗补给量之和，不包括过境水量。

地表水资源量 指河流、湖泊、冰川等地表水体中由当地降水形成的、可以逐年更新的动态水量，即天然河川径流量。

地下水资源量 指当地降水和地表水对饱水岩土层的补给量。

地表水与地下水资源重复计算量 指地表水和地下水相互转化的部分，即在河川径流量中包括一部分地下水排泄量，地下水补给量中包括一部分来源于地表水的入渗量。

供水总量 指各种水源工程为用户提供的包括输水损失在内的毛供水量。

地表水源供水量 指地表水体工程的取水量，按蓄、引、提、调四种形式统计。从水库、塘坝中引水或提水，均属蓄水工程供水量；从河道或湖泊中自流引水的，无论有闸或无闸，均属引水工程供水量；利用扬水站从河道或湖泊中直接取水的，属提水工程供水量；跨流域调水指水资源一级区或独立流域之间的跨流域调配水量，不包括在蓄、引、提水量中。

地下水源供水量 指水井工程的开采量，按浅层淡水、深层承压水和微咸水分别统计。城市地下水源供水量包括自来水厂的开采量和工矿企业自备井的开采量。

其他水源供水量 包括污水处理再利用、集雨工程、海水淡化等水源工程的供水量。

用水总量 指各类用水户取用的包括输水损失在内的毛水量。

农业用水 包括农田灌溉用水、林果地灌溉用水、草地灌溉用水、鱼塘补水和畜禽用水。

工业用水 指工矿企业在生产过程中用于制造、加工、冷却、空调、净化、洗涤等方面的用水，按新水取用量计，不包括企业内部的重复利用水量。

生活用水 包括城镇生活用水和农村生活用水。城镇生活用水由居民用水和公共用水（含第三产业及建筑业等用水）组成；农村生活用水指居民生活用水。

生态环境补水 仅包括人为措施供给的城镇环境用水和部分河湖、湿地补水，而不包括降水、径流自然满足的水量。

工业废水排放量 指报告期内经过企业厂区所有排放口排到企业外部的工业废水量。包括生产废水、外排的直接冷却水、超标排放的矿井地下水和与工业废水混排的厂区生活污水，不包括外排的间接冷却水(清污不分流的间接冷却水应计算在废水排放量内)。

化学需氧量(COD) 测量有机和无机物质化学分解所消耗氧的质量浓度的水污染指数。

工业废水治理设施数 指报告期内企业用于防治水污染和经处理后综合利用水资源的实有设施（包括构筑物）数，以一个废水治理系统为单位统计。附属于设施内的水治理设备和配套设备不单独计算。已经报废的设施不统计在内。

工业废水治理设施处理能力 指报告期内企业内部的所有废水治理设施实际具有的废水处理能力。

工业废水治理设施运行费用 指报告期内企业维持废水治理设施运行所发生的费用。包括能源消耗、设备维修、人员工资、管理费、药剂费及与设施运行有关的其他费用等。

三、海洋环境

第二类水质海域面积 符合国家海水水质标准中二类海水水质的海域，适用于水产养殖区、海水浴场、人体直接接触海水的海上运动或娱乐区、以及与人类食用直接有关的工业用水区。

第三类水质海域面积 符合国家海水水质标准中三类海水水质的海域，适用于一般工业用水区。

第四类水质海域面积 符合国家海水水质标准中四类海水水质的海域，仅适用于海洋港口水域和海洋开发作业区。

劣于第四类水质海域面积 劣于国家海水水质标准中四类海水水质的海域。

四、大气环境

工业二氧化硫排放量 指报告期内企业在燃料燃烧和生产工艺过程中排入大气的二氧化硫总质量。工业中二氧化硫主要来源于化石燃料（煤、石油等）的燃烧，还包括含硫矿石的冶炼或含硫酸、磷肥等生产的工业废气排放。

工业氮氧化物排放量 指报告期内企业在燃料燃烧和生产工艺过程中排入大气的氮氧化物总质量。

工业烟（粉）尘排放量 指报告期内企业在燃料燃烧和生产工艺过程中排入大气的烟尘及工业粉尘的总质量之和。

工业废气排放量 指报告期内企业厂区内燃料燃烧和生产工艺过程中产生的各种排入空气中含有污染物的气体的总量，以标准状态（273K，101325Pa）计。

工业废气治理设施数 指报告期末企业用于减少在燃料燃烧过程与生产工艺过程中排向大气的污染物或对污染物加以回收利用的废气治理设施总数，以一个废气治理系统为单位统计。包括除尘、脱硫、脱硝及其它的污染物的烟气治理设施。已报废的设施不统计在内。锅炉中的除尘装置属于“三同时”设备，应统计在内。

工业废气治理设施处理能力 指报告期末企业实有的废气治理设施的实际废气处理能力。

工业废气治理设施运行费用 指报告期内维持废气治理设施运行所发生的费用。包括能源消耗、设备折旧、设备维修、人员工资、管理费、药剂费及与设施运行有关的其他费用等。

五、固体废物

一般工业固体废物产生量 系指未被列入《国家危险废物名录》或者根据国家规定的危险废物鉴别标准（GB5085）、固体废物浸出毒性浸出方法（GB5086）及固体废物浸出毒性测定方法（GB／T 15555）鉴别方法判定不具有危险特性的工业固体废物。计算公式是：

一般工业固体废物产生量=（一般工业固体废物综合利用量-其中：综合利用往年贮存量）+一般工业固体废物贮存量+（一般工业固体废物处置量-其中：处置往年贮存量）+一般工业固体废物倾倒丢弃量

一般工业固体废物综合利用量 指报告期内企业通过回收、加工、循环、交换等方式，从固体废物中提取或者使其转化为可以利用的资源、能源和其他原材料的固体废物量（包括当年利用的往年工业固体废物累计贮存量）。如用作农业肥料、生产建筑材料、筑路等。综合利用量由原产生固体废物的单位统计。

一般工业固体废物处置量 指报告期内企业将工业固体废物焚烧和用其他改变工业固体废物的物理、化学、生物特性的方法，达到减少或者消除其危险成分的活动，或者将工业固体废物最终置于符合环境保护规定要求的填埋场的活动中，所消纳固体废物的量。

一般工业固体废物贮存量 指报告期内企业以综合利用或处置为目的，将固体废物暂时贮存或堆存在专设的贮存设施或专设的集中堆存场所内的量。专设的固体废物贮存场所或贮存设施必须有防扩散、防流失、防渗漏、防止污染大气、水体的措施。

一般工业固体废物倾倒丢弃量 指报告期内企业将所产生的固体废物倾倒或者丢弃到固体废物污染防治设施、场所以外的量。

危险废物产生量 指当年全年调查对象实际产生的危险废物的量。危险废物指列入国家危险废物名录或者根据国家规定的危险废物鉴别标准和鉴别方法认定的，具有爆炸性、易燃性、易氧化性、毒性、腐蚀性、易传染性疾病等危险特性之一的废物。按《国家危险废物名录》（环境保护部、国家发展和改革委员会 2008 部令第 1 号）填报。

危险废物综合利用量 指当年全年调查对象从危险废物中提取物质作为原材料或者燃料的活动中消纳危险废物的量。包括本单位利用或委托、提供给外单位利用的量。

危险废物处置量 指报告期内企业将危险废物焚烧和用其他改变工业固体废物的物理、化学、生物特性的方法，达到减少或者消除其危险成分的活动，或者将危险废物最终置于符合环境保护规定要求的填埋场的活动中，所消纳危险废物的量。处置量包括处置本单位或委托给外单位处置的量。危险废物的处置方式见下表：

危险废物贮存量 指将危险废物以一定包装方式暂时存放在专设的贮存设施内的量。专设的贮存设施指对危险废物的包装、选址、设计、安全防护、监测和关闭等符合《危险废物贮存污染控制标准》(GB18597-2001）等相关环保法律法规要求，具有防扩散、防流失、防渗漏、防止污染大气和水体措施的设施。

六、自然生态

自然保护区 指对有代表性的自然生态系统、珍稀濒危野生动植物物种的天然分布区、水源涵养区、有特殊意义的自然历史遗迹等保护对象所在的陆地、陆地水体或海域，依法划出一定面积进行特殊保护和管理的区域。以县及县以上各级人民政府正式批准建立的自然保护区为准。风景名胜区、文物保护区不计在内。

湿地 指天然或人工、长久或暂时性的沼泽地、泥炭地或水域地带，包括静止或流动、淡水、半咸水、咸水体，低潮时水深不超过 6 米的水域以及海岸地带地区的珊瑚滩和海草床、滩涂、红树林、河口、河流、淡水沼泽、沼泽森林、湖泊、盐沼及盐湖。

七、土地利用

土地调查面积 指行政区域内的土地调查总面积，包括农用地、建设用地和未利用地。

耕地面积 指经过开垦用以种植农作物并经常进行耕耘的土地面积。包括种有作物的土地面积、休闲地、新开荒地和抛荒未满三年的土地面积。

林业用地面积 指用来发展林业的土地，包括郁闭度 0.20 以上的乔木林地以及竹林地、灌木林地、疏林地、采伐迹地、火烧迹地、未成林造林地、苗圃地和县级以上人民政府规划的宜林地面积。

草地面积 指牧区和农区用于放牧牲畜或割草，植被盖度在 5%以上的草原、草坡、草山等面积。包括天然的和人工种植或改良的草地面积。

八、林业

森林面积 包括郁闭度 0.2 以上的乔木林地面积和竹林面积，国家特别规定的灌木林地面积、农田林网以及村旁、路旁、水旁、宅旁林木的覆盖面积。

人工林面积 指由人工播种、植苗或扦插造林形成的生长稳定，（一般造林 3-5 年后或飞机播种 5-7 年后）每公顷保存株数大于或等于造林设计植树株数 80%或郁闭度 0.20 以上(含 02.0)的林分面积。

森林覆盖率 指以行政区域为单位森林面积占区域土地总面积的百分比。计算公式：

$$森林覆盖率=\frac{森林面积}{土地总面积}\times 100\%$$

活立木总蓄积量 指一定范围土地上全部树木蓄积的总量，包括森林蓄积、疏林蓄积、散生木蓄积和四旁树蓄积。

森林蓄积量 指一定森林面积上存在着的林木树干部分的总材积，以立方米为计算单位。它是反映一个国家或地区森林资源总规模和水平的基本指标之一。它说明一个国家或地区林业生产发展情况，反映森林资源的丰富程度，也是衡量森林生态环境优劣的重要依据。

造林面积 指在宜林荒山荒地、宜林沙荒地、无立木林地、疏林地和退耕地等其它宜林地上通过人工措施形成或恢复森林、林木、灌木林的过程。

人工造林 指在宜林荒山荒地、宜林沙荒地、无立木林地、疏林地和退耕地等其它宜林地上通过播种、植苗和分植来提高森林植被覆被率的技术措施。

飞播造林 通过飞机播种，为宜林荒山荒地、宜林沙荒地、其它宜林地、疏林地补充适量的种源，并辅以适当的人工措施，在自然力的作用下使其形成森林或灌草植被，提高森林植被覆被率的技术措施。

无林地和疏林地新封山育林 对宜林地、无立木林地、疏林地实施封禁并辅以人工促进手段，使其形成森林或灌草植被的一项技术措施。

用材林 指以生产木材为主要目的的森林和林木，包括以生产竹材为主要目的的竹林。

经济林 指以生产果品，食用油料、饮料、调料，工业原料和药材为主要目的的林木。经济林是人们为了取得林木的果实、叶片、皮层、胶液等产品作为工业原料或者供食用所营造的林木，如油茶、油桐、核桃、樟树、花椒、茶、桑、果等。

防护林 指以防护为主要目的的森林、林木和灌木丛。包括水源涵养林，水土保持林，防风固沙林，农田、牧场防护林，护岸林，护路林等。

薪炭林 指以生产燃料为主要目的的林木。

特种用途林 指以国防、环境保护、科学实验等为主要目的的森林和林木。包括国防林、实验林、母树林、环境保护林、风景林，名胜古迹和革命纪念地的林木，自然保护区的森林。

天然林保护工程 是我国林业的“天”字号工程、一号工程,也是投资最大的生态工程。具体包括三个层次:全面停止长江上游、黄河上中游地区天然林采伐；大幅度调减东北、内蒙古等重点国有林区的木材产量；同时保护好其他地区的天然林资源。主要解决这些区域天然林资源的休养生息和恢复发展问题。

退耕还林还草工程 是我国林业建设上涉及面最广、政策性最强、工序最复杂、群众参与度最高的生态建设工程。主要解决重点地区的水土流失问题。

三北和长江流域等重点防护林体系建设工程 三北和长江中下游地区等重点防护林体系建设工程,是我国涵盖面最大、内容最丰富的防护林体系建设工程。具体包括三北防护林四期工程、长江中下游及淮河太湖流域防护林二期工程、沿海防护林二期工程、珠江防护林二期工程、太行山绿化二期工程和平原绿化二期工程。主要解决三北地区的防沙治沙问题和其他区域各不相同的生态问题。

京津风沙源治理工程 环北京地区防沙治沙工程,是首都乃至中国的“形象工程”,也是环京津生态圈建设的主体工程。虽然规模不大,但是意义特殊。主要解决首都周围地区的风沙危害问题。

野生动植物保护及自然保护区建设工程 野生动植物保护及自然保护区建设工程,是一个面向未来,着眼长远,具有多项战略意义的生态保护工程,也是呼应国际大气候、树立中国良好国际形象的“外交工程”。主要解决基因保存、生物多样性保护、自然保护、湿地保护等问题。

九、自然灾害及突发事件

滑坡 指斜坡上不稳定的岩土体在重力作用下沿一定软面(或滑动带)整体向下滑动的物理地质现象。地表水和地下水的作用以及人为的不合理工程活动对斜坡岩、土体稳定性的破坏，经常是促使滑坡发生的主要因素。在露天采矿、水利、铁路、公路等工程中，滑坡往往造成严重危害。

崩塌 指陡坡上大块的岩土体在重力作用下突然脱离母体崩落的物理地质现象。它可因多裂隙的岩体经强烈的物理风化、雨水渗入或地震而造成，往往毁坏建筑物，堵塞河道或交通路线。

泥石流 指山地突然爆发的包含大量泥沙、石块的特殊洪流称为泥石流，多见于半干旱山地高原地区。其形成条件是地形陡峻，松散堆积物丰富，有特大暴雨或大量冰融水的流出。

地面塌陷 指地表岩、土体在自然或人为因素作用下向下陷落，并在地面形成塌陷坑(洞)的一种动力地质现象。由于其发育的地质条件和作用因素的不同，地面塌陷可分为：岩溶塌陷、非岩溶塌陷。

突发环境事件 指突然发生，造成或可能造成重大人员伤亡、重大财产损失和对全国或者某一地区的经济社会稳定、政治安定构成重大威胁和损害，有重大社会影响的涉及公共安全的环境事件。

十、环境投资

环境污染治理投资 指在工业污染源治理和城镇环境基础设施建设的资金投入中，用于形成固定资产的资金。包括工业新老污染源治理工程投资、当年完成环保验收项目环保投资，以及城镇环境基础设施建设所投入的资金。

十一、城市环境

年末道路长度 指年末道路长度和与道路相通的广场、桥梁、隧道的长度，按车行道中心线计算。在统计时只统计路面宽度在3.5米(含3.5米)以上的各种铺装道路，包括开放型工业区和住宅区道路在内。

城市桥梁 指为跨越天然或人工障碍物而修建的构筑物。包括跨河桥、立交桥、人行天桥以及人行地下通道等。包括永久性桥和半永久性桥。

城市排水管道长度 指所有排水总管、干管、支管、检查井及连接井进出口等长度之和。

全年供水总量 指报告期供水企业(单位)供出的全部水量。包括有效供水量和漏损水量。

用水普及率 指城市用水人口数与城市人口总数的比率。计算公式：

用水普及率=城市用水人口数/城市人口总数×100%

城市污水日处理能力 指污水处理厂(或处理装置)每昼夜处理污水量的设计能力。

供气管道长度 指报告期末从气源厂压缩机的出口或门站出口至各类用户引入管之间的全部已经通气投入使用的管道长度。不包括煤气生产厂、输配站、液化气储存站、灌瓶站、储配站、气化站、混气站、供应站等厂(站)内的管道。

全年供气总量 指全年燃气企业(单位)向用户供应的燃气数量。包括销售量和损失量。

燃气普及率 指报告期末使用燃气的城市人口数与城市人口总数的比率。计算公式为：

燃气普及率=城市用气人口数/城市人口总数×100%

城市供热能力 指供热企业(单位)向城市热用户输送热能的设计能力。

城市供热总量 指在报告期供热企业(单位)向城市热用户输送全部蒸汽和热水的总热量。

城市供热管道长度 指从各类热源到热用户建筑物接入口之间的全部蒸汽和热水的管道长度。不包括各类热源厂内部的管道长度。

生活垃圾清运量 指报告期内收集和运送到垃圾处理厂(场)的生活垃圾数量。生活垃圾指城市日常生活或为城市日常生活提供服务的活动中产生的固体废物以及法律行政规定的视为城市生活垃圾的固体废物。包括：居民生活垃圾、商业垃圾、集市贸易市场垃圾、街道清扫垃圾、公共场所垃圾和机关、学校、厂矿等单位的生活垃圾。

生活垃圾无害化处理率 指报告期生活垃圾无害化处理量与生活垃圾产生量比率。在统计上，由于生活垃圾产生量不易取得，可用清运量代替。计算公式为：

$$\text{生活垃圾无害化处理率}=\frac{\text{生活垃圾无害化处理量}}{\text{生活垃圾产生量}}\times 100\%$$

年末运营车数 指年末公交企业(单位)用于运营业务的全部车辆数。以企业(单位)固定资产台账中已投入运营的车辆数为准。

城市绿地面积 指报告期末用作园林和绿化的各种绿地面积。包括公园绿地、防护绿地、生产绿地、附属绿地和其他绿地面积。

公园绿地 指向公众开放的,以游憩为主要功能,有一定的游憩设施和服务设施,同时兼有健全生态,美化景观,防灾减灾等综合作用的绿化用地。

十二、农村环境

农村人口 指居住和生活在县城(不含)以下的乡镇、村的人口。

累计已改水受益人口 指各种改水形式的受益人口。

卫生厕所 指有完整下水道系统的水冲式、三格化粪池式、净化沼气池式、多翁漏斗式公厕以及粪便及时清理并进行高温堆肥无害化处理的非水冲式公厕。

累计使用卫生公厕户数 指农民因某种原因没有兴建自己的卫生厕所，而使用村内卫生公厕户数。

Explanatory Notes on Main Statistical Indicators

I. Natural Conditions

Average Temperature Temperature refers to the air temperature, generally expressed in centigrade in China. Thermometers used for meteorological observation are placed in sun-blinded boxes 1.5 meters above the ground with good ventilation. Therefore, temperatures cited in general are the temperatures in sun-blinded boxes 1.5 meters above the ground. The monthly average temperature is obtained by the sum of daily temperatures of the month, then divided by the number of days in the months, and the sum of the monthly average temperatures of the 12 months in the year divided by 12 represents the annual average temperature.

Annual Average Relative Humidity Humidity is the ratio between the actual hydrosphere pressure in the air and the saturated hydrosphere pressure at the present temperature, usually expressed in percentage terms. The average humidity is calculated in the same way as the average temperature.

Annual Sunshine Hours Sunshine refer to the duration when the sunshine falls on earth, usually expressed in hours. It is calculated with the same approach as the calculation of precipitation.

Annual Precipitation Precipitation refers to the volume of water, in liquid or solid (then melted) form, falling from the sky onto earth, without being evaporated, leaked or eroded, express normally in millimeters. The monthly precipitation is obtained by the sum of daily precipitation of the month, and the annual precipitation is the sum of monthly precipitation of the 12 months of the year.

Ⅱ. Freshwater Environment

Total Water Resources refers to total volume of water resources measured as run-off for surface water from rainfall and recharge for groundwater in a given area, excluding transit water.

Surface Water Resources refers to total renewable resources which exist in rivers, lakes, glaciers and other collectors from rainfall and are measured as run-off of rivers.

Groundwater Resources refers to replenishment of aquifers with rainfall and surface water.

Duplicated Measurement of Surface Water and Groundwater refers to mutual exchange between surface water and groundwater, i.e. run-off of rivers includes some depletion with groundwater while groundwater includes some replenishment with surface water.

Water Supply refers to gross water supply by supply systems from sources to consumers, including losses during distribution.

Surface Water Supply refers to withdrawals by surface water supply system, broken down with storage, flow, pumping and transfer. Supply from storage projects includes withdrawals from reservoirs; supply from flow includes withdrawals from rivers and lakes with natural flows no matter if there are locks or not; supply from pumping projects includes withdrawals from rivers or lakes with pumping stations; and supply from transfer refers to water supplies transferred from first-level regions of water resources or independent river drainage areas to others, and should not be covered under supplies of storage, flow and pumping.

Groundwater Supply refers to withdrawals from supplying wells, broken down with shallow layer freshwater, deep layer freshwater and slightly brackish water. Groundwater supply for urban areas includes water mining by both waterworks and own wells of enterprises.

Other Water Supply includes supplies by waste-water treatment, rain collection, seawater desalinization and other water projects.

Total Water Use refers to water use by all kinds of user, including water loss during transportation. including water loss during transportation.

Water Use by Agriculture including water use for irrigation of farming fields, forestry fields, grassland, replenishment of fishing pools, and livestock & poultry.

Water Use by Industry refers to water use by industrial and mining enterprises in the production process of manufacturing, processing, cooling, air conditioning, cleansing, washing and so on. Only including new withdrawals of water, excluding reuse of water within enterprise.

Water Use by Households and Service including water use for living consumption in both urban and rural areas. Urban water use by living consumption is composed of household use and public use (including service sector and construction). Rural water use by living consumption refers to households.

Water Use by Biological Protection Only including the replenishment of some rivers and lakes and use for urban environment, excluding the natural precipitation and runoff meet.

Water Use refers to gross water use distributed to users, including loss during transportation, broken down with use by agriculture, industry, living consumption and biological protection.

Water Use by Agriculture includes uses of water by irrigation of farming fields and by forestry, animal husbandry and fishing. Water use by forestry, animal husbandry and fishing includes irrigation of forestry and orchards, irrigation of grassland and replenishment of fishing pools.

Water Use by Industry refers to new withdrawals of water, excluding reuse of water within enterprises.

Water Use by Households and Service includes use of water for living consumption in both urban and rural areas. Urban water use by living consumption is composed of household use and public use (including services, commerce, restaurants, cargo transportation, posts, telecommunication and construction). Rural water use by living consumption includes both households and animals.

Water Use by Biological Protection includes replenishment of rivers and lakes and use for urban environment.

Waste Water Discharged by Industry refers to the volume of waste water discharged by industrial enterprises through all their outlets, including waste water from production process, directly cooled water, groundwater from mining wells which does not meet discharge standards and sewage from households mixed with waste water produced by industrial activities, but excluding indirectly cooled water discharged (It should be included if the discharge is not separated with waste water).

Chemical Oxygen Demand (COD) refers to index of water pollution measuring the mass concentration of oxygen consumed by the chemical breakdown of organic and inorganic matter.

Number of Industrial Wastewater Treatment Facilities refers to the number of existing facilities (including constructions) for the prevention and control of water pollution and the comprehensive utilization of treated water resources in enterprises in the reporting period, a wastewater treatment system as a unit. The subsidiary water treatment equipments and ancillary equipments are not calculated separately. It excludes scrapped facilities.

Treatment Capacity of Industrial Wastewater Treatment Facilities refers to the actual capacity of the wastewater treatment of internal wastewater treatment facilities in enterprises in the reporting period.

Expenditure of Industrial Wastewater Treatment Facilities refers to the costs of maintaining wastewater treatment facilities in enterprises in the reporting period. It includes energy consumption, equipment maintenance, staff wages, management fees, pharmacy fees and other expenses associated with the operation of the facility.

Ⅲ. Marine Environment

Sea Area with Water Quality at Grade Ⅱ refers to marine area meeting the national quality standards for Grade II marine water, suitable for marine cultivation, bathing, marine sport or recreation activities involving direct human touch of marine water, and for sources of industrial use of water related to human consumption.

Sea Area with Water Quality at Grade Ⅲ refers to marine area meeting the national quality standards for Grade III marine water, suitable for water sources of general industrial use.

Sea Area with Water Quality at Grade Ⅳ refers to marine area meeting the national quality standards for Grade IV marine water, only suitable for harbors and ocean development activities.

Sea Area with Water Quality below Grade Ⅳ refers to marine area where the quality of water is worse than the national quality standards for Grade IV marine water.

Ⅳ. Atmospheric Environment

Industrial Sulphur Dioxide Emission refers to the total volume of sulphur dioxide emitted into the atmosphere in the fuel combustion and production processes of enterprises in the reporting period. Industrial sulfur dioxide comes mainly from the combustion of fossil fuels (coal, oil, etc.), but also includes industrial emissions in sulphide of smelting and in sulfate or phosphate fertilizer producing.

Industrial Nitrogen Oxide Emission refers to the total volume of nitrogen oxide emitted into the atmosphere in the fuel combustion and production processes of enterprises in the reporting period.

Industrial Soot (Dust) Emission refers to the total volume of soot and industrial dust emitted into the atmosphere in the fuel combustion and production processes of enterprises in the reporting period.

Industrial Waste Gas Emission refers to the total volume of pollutant-containing gas emitted into the atmosphere in the fuel combustion and production processes within the area of the factory in the reporting period in standard conditions (273K, 101325Pa).

Number of Industrial Waste Gas Treatment Facilities refers to the total number of waste gas treatment facilities for reducing or recycling pollutants of the fuel combustion and production process in enterprises in the reporting period, a waste gas treatment system as a unit. The subsidiary water treatment equipments and ancillary equipments are not calculated separately. It includes flue gas treatment facilities of dust removal, desulfurization, denitration and other pollutants. It excludes scrapped facilities. Dust removal device in boiler should be included as a "three simultaneities" equipment.

Treatment Capacity of Industrial Waste Gas Treatment Facilities refers to actual waste gas processing capacity of emission control facilities at the end of the reporting period.

Expenditure of Industrial Waste Gas Treatment Facilities refers to the running costs of the waste gas treatment facilities to maintain in the reporting period. Including energy consumption, equipment depreciation, equipment maintenance, staff wages, management fees, pharmacy fees associated with the operation of the facility other expenses.

Ⅴ. Solid Waste

Common Industrial Solid Wastes Generated refer to the industrial solid wastes that are not listed in the *National Catalogue of Hazardous Wastes*, or not regarded as hazardous according to the national hazardous waste identification standards (GB5085) , solid waste-Extraction procedure for leaching toxicity (GB5086) and solid waste-Extraction procedure for leaching toxicity (GB/T 15555). The calculation formula is as followed:

Common Industrial Solid Wastes Produced = (common industrial solid wastes utilized – the proportion of utilized stock of previous years) + common industrial solid waste stock + (common industrial solid wastes disposed – the proportion of disposed stock of previous years) + common industrial solid wastes discharged

Common Industrial Solid Wastes Comprehensively Utilized refer to volume of solid wastes from which useful materials can be extracted or which can be converted into usable resources, energy or other materials by means of reclamation, processing, recycling and exchange (including utilizing in the year the stocks of industrial solid wastes of the previous year) during the report period, e.g. being used as agricultural fertilizers, building materials or as material for paving road. Examples of such utilizations include fertilizers, building materials and road material. The information shall be collected by the producing units of the wastes.

Common Industrial Solid Wastes Disposed refers to the quantity of industrial solid wastes which are burnt or specially disposed using other methods to alter the physical, chemical and biological properties and thus to reduce or eliminate the hazard, or placed ultimately in the sites meeting the requirements for environmental protection during the report period.

Stock of Common Industrial Solid Wastes refers to the volume of solid wastes placed in special facilities or special sites by enterprises for purposes of utilization or disposal during the report period. The sites or facilities should take measures against dispersion, loss, seepage, and air and water contamination.

Common Industrial Solid Wastes Discharged refers to the volume of industrial solid wastes dumped or discharged by producing enterprises to disposal facilities or to other sites.

Hazardous Wastes Generated refers to the volume of actual hazardous wastes produced by surveyed samples throughout the year of the survey. Hazardous waste refers to those included in the national hazardous wastes catalogue or specified as any one of the following properties in light of the national hazardous wastes identification standards and methods: explosive, ignitable, oxidizable, toxic, corrosive or liable to cause infectious diseases or lead to other dangers. The report of this indicator should follow the *National Catalogue of Hazardous Wastes* (the NO.1 Ministry Order in 2008 by the Ministry of Environment Protection and National Development and Reform Commission).

Hazardous Wastes Utilized refers to the volume of hazardous wastes that are used to extract materials for raw materials or fuel throughout the year of the survey, including those utilized by the producing enterprise and those provided to other enterprises for utilization.

Hazardous Wastes Disposed refers to the quantity of hazardous wastes which are burnt or specially disposed using other methods to alter the physical, chemical and biological properties and thus to reduce or eliminate the hazard, or placed ultimately in the sites meeting the requirements for environmental protection during the report period.

Stock of Hazardous Wastes refers to the volume of hazardous wastes specially packaged and placed in special facilities or special sites by enterprises. The special stock facilities should meet the requirements set in relevant environment protection laws and regulations such as "Pollution Control Standards for Hazardous Waste Stock"(GB18597-2001) in regard to package of hazardous waste, location, design, safety, monitoring and shutdown, and take measures against dispersion, loss, seepage, and air and water contamination.

Ⅵ. Natural Ecology

Nature Reserves refers to the areas with special protection and management according to law, including representative natural ecosystems, natural areas the endangered wildlife live in, water conservation areas, land, ground water or sea with the protective objects like natural or historical remains those have special significance. It must be established by the county government or above levels. It doesn't include the scenic areas and cultural relic protective areas.

Wetlands refer to marshland and peat bog, whether natural or man-made, permanent or temporary; water covered areas, whether stagnant or flowing, with fresh or semi-fresh or salty water that is less than 6 meters deep at low tide; as well as coral beach, weed beach, mud beach, mangrove, river outlet, rivers, fresh-water marshland, marshland forests, lakes, salty bog and salt lakes along the coastal areas.

Ⅶ. Land Use

Area under Land Survey refers to the total area of land, under the land survey, including land for agriculture use, land for construction and unused land.

Area of Cultivated Land refers to area of land reclaimed for the regular cultivation of various farm crops, including crop-cover land, fallow, newly reclaimed land and land laid idle for less than 3 years.

Area of Afforested Land refers to area for afforestation development, including arbor forest lands with a canopy density of 0.2 degrees or more as well as bamboo forest lands, bush shrub forest lands, sparse forest lands, stump lands, burned areas, non-mature forestation lands, nursery land, and land appropriate to the forestation planned by the people's government at or above the county level.

Area of Grassland refers to area of grassland, grass-slopes and grass-covered hills with a vegetation-covering rate of over 5% that are used for animal husbandry or harvesting of grass. It includes natural, cultivated and improved grassland areas.

Ⅷ. Forestry

Forest Area refers to the area of trees and bamboos grow with canopy density above 0.2, the area of shrubby tree according to regulations of the government, the area of forest land inside farm land and the area of trees planted by the side of villages, farm houses and along roads and rivers.

Area of Artifical Forests refer to the area of stable growing forests, planted manually or by airplanes, with a survival rate of 80% or higher of the designed number of trees per hectare, or with a canopy density of or above 0.20 after 3-5 years of manual planting or 5-7 years of airplane planting.

Forest Coverage Rate refers to the ratio of area of forested land to area of total land by administrative areas. Its calculation formula is:

Forest Coverage Rate = area of forested land / area of total land×100%

Total Standing Stock Volume refers to the total stock volume of trees growing in land, including trees in forest, tress in sparse forest, scattered trees and trees planted by the side of villages, farm houses and along roads and rivers.

Stock Volume of Forest refers to total stock volume of wood growing in forest area, which shows the total size and level of forest resources of a country or a region. It is also an important indicator illustrating the richness of forest resource and the status of forest ecological environment.

Afforestation Area refers to use artificial measures to produce or restore forests, trees, shrubberies at barren hills, undeveloped land, desert, area with no or spare forests, cropland converted to forest and other land that adapt to afforestation.

Plantation Establishment refers to use artificial technique like seeding and planting to increase forest vegetation coverage rate at barren hills, undeveloped land, desert, area with no or spare forests, cropland converted to forest and other land that adapt to afforestation.

Aerial Seeding Afforestation refers to use airplane and other appropriate artificial measures to seed at barren hills, undeveloped land, desert, forest with spare woods, farmland or other land that adapt to afforestation, let them become forest or grassland vegetation naturally, to increase forest vegetation cover rate.

Seal Mountain to Foster Forests in Area Without Forest or Sparse Forest refers to close the area of no or spare with forest that adapt to afforestation and use other artificial measures to let it become forest or grassland vegetation.

Timber Forests refer to forests which are mainly for the production of timber, including bamboo groves planted to harvest bamboos.

By-product Forests refer to forests that mainly produce fruits, nuts, edible oil, beverages, indigents, raw materials and medicine materials. By-product forests are planted to harvest the fruits, leaves, bark or liquid of trees, and consume them as food or raw materials for the manufacturing industry, such as tea-oil trees, tung oil trees, walnut trees, camphor trees, tea bushes, mulberry trees, fruit trees, etc.

Protection Forests refer to forests, trees and bushes planted mainly for protection or preservation purpose, including water resource conservation forests, water and soil conservation forests, windbreak and dune-fixing forests, farmland and pasture protection forests, riverside protection forests, roadside protection forests, etc.

Fuel Forests refer to forests planted mainly for fuels.

Forests for Special Purpose refer to forests planted mainly for national defence, environment protection or scientific experiments, including national defence forests, experimental forests, mother-tree forests, environment protection forests, scenery forests, trees in historical or scenic spots, forests in natural reserves.

Project on Preservation of Natural Forests is the Number One ecological project in China's forest industry that involves the largest investment. It consists of 3 components: 1) Complete halt of all cutting and logging activities in the natural forests at the upper stream of Yangtze River and the upper and middle streams of the Yellow River. 2) Significant reduction of timber production of key state forest zones in northeast provinces and in Inner Mongolia. 3) Better protection of natural forests in other regions through rehabilitation programs.

Projects on Converting Cultivated Land to Forests and Grassland (Grain for Green Projects) aiming at preventing soil erosion in key regions, these projects are ecological construction projects in the development of forest industry that have the widest coverage and most sophisticated procedures, with strong policy implications and most active participation of the people.

Projects on Protection Forests in North China and Yangtze River Basin covering the widest areas in China with a rich variety of contents, these projects aim at solving the problem of sand and dust in northeastern China, northern China and northwestern China and the ecological issues in other areas. More specifically, they include phase IV of project on North China protection forests, phase II of project on protection forests at the middle and lower streams of Yangtze River and at the Huihe River and Taihu Lake valley, phase II of project on coastal protection forests, phase II of project on Pearl River protection forests, phase II project on greenery of Taihang Mountain and phase II projects on greenery of plains.

Projects on Harnessing Source of Sand and Dust in Beijing and Tianjin these Beijing-ring projects aim at harnessing the sand and dust weather around Beijing and its vicinities. As the key to the development of Beijing-Tianjin ecological zone, these projects are of particular importance as it concerns the image of China's capital city and the whole country.

Projects on Preserving Wild Animals and Plants and on Construction of Nature Reserves aiming at gene preservation and protection of bio-diversity, nature and wetlands, these projects look into the future with strategic perspective and are integrated with international trends.

Ⅸ. Natural Disasters & Environmental Accidents

Landslides refer to the geological phenomenon of unstable rocks and earth on slopes sliding down along certain soft surface as a result of gravitational force. Role of surface water and underground water, and destruction of the stability of slopes by irrational construction work are usually main factors triggering the landslides. Several damages are often caused by landslides in open mining, in water conservancy projects, and in the construction of railways and highways.

Collapse refers to the geological phenomenon of large mass of rocks or earth suddenly collapsing from the mountain or cliff as a result of gravitational force. Usually caused by weathering of rocks, penetration of rain or earthquakes, collapse often destructs buildings and blocks river course or transport routes.

Mud-rock Flow refers to the sudden rush of flood torrents containing large amount of mud and rocks in mountainous areas. It is found mostly in semi-arid hills or plateaus. High and precipitous topographic features, loose soil mass, heavy rains or melting water contribute to the mud-rock flow.

Land Subside refers to the geological phenomenon of surface rocks or earth subsiding into holes or pits as a result of natural or human factors. Land subside can be classified as karst subside and non-karst subside.

Environmental Accident refer to environmental events that suddenly, causing or maybe cause heavy casualties, major property losses, major threat and damage to the nation or a region's economic, social and political stability, and the events have a significant social impact and related to public safety.

Ⅹ. Environmental Investment

Investment in Treatment of Environment Pollution refers to the fixed assets investment in the treatment of industrial pollution and in the construction of environment infrastructure facilities in cities and towns. It includes investment in treatment of industrial pollution, environment protection investment in environment protection acceptance project in this year, and investment in the construction of environment infrastructure facilities in cities and towns.

XI. Urban Environment

Length of Paved Roads at the Year-end refers to the length of roads with paved surface including squares bridges and tunnels connected with roads by the end of the year. Length of the roads is measured by the central lines for vehicles for paved roads with a width of 3.5 meters and over, including roads in open-ended factory compounds and residential quarters.

Urban Bridges refer to bridges built to cross over natural or man-made barriers, including bridges over rivers, overpasses for traffic and for pedestrian, underpasses for pedestrian, etc. Both permanent and semi-permanent bridges are included.

Length of Urban Sewage Pipes refers to the total length of general drainage, trunks. branch and inspection wells, connection wells, inlets and outlets, etc.

Annual Volume of Water Supply refers to the total volume of water supplied by water-works (units) during the reference period, including both the effective water supply and loss during the water supply.

Percentage of Urban Population with Access to Tap Water refers to the ratio of the urban population with access to tap water to the total urban population. The formula is:

Percentage of Population with Access to Tap Water= Urban Population with Access to Tap Water /Urban Population ×100%

Daily Disposal Capacity of Urban Sewage refers to the designed 24-hour capacity of sewage disposal by the sewage treatment works or facilities.

Length of Gas Pipelines refers to the total length of pipelines in use between the outlet of the compressor of gas-work or outlet of gas stations and the leading pipe of users, excluding pipelines within gasworks, delivery stations, LPG storage stations, refilling stations, gas-mixing stations and supply stations.

Volume of Gas Supply refers to the total volume of gas provided to users by gas-producing enterprises (units) in a year, including the volume sold and the volume lost.

Percentage of Urban Population with Access to Gas refers to the ratio of the urban population with access to gas to the total urban population at the end of the reference period. The formula is:

Percentage of Population with Access to Gas = (Urban Population with Access to Gas / Urban Population) × 100%

Heating Capacity in Urban Area refers to the designed capacity of heating enterprises (units) in supplying heating energy to urban users during the reference period.

Quantity of Heat Supplied in Urban Area refers to the total quantity of heat from steam and hot water supplied to urban users by heating enterprises (units) during the reference period.

Length of Heating Pipelines refers to the total length of steam or hot water pipelines for sources of heat to the leading pipelines of the buildings of the users, excluding internal pipelines in heat generating enterprises.

Consumption Wastes Transported refers to volume of consumption wastes collected and transported to disposal factories or sites. Consumption wastes are solid wastes produced from urban households or from service activities for urban households, and solid wastes regarded by laws and regulations as urban consumption wastes, including those from households, commercial activities, markets, cleaning of streets, public sites, offices, schools, factories, mining units and other sources.

Ratio of Consumption Wastes Treated refers to consumption wastes treated over that produced. In practical statistics, as it is difficult to estimate, the volume of consumption wastes produced is replaced with that transported. Its calculation formulae is:

Ratio= Consumption Wastes Treated / Consumption Wastes Produced×100%

Number of Vehicles under Operation at the Year-end refers to the total number of vehicles under operation by public transport enterprises (units) at the end of the year, based on the records of operational vehicles by the enterprises (units).

Area of Urban Green Areas refers to the total area occupied for green projects at the end of the reference period, including Park green land, protection green land, green land attached to institutions and other green land.

Park Green Land refers to the greening land, which having the main function of public visit and recreation, both having recreation facilities and service facilities, meanwhile having the comprehensive function of ecological improvement, landscaping disaster prevention and mitigation and other.

XII. Rural Environment

Rural Population refers to population living in towns and villages under the jurisdiction of counties.

Population Benefiting from Drinking Water Improvement Projects refer to population who have benefited from various forms of drinking water improvement projects.

Sanitary Lavatories refer to lavatories with complete flushing and sewage systems in different forms, and lavatories without flushing and sewage system where ordure is properly disposed of through high-temperature deposit process for making organic manure.

Households Using Public Lavatories refer to the number of households using public sanitary lavatories in the village without building their private sanitary lavatories.